电路分析及应用

第2版·微课版

◎ 王民权 主编
应力恒 梅晓妍 副主编

清华大学出版社
北京

内 容 简 介

本书是高端装备制造业中从事电气技术工作人员的电类基础课教材,主要内容包括电路的组成及基本知识、电路的基本分析方法、单相正弦交流电路、三相正弦交流电路、一阶电路的过渡过程、安全用电、电路知识的工程应用。

本书的理论知识精选教学案例,引导学生在模仿中掌握分析问题的方法与步骤;实验内容给出操作思路,引导学生根据实际条件自行完成;工程应用引入实际案例,引导学生通过项目设计与实施提高应用技能。

本书把一些晦涩难懂的知识难点编写成"电工故事会",提升了职业教育教材的可读性;本书以中国电力百年发展助力社会共同富裕为主线,编写了7个思政题材,以"细语润心田"的方式把课程思政结合教材内容融入相关章节,在学知识练技能的同时,引导学生树立社会主义核心价值观。

本书适合电气、自动化、应用电子类高职高专在校学生、成人教育及企业电气技术人员使用。

本书配套知识点微课教学视频、系统化设计学习课件和在线开放数字化资源。

本书封面贴有清华大学出版社防伪标签,无标签者不得销售。
版权所有,侵权必究。举报:010-62782989,beiqinquan@tup.tsinghua.edu.cn。

图书在版编目(CIP)数据

电路分析及应用:微课版/王民权主编. —2版. —北京:清华大学出版社,2022.5(2025.1重印)
ISBN 978-7-302-60605-5

Ⅰ.①电… Ⅱ.①王… Ⅲ.①电路分析 Ⅳ.①TM133

中国版本图书馆CIP数据核字(2022)第064734号

责任编辑:王剑乔
封面设计:刘 键
责任校对:李 梅
责任印制:曹婉颖

出版发行:清华大学出版社
网　　址:https://www.tup.com.cn,https://www.wqxuetang.com
地　　址:北京清华大学学研大厦A座　　邮　　编:100084
社 总 机:010-83470000　　邮　　购:010-62786544
投稿与读者服务:010-62776969,c-service@tup.tsinghua.edu.cn
质量反馈:010-62772015,zhiliang@tup.tsinghua.edu.cn
课件下载:https://www.tup.com.cn,010-83470410

印 装 者:涿州市般润文化传播有限公司
经　　销:全国新华书店
开　　本:203mm×260mm　　印　张:18.5　　字　数:523千字
版　　次:2018年1月第1版　　2022年7月第2版　　印　次:2025年1月第3次印刷
定　　价:59.00元

产品编号:097404-02

前言
FOREWORD

"高质量发展是全面建设社会主义现代化国家的首要任务。""教育、科技、人才是全面建设社会主义现代化国家的基础性、战略性支撑。""培养什么人、怎样培养人、为谁培养人是教育的根本问题。"

"电路分析及应用"是高端装备制造业中从事电气技术工作人员的必学基础课课程。本书是职业教育国家精品在线开放课程"电路基础"的配套教材,内容涵盖电路元件识别、电路物理量计算与测量、交直流电路分析、一阶电路过渡过程、安全用电、电路知识的工程应用等。

职业教育既要培养学生的专业技能,还需关注其未来的可持续发展。作为一本培养企业电气技术人员的基础课教材,为充分反映产业发展新进展,及时吸收成熟的新技术、新工艺、新规范等,在本书的总体规划和资料收集阶段,编者深入相关企业,调研电气技术人员的专业知识要求、岗位技能要求和职业素养要求。在具体编写过程中,通过与企业专家紧密合作系统规划教材内容,把企业现场维修电工的应知、应会内容融入教材的理论知识与技能训练项目中,实现"课证融通",进而按知识点建设课程的数字化资源,形成理实一体的新形态教材。

与第1版相比,本书注重把多年积累的教学方法、项目案例、课程思政等内容有机嵌入到教材内容中。具体如:精选知识学习案例,引导学生在模仿中掌握分析问题的方法与步骤;引入实际工程案例,帮助学生熟悉项目实施的方法与流程;落实立德树人根本任务,把思政题材编写成"细语润心田",比如结合单相交流电路学习的"合理配电,服务民生",结合三相交流电学习的"电力百年,社会共享"等;为方便阅读理解,把知识难点编写成"电工故事会",比如把叠加原理中的"电源—负载关系"类比为"银行—客户关系",把电容器中"电流—电压关系"类比为水箱中的"水流—液位关系"等。

本书建议学时为64~72学时,教师可根据专业特点和实验实训设备情况适当调整。

本书由宁波职业技术学院王民权担任主编并负责统稿。教材第3~6章、所有实验、"电工故事会"及"细语润心田"等内容由王民权编写;教材第1章、7.2节及附录A由应力恒编写;教材第2章和7.1节由梅晓妍编写;"全国五一劳动奖章"获得者、宁波舟山港——宁波梅东集装箱码头有限公司高级技师吴起飞结合工作实际,为教材编写提供了两个思政案例"珍爱生命,安全用电;学以致用,顾家报国"和三个课程实践案例"相序检测器制作;办公室电路的规划与实施;单台电动机供电线路的规划与实施"。

在编写本书的过程中,编者参考了一些经典的本科教材和优秀的高职高专教材,采纳了责任编辑很多重要的意见和建议,在此一并表达真诚的感谢。

虽为呕心之作，但囿于作者水平，书中疏漏不妥之处恐难避免。恳请使用者不吝赐教，提出宝贵的修改意见，帮助本书成为一本有生命力的好教材。

业精于勤，行成于思。让我们从本书开始，踏上专业学习之路。

编 者

2023 年 5 月

在线开放课程网址

导语：认识电和电路

本书教学课件(扫描二维码可下载)

目录
CONTENTS

第1章 电路的组成及基本知识……………………………………………………… 1
  1.1 电路的组成与基本物理量 …………………………………………………… 1
    1.1.1 典型电路应用实例 ………………………………………………… 2
    1.1.2 电路的概念 ………………………………………………………… 2
    1.1.3 电路中的物理量 …………………………………………………… 4
  1.2 认识电阻元件 ………………………………………………………………… 10
    1.2.1 电阻的种类与规格 ………………………………………………… 10
    1.2.2 电阻的作用 ………………………………………………………… 13
    1.2.3 电阻的特性 ………………………………………………………… 13
    1.2.4 电阻的基本使用 …………………………………………………… 16
  1.3 认识电容元件 ………………………………………………………………… 17
    1.3.1 电容的种类与规格 ………………………………………………… 17
    1.3.2 电容的结构与作用 ………………………………………………… 20
    1.3.3 电容的特性 ………………………………………………………… 21
    1.3.4 电容的串并联 ……………………………………………………… 22
    1.3.5 电容的基本使用 …………………………………………………… 23
  1.4 认识电感元件 ………………………………………………………………… 25
    1.4.1 电感的种类与规格 ………………………………………………… 25
    1.4.2 电感的结构与作用 ………………………………………………… 27
    1.4.3 电感的特性 ………………………………………………………… 28
    1.4.4 电感的串并联 ……………………………………………………… 28
    1.4.5 电感的基本使用 …………………………………………………… 29
  1.5 认识电源 ……………………………………………………………………… 30
    1.5.1 电压源及其特性 …………………………………………………… 31
    1.5.2 电流源及其特性 …………………………………………………… 32
    *1.5.3 受控源及其特性 …………………………………………………… 33
  1.6 电路物理量的测量 …………………………………………………………… 34
    1.6.1 电流的测量 ………………………………………………………… 35
    1.6.2 电压的测量 ………………………………………………………… 39

  1.6.3 功率的测量 …………………………………………………………… 42
  1.6.4 电能的测量 …………………………………………………………… 42
 1.7 基尔霍夫定律的学习与应用 ………………………………………………… 44
  1.7.1 电路模型中的术语 ……………………………………………………… 45
  1.7.2 基尔霍夫定律及其应用 ………………………………………………… 45
细语润心田：能量平衡，和谐发展 …………………………………………………… 49
本章小结 ………………………………………………………………………………… 49
 实验1-1 基尔霍夫定律 ……………………………………………………………… 51
 习题1 …………………………………………………………………………………… 54

第2章 电路的基本分析方法 …………………………………………………………… 56

 2.1 电阻的联结与等效 …………………………………………………………… 56
  2.1.1 实际问题 ………………………………………………………………… 56
  2.1.2 电阻的串联 ……………………………………………………………… 57
  2.1.3 电阻的并联 ……………………………………………………………… 59
  2.1.4 电阻的混联 ……………………………………………………………… 61
  2.1.5 电阻星形联结与三角形联结的等效变换 …………………………… 62
 2.2 电源的等效变换与应用 ……………………………………………………… 66
  2.2.1 方法探索 ………………………………………………………………… 66
  2.2.2 电源等效变换及其应用 ………………………………………………… 67
 2.3 支路电流法 …………………………………………………………………… 70
  2.3.1 方法探索 ………………………………………………………………… 71
  2.3.2 支路电流法及其应用 …………………………………………………… 71
 2.4 结点电位法 …………………………………………………………………… 75
  2.4.1 方法探索 ………………………………………………………………… 75
  2.4.2 结点电位法及其应用 …………………………………………………… 75
 2.5 叠加定理 ……………………………………………………………………… 79
  2.5.1 方法探索 ………………………………………………………………… 79
  2.5.2 叠加定理及其应用 ……………………………………………………… 80
 2.6 戴维宁定理 …………………………………………………………………… 83
  2.6.1 方法探索 ………………………………………………………………… 83
  2.6.2 戴维宁定理及其应用 …………………………………………………… 84
细语润心田：尊重科学，有效学习 …………………………………………………… 89
本章小结 ………………………………………………………………………………… 89
 实验2-1 叠加定理 …………………………………………………………………… 91
 习题2 …………………………………………………………………………………… 93

第3章 单相正弦交流电路 ……………………………………………………………… 97

 3.1 正弦交流电的三要素和表示方法 …………………………………………… 97
  3.1.1 正弦交流电的三要素 …………………………………………………… 98
  3.1.2 正弦交流电的表示方法 ………………………………………………… 101

3.1.3　正弦交流电各种表示法的比较 …………………………………………… 106
　3.2　单一参数电路的分析与计算 …………………………………………………… 107
　　　3.2.1　纯电阻电路 …………………………………………………………………… 107
　　　3.2.2　纯电容电路 …………………………………………………………………… 109
　　　3.2.3　纯电感电路 …………………………………………………………………… 112
　3.3　复合参数电路的分析与计算 …………………………………………………… 115
　　　3.3.1　RLC 串联电路 ………………………………………………………………… 116
　　　3.3.2　RLC 并联电路 ………………………………………………………………… 120
　　　3.3.3　RLC 混联电路 ………………………………………………………………… 123
　　　3.3.4　电路参数的测量 ……………………………………………………………… 125
　3.4　电路功率因数的提高 …………………………………………………………… 126
　　　3.4.1　提高功率因数的意义 ………………………………………………………… 126
　　　3.4.2　提高功率因数的方法 ………………………………………………………… 127
*3.5　电路的谐振 ……………………………………………………………………… 129
　　　3.5.1　串联谐振电路 ………………………………………………………………… 129
　　　3.5.2　并联谐振电路 ………………………………………………………………… 131
*3.6　非正弦周期电路的分析 ………………………………………………………… 133
　　　3.6.1　常见的非正弦周期电量 ……………………………………………………… 134
　　　3.6.2　非正弦周期电量的分解 ……………………………………………………… 135
　　　3.6.3　非正弦周期电量的计算 ……………………………………………………… 136
　　　3.6.4　非正弦周期电量的测量 ……………………………………………………… 138
　细语润心田：合理配电，服务民生 ……………………………………………………… 139
　本章小结 ……………………………………………………………………………………… 139
　实验 3-1　单相交流电路基本参数的测量 …………………………………………… 142
　实验 3-2　感性电路功率因数的提高 ………………………………………………… 145
　习题 3 ……………………………………………………………………………………… 148

第 4 章　三相正弦交流电路 ……………………………………………………………… 150
　4.1　三相交流电源的联结 …………………………………………………………… 150
　　　4.1.1　三相对称交流电源 …………………………………………………………… 151
　　　4.1.2　三相电源的星形(Y)联结 …………………………………………………… 152
　　　4.1.3　三相电源的三角形(△)联结 ………………………………………………… 153
　　　4.1.4　三相电源与负载的正确联结 ………………………………………………… 155
　4.2　三相负载的联结 ………………………………………………………………… 156
　　　4.2.1　三相负载的星形(Y)联结 …………………………………………………… 157
　　　4.2.2　三相负载的三角形(△)联结 ………………………………………………… 160
　4.3　三相电路功率的计算与测量 …………………………………………………… 166
　　　4.3.1　三相电路功率的计算 ………………………………………………………… 166
　　　4.3.2　三相电路功率的测量 ………………………………………………………… 168
*4.4　三相电路相序的判断 …………………………………………………………… 170

- 4.4.1 相序检测原理 ... 171
- 4.4.2 相序检测装置的制作与使用 ... 172

细语润心田：电力百年，社会共享 ... 172
本章小结 ... 173
实验 4-1 三相负载丫联结时的相线关系 ... 175
实验 4-2 三相负载△联结时的相线关系 ... 179
实验 4-3 三相电源相序的判断 ... 182
习题 4 ... 184

第 5 章 一阶电路的过渡过程 ... 186

5.1 电路的过渡过程与换路定律 ... 186
- 5.1.1 电路的换路过程与过渡现象 ... 186
- 5.1.2 换路定律 ... 189
- 5.1.3 过渡过程相关约定 ... 190

5.2 一阶 RC 直流电路的过渡过程 ... 191
- 5.2.1 RC 电路的零状态响应 ... 192
- 5.2.2 RC 电路的零输入响应 ... 195
- 5.2.3 RC 电路的全响应 ... 196
- 5.2.4 一阶 RC 电路过渡过程的应用 ... 198

5.3 一阶 RL 直流电路的过渡过程 ... 198
- 5.3.1 RL 电路的零状态响应 ... 199
- 5.3.2 RL 电路的零输入响应 ... 202
- 5.3.3 RL 电路的全响应 ... 204
- 5.3.4 一阶 RL 电路过渡过程的应用 ... 205

*5.4 微分、积分电路及其应用 ... 206
- 5.4.1 微分电路 ... 206
- 5.4.2 积分电路 ... 209

细语润心田：物尽所用，人尽其才 ... 211
本章小结 ... 211
习题 5 ... 213

第 6 章 安全用电 ... 215

6.1 安全用电基本知识 ... 215
- 6.1.1 安全电流与安全电压 ... 215
- 6.1.2 人体触电方式 ... 217

6.2 保护接地与保护接零 ... 219
- 6.2.1 电气设备的接地与接零 ... 219
- 6.2.2 电气设备接地与接零的有关规定 ... 224

6.3 漏电断路器的选择、安装与接线 ... 224
- 6.3.1 设备的漏电现象 ... 225
- 6.3.2 电流型漏电断路器及使用 ... 226

*6.3.3 电压型漏电保护装置及使用 ………………………………………… 228
6.4 触电急救 ……………………………………………………………………… 229
　　6.4.1 使触电者脱离电源 ……………………………………………………… 230
　　6.4.2 现场实施急救 …………………………………………………………… 231
6.5 电气火灾与防护 ……………………………………………………………… 235
　　6.5.1 电气火灾的成因和危害 ………………………………………………… 235
　　6.5.2 常用电气设备的防火、防爆措施 ……………………………………… 236
　　6.5.3 电气火灾的处理 ………………………………………………………… 236
　　6.5.4 灭火器的使用 …………………………………………………………… 237
6.6 电气安全标志与电气安全距离 ……………………………………………… 238
　　6.6.1 电气安全标志 …………………………………………………………… 238
　　6.6.2 电气安全距离 …………………………………………………………… 239
　　6.6.3 安全色 …………………………………………………………………… 240
细语润心田：珍爱生命，安全用电 …………………………………………………… 240
本章小结 ………………………………………………………………………………… 241

第7章 电路知识的工程应用 …………………………………………………… 243
7.1 办公室电路的规划与实施 …………………………………………………… 243
　　7.1.1 工程问题 ………………………………………………………………… 243
　　7.1.2 负荷统计 ………………………………………………………………… 244
　　7.1.3 线路设计 ………………………………………………………………… 244
　　7.1.4 导线选择 ………………………………………………………………… 245
　　7.1.5 断路器与开关的选择 …………………………………………………… 247
　　7.1.6 插座选择 ………………………………………………………………… 248
　　7.1.7 电路检查 ………………………………………………………………… 248
　　7.1.8 交工资料 ………………………………………………………………… 250
7.2 单台电动机供电线路的规划与实施 ………………………………………… 251
　　7.2.1 工程问题 ………………………………………………………………… 251
　　7.2.2 负荷统计 ………………………………………………………………… 252
　　7.2.3 线路设计 ………………………………………………………………… 252
　　7.2.4 导线选择 ………………………………………………………………… 253
　　7.2.5 断路器选择 ……………………………………………………………… 253
　　7.2.6 插座选择 ………………………………………………………………… 254
　　7.2.7 电路检查 ………………………………………………………………… 254
　　7.2.8 交工资料 ………………………………………………………………… 256
细语润心田：学以致用，顾家报国 …………………………………………………… 257

附录A 测量仪表的使用 ………………………………………………………… 258
A-1 指针式万用表 ………………………………………………………………… 258
A-2 数字式万用表 ………………………………………………………………… 262

A-3	直流单臂电桥	267
A-4	兆欧表	271

附录 B 常见电阻特点及用途 ··· 274

附录 C 色环的含义 ·· 275

附录 D 常见电容 ··· 276

附录 E 常见电感 ··· 277

附录 F 防护等级 ··· 278

附录 G 习题答案 ··· 279

参考文献 ··· 283

第1章

电路的组成及基本知识

1.1 电路的组成与基本物理量

- 熟悉电路的组成及电路的三种工作状态。
- 掌握电路中常见物理量的定义、单位。
- 掌握电路元件中电压和电流的参考方向。

电路物理量是本小节的学习重点。不积跬步,无以至千里。我们就从电路的物理量和电路的基本定律开始,学习电工的基本知识和技能。

在高中物理的学习中,你已了解简单直流电路中电压、电流、功率的定义、单位及基本运算方法。本小节讲述的电压和电流,不仅要考虑其大小,更要关注其方向。此外,电路元件中电压、电流的大小和方向决定了该元件在电路中所起的作用。最后,可通过比较电压与电位的异同,掌握电位的概念。

在学习过程中若能注意到这些问题,将有利于后续对电路基本定律、电路分析方法的学习。

我们正处在一个高速发展的信息时代。人们每天都在使用各种各样的电子产品和设备,每天都在跟电路打交道。中学的物理课本中已有一些关于电路的概念和实验,如果大家有些淡忘或者是第一次接触电路,我们就通过一些身边的例子帮助大家掌握基本的概念,对电路的应用有一个初步的印象,以便为以后的学习打下坚实的基础。

1.1.1 典型电路应用实例

1. 最简单的电路

首先,我们通过一个简单的例子对电路产生一些感性认识,如图 1-1-1 所示。家里一个简单的电灯电路包括了灯泡、开关和电源。这三者组成了最简单的电路,我们对这个电路操作的效果就是电灯的亮和灭。我们每天开灯、关灯的动作就是在操作一个最简单的电路。由此可见,电路在生活中无处不在。

2. 家庭电路

在生活和生产的很多方面都用到单相交流电,家庭电路就是其中的一个应用。家庭电路由配电和用电两部分组成,如图 1-1-2 所示。上面谈到的最简单电路,实际就是家庭电路中的一个分支。家庭电路的用电部分由若干这样的用电分支构成,而这些用电分支的电能分配取决于进户线之后的配电部分。所以,我们看到的家庭电路由进户线、导线、开关、配电箱、插座、用电器等构成。

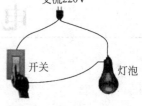

图 1-1-1 最简单的电路

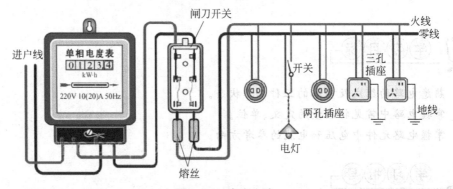

图 1-1-2 家庭电路

3. 电力系统供电电路

电力系统供电电路是三相电路。整个供电系统的应用电路如图 1-1-3 所示,供电系统由发电厂、电能输送线路、变配电站、用电单位等构成。发电厂中的发电机发出的电能通过变压器、输电线等送到用电单位,并通过负载将电能转换成其他形式的能量(如热能、机械能)。

通过前面的电路实例,大家一定能对电路有一个比较清晰的认识,概括如下。

(1) 一个最简单的电路应该包括电源、用电器、导线和开关。

(2) 电路完成特定的功能,主要通过电能的传输、分配与转换。

1.1.2 电路的概念

1. 电路的组成

根据以上认识,我们给出电路的定义:实际电路是由输电导线、电气设备、用电元件组成的,为完成某种预期的目的而设计、连接和安装形成的电流通路,一般由电源(供应电能的设备,把其他形式的能量转换为电能,如发电机)、负载(使用电能的设备,把电能转换为其他

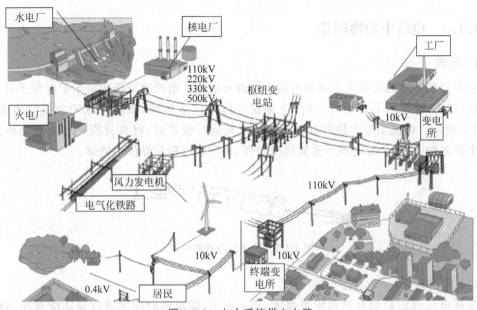

图 1-1-3　电力系统供电电路

形式的能量,如电动机)、控制装置(根据负载的需要,起分配电能和控制电路的作用,如控制开关)和导线(连接各组成部分,提供电流通路)组成。

2. 电路图

用规定的理想元件符号表示实际元器件的元件互连图,称为电路图。图 1-1-4 是手电筒电路转换而得的最简单电路图。

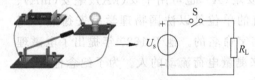

图 1-1-4　最简单的电路图

3. 电路的工作状态

大家都知道,操作图 1-1-1 中所示的开关能实现电灯的亮和灭。亮,意味着电路中有电流经过;灭,意味着电路中没有电流。要在一段电路中产生电流,必须有电荷的定向移动。电压能使电荷发生定向移动,电源则是提供电压的装置。

根据电路中电流的有无,电路一般具备三种工作状态:通路、开路和短路,如图 1-1-5 所示。通路是有完整电流流通路径的电路。开路是没有电流的电路。若电路中某一部分的两端被电阻值接近于零的导体连接在一起,电路则呈短路状态。

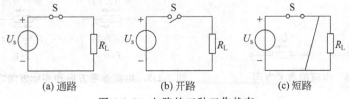

(a) 通路　　　　　(b) 开路　　　　　(c) 短路

图 1-1-5　电路的三种工作状态

电路与电路图

1.1.3 电路中的物理量

1. 电流

前面提到电灯的亮和灭意味着电路中是否有电流。电流的形成决定于带电粒子有规则的定向运动。带电粒子开始流动时,立刻在导体中产生影响,如同撞球间力量的传送,如图1-1-6所示。电流实际上是带电粒子在改变其运行轨道时,将自身所带的电动能传送给另一个带电粒子,每个带电粒子重复这个动作,并使该过程在导体中持续。

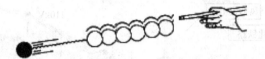

图 1-1-6　撞球间力量的传送

(1) 电流强度

表征电流强弱的物理量是电流强度,用 i 表示,即单位时间内通过导体横截面的电荷量,即 $i=\dfrac{\Delta q}{\Delta t}$,用微分的形式表示为 $i=\dfrac{\mathrm{d}q}{\mathrm{d}t}$。式中,$\mathrm{d}q$ 为 $\mathrm{d}t$ 时间内通过导体横截面的电荷量。

在直流电路中,单位时间内通过导体横截面的电荷恒定不变,有 $I=\dfrac{Q}{t}$。

(2) 电流的单位

电流强度的单位是安培(A),也可用千安(kA)、毫安(mA)、微安(μA)等表示。电流的单位是以法国物理学家安德烈·玛丽·安培(图1-1-7)的名字命名的。他于1820年提出了电磁理论,是第一个构建仪器来测量电荷流动的人。为了纪念他,人们将"安培"作为电流的单位。

图 1-1-7　物理学家安培

(3) 电流的方向

习惯上将正电荷移动的方向规定为电流的实际方向。在分析电路时,复杂电路中某一段电路电流的实际方向有时很难确定。为此,引入参考方向这一概念。

电流的参考方向可以任意选定,如图1-1-8所示。无下标 I 的箭头指向即为电流的参考方向;含双下标的 I_{ab} 表示电流的参考方向由a指向b。

电流参考方向和实际方向之间的关系如图1-1-9所示。

> 当选定的电流参考方向与实际方向一致时,电流为正值($I>0$);当选定的电流参考方向与实际方向不一致时,电流为负值($I<0$)。

图 1-1-8　电流的参考方向　　图 1-1-9　电流参考方向和实际方向之间的关系

电路中的电流

2. 电压与电位

电压和电位的本质是相同的。通过图 1-1-10,大家可以形象地了解电压和电位。

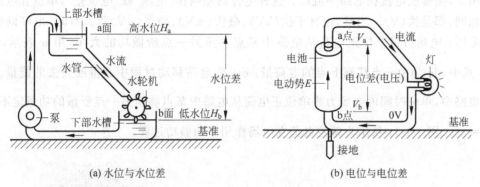

(a) 水位与水位差　　　　(b) 电位与电位差

图 1-1-10　电压与电位的本质

(1) 电位

水在重力作用下从高处向低处流动,水位越高,水所具有的位能越高,使水流动的压力越大。电的情形也相同。相对于某一基准的电位能是电位,即在电路中任选一点作为参考点(零参考点),某点 a 到参考点的电位能就叫作 a 点的电位,用 V_a 表示。电位的单位是伏(V)。

 电工故事会:电位与电压

泰山位于泰安市境内,主峰海拔 1545m,泰安市海拔 153m,二者高度差为 1392m,如图 A 所示。

电路中的参考点、电位、电压类似于高度测量中的海平面、海拔和高度差,二者之间各个量之间的对照关系如表 A 所示。

表 A　对照关系

海平面	参考点
海拔	电位
高度差	电压

在图 B 中,$R_1=400\Omega$,$R_2=600\Omega$。

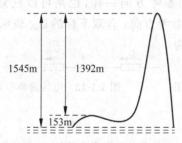

图 A　海拔与高度差的关系

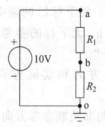

图 B　电位与电压的关系

如果以 o 点为参考点(零电位点),则 a、b 两点的电位分别为
$V_a=10V$,$V_b=6V$;ab 两点之间的电压为 $U_{ab}=V_a-V_b=4(V)$。

如果以 b 点为参考点,则 a、b 两点的电位分别为
$V_a=4V$,$V_b=0V$;ab 两点之间的电压为 $U_{ab}=V_a-V_b=4(V)$。

由上面的比较可以看出,电路中的电位随着参考点的改变而改变;但不论参考点如何变化,电路中两点之间的电压保持恒定。

电路中的电位与电压

（2）电压

对于电压，我们可以这样认为，设电池正极电位为 V_a，负极电位为 V_b，在电位差 V_a-V_b 的作用下，能够使电流在电路中流通。这种电位的差叫作"电压"或"电位差"，单位和电位的单位相同，都是伏(V)。当然，也有千伏(kV)、毫伏(mV)、微伏(μV)等。有时，也可以这样定义电压：电场力将单位正电荷从电路中某点移至另一点所做功的大小，用 u 表示，$u=\dfrac{\mathrm{d}w}{\mathrm{d}q}$。式中，$\mathrm{d}q$ 为由 a 点移到 b 点的电荷量；$\mathrm{d}w$ 为电荷移动过程中获得或失去的能量。在直流电路中，单位时间内电场力将单位正电荷从电路中某点移至另一点所做的功恒定不变，有 $U=\dfrac{W}{Q}$。图 1-1-11 所示为单位电荷在电场作用下的做功过程。

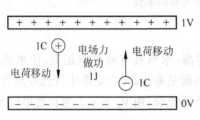

图 1-1-11　电场的做功能力

图 1-1-12　物理学家伏特

电压的单位是以意大利物理学家亚历山德罗·伏特(图 1-1-12)的名字命名的。他研究了异金属之间的化学反应，于 1880 年发明了第一节电池。为了纪念他，人们将"伏特"作为电压的单位。

（3）电压的方向

习惯上规定，若正电荷从 a 点移到 b 点，其电势能减少，电场力做正功，电压的实际方向就从 a 点指向 b 点。电压的参考方向和电流的参考方向一样，也是可以任意选定的，如图 1-1-13 所示。无下标 U 的箭头指向为电压的参考方向；含双下标的 U_{ab} 表示电压的参考方向由 a 指向 b；无下标的参考方向也可表示为由"＋"指向"－"。

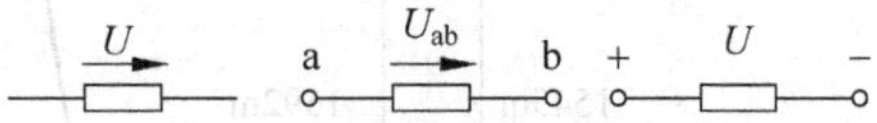

电压参考方向和实际方向之间的关系如图 1-1-14 所示。

图 1-1-13　电压的参考方向

（4）关联与非关联参考方向

如果指定流过元件的电流参考方向是从电压的"＋"极指向"－"极，即两者采用一致的参考方向，称为关联参考方向；若两者采用的参考方向不一致，称为非关联参考方向，如图 1-1-15 所示。

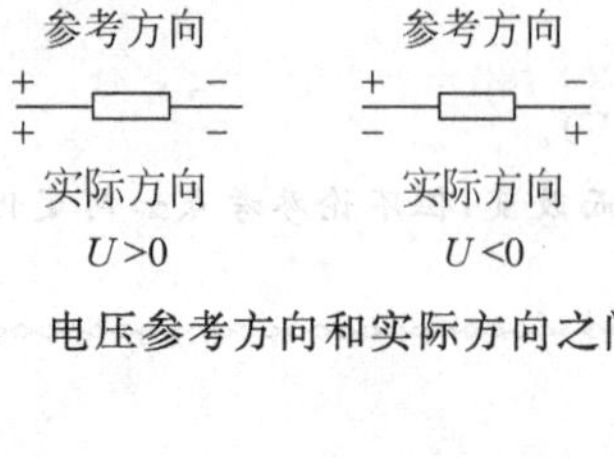

图 1-1-14　电压参考方向和实际方向之间的关系

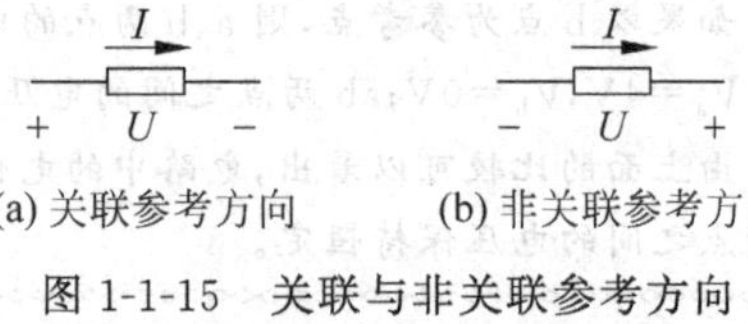

图 1-1-15　关联与非关联参考方向

当选定的电压参考方向与实际方向一致时，电压为正值($U>0$)；当选定的电压参考方向与实际方向不一致时，电压为负值($U<0$)。

关于参考方向的几点说明。

（1）电流、电压的实际方向是客观存在的，而参考方向是人为选定的。

（2）当电流、电压的参考方向与实际方向一致时，电压值、电流值取正号，反之取负号。

（3）分析计算每一个电流值、电压值时，要先选定其各自的参考方向，否则没有意义。

(5) 电压与电位的关系

从前面的分析中可以看到,电压与电位的本质是相同的,但存在一定的区别。电位是相对的,其大小与参考点的选择有关;电压是不变的,其大小与参考点的选择无关。参考点的选择是任意的,但一个电路只能选择一个参考点。同时,对于前面提到的电压与电位的关系,可以用一个式子来表示,即 $U_{ab}=V_a-V_b$。当 a 点电位高于 b 点电位时,$U_{ab}>0$;当 a 点电位低于 b 点电位时,$U_{ab}<0$。

(6) 实际电路中的电位

在分析电路时,通常要选择零参考电位点。一般在电路图中,看到有"⊥"的那一点就是零参考电位点。在电子电路中,一般把电源、信号输入和输出的公共端接在一起作为参考点。

工程上常选大地作为参考点。相对于电路中的其他点而言,接地点电压为 0V。在一个电路中,所有接地点具有相同的零电位特性,因而是公共点。接地点与接地点之间可以看成是由导体连在一起的零电阻电流通路。图 1-1-16 举例说明了一个有接地连接的简单电路。合上开关 S,电流从 10V 电源的正极流出,经过导线流到电阻 R_L,通过电阻,最后通过公共的接地连接回到电源负极。

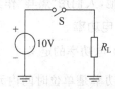

图 1-1-16 有接地连接的简单电路

实际生活中会碰到判断接地极的时候,比如插头、插座的接地极,如图 1-1-17 所示。在检修电子线路时,常常需要测量电路中各点对"地"的电位,以此判断电路的工作是否正常。

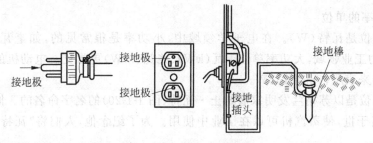

图 1-1-17 插头中的接地

3. 电能

能量以各种形式存在,包括电能、热能、光能、机械能、化学能以及声能。能量既不能被创造,也不能被消灭,只能从一种形式转化为另一种形式。例如,一盏白炽灯可以把电能转化为有用的光能,如图 1-1-18 所示。然而,并不是所有的电能都转化成了光能,大约 95% 的电能转化成了热能。

(1) 电能的定义

电在某一时间段内完成的做功量叫作电能。

(2) 电能的单位

电能的单位是焦耳(J);另一种是千瓦时(kW·h),即度。千瓦时(kW·h)较焦耳(J)更实用。例如,1 个 100W 的灯泡照明 10 小时,使用了 1kW·h 的电能。它们之间的关系为 $1kW·h=1$ 度 $=3.6\times10^6 J$。

电路中的电能和电功率

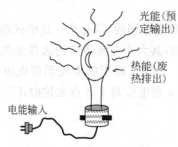

图 1-1-18 电能转化成光能

图 1-1-19 物理学家焦耳

电能的单位是以英国物理学家詹姆斯·普雷斯科特·焦耳（图 1-1-19）的名字命名的，他提出了"电流通过导体产生的热量总量与导体的电阻和通电时间成正比"的物理关系。为了纪念他，人们用"焦耳"作为电能的单位。

4．电功率

（1）电功率的定义

电功率是单位时间内元件吸收或发出的电能，用 p 表示，$p = \dfrac{dw}{dt}$。式中，dw 为 dt 时间内元件转换的电能。在直流电路中，功率 $P = \dfrac{W}{t}$。注意，斜体的 W 用来表示电能，而非斜体的 W 表示功率的单位瓦特。在知道电压值和电流值的前提下，功率还可以表示为 $P = UI$。

（2）电功率的单位

功率的单位是瓦特（W）。在电子学领域中，小功率是很常见的，如毫瓦（mW）、微瓦（μW）；在电力工业领域，大功率单位千瓦（kW）、兆瓦（MW）更常见。电动机的额定功率通常用马力（hp）来表示，1hp=746W。

功率的单位是以苏格兰发明家詹姆士·瓦特（图 1-1-20）的名字命名的。他因对蒸汽机的改进而闻名于世，使蒸汽机可以在工业中使用。为了纪念他，人们将"瓦特"作为功率的单位。

若计算结果 $p>0$，说明元件吸收电能，是耗能元件；若计算结果 $p<0$，则元件发出电能，为供能元件。

图 1-1-20 发明家瓦特

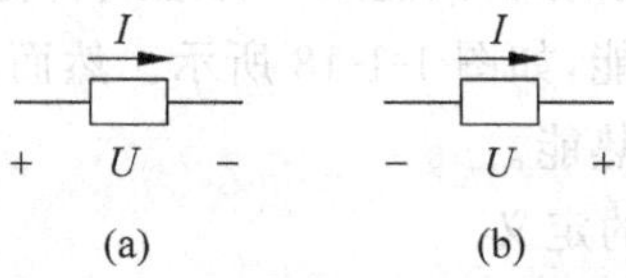

图 1-1-21 元件吸收或发出能量

（3）电路吸收或发出功率的判断

当电压和电流为关联参考方向时，如图 1-1-21(a)所示，取 $p = ui$；当电压和电流为非关联参考方向时，如图 1-1-21(b)所示，取 $p = -ui$。

【例 1-1-1】 求图 1-1-22 中所示各元件的功率,并判断元件是耗能元件还是供能元件。

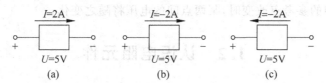

图 1-1-22 例 1-1-1 图

【解】 通过本例,学习确定电路元件性质的方法。

① 图 1-1-22(a)中,元件上电压和电流的参考方向为关联参考方向,因此
$$P = UI = 5 \times 2 = 10(W) > 0$$
该元件吸收 10W 功率,为耗能元件。

② 图 1-1-22(b)中,元件上电压和电流的参考方向为关联参考方向,因此
$$P = UI = 5 \times (-2) = -10(W) < 0$$
该元件产生 10W 功率,为供能元件。

③ 图 1-1-22(c)中,电压和电流的参考方向为非关联参考方向,因此
$$P = -UI = -5 \times (-2) = 10(W) > 0$$
该元件吸收 10W 功率,为耗能元件。

(4) 额定功率

额定功率是我们常听到的用电器的一个参数。额定功率是用电设备长期运行不致过热损坏的最大功率。额定功率与电阻器的电阻值无关,主要由电阻器的物理结构、尺寸和形状决定。下面以电器设备为例,详细说明额定功率。

在电路中使用电阻器时,电阻器的额定功率应大于它要处理的最大功率。例如,一个金属膜电阻器要在电路中消耗 0.75W,则额定功率应该比 0.75W 高,如 1W。

如果电阻器消耗的功率大于额定功率,电阻器会发热,使得电阻器被烧坏,或电阻值发生很大变化。

由于过热而被损坏的电阻器,可以通过烧焦的表面观察到。如果没有可见的迹象,可以用万用表欧姆挡检测怀疑被损坏的电阻器,看它是否开路或电阻值是否增大。测量时,应断开电阻器与电路的连接。

功率是单位时间内元件吸收或发出的电能。元件消耗或吸收的电能可表示为
$$W = Pt$$

思考与练习

1.1.1 举一个生活中的电路实例,分析它由哪几部分组成,各部分的作用是什么。

1.1.2 绘出一个简单实际电路的模型。

1.1.3 判断以下说法是否正确。

(1) 电流的参考方向,可能是电流的实际方向,也可能与实际方向相反。

(2) 判断一个元件是负载还是电源,应根据电压实际极性和电流的实际方向来确定。当电压实际极性和电流实际方向一致时,该元件是负载,消耗电能。

(3) 电路中某一点的电位具有相对性,只有参考点确定后,该点的电位值才能确定。

(4)电路中两点间的电压具有相对性,当参考点变化时,两点间的电压将随之变化。

(5)当电路中的参考点改变时,某两点间的电压将随之变化。

1.2 认识电阻元件

- 了解电阻的种类和作用,熟悉电阻的外在标识与阻值之间的关系。
- 了解电阻元件的伏安特性,掌握欧姆定律及应用。
- 掌握电阻的串并联特性,能进行电阻串并联的等效计算。
- 能进行电阻阻值的测量和电阻元件的选择。

电阻是再熟悉不过的电路元件,但是你会选择电阻吗?本小节的学习从如何选择电阻元件入手。选择电阻元件关系到两个参数:一是其阻值;二是其额定功率值。

这两个参数可以通过以下方法获取。

(1)观察法:通过观察电阻表面的标注,知道该电阻的阻值大小和额定功率值。

(2)计算法:运用欧姆定律、电阻串并联关系计算某特定电路中电阻的阻值大小。

(3)测量法:使用指针式万用表测量某一未知电阻的阻值。

如果能轻松地运用各种方法获取电阻阻值和额定功率值,你就完全掌握了本小节的知识要点。

电阻器(Resistor)是一种专门设计的具有一定电阻力的元件。电阻器简称电阻,是阻碍或者限制电路中电流的元件。生活中的任何电子器件中都有电阻,电阻最主要的作用就是产生热量、限制电流并分压。本小节主要讨论各种不同类型电阻的特性、作用和在电路中的应用。

1.2.1 电阻的种类与规格

1. 电阻的种类

通过图1-2-1可以看到各类常见电阻的外形。这些电阻的特点及用途见附录B。

电阻元件

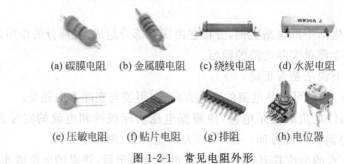

(a)碳膜电阻 (b)金属膜电阻 (c)绕线电阻 (d)水泥电阻

(e)压敏电阻 (f)贴片电阻 (g)排阻 (h)电位器

图1-2-1 常见电阻外形

2. 电阻的标注

通过电阻的外形、颜色和特定的文字标注方法,可以很快地知道电阻的阻值大小。常见的标注方法有:直标法、文字符号法、数码法和色标法。标注的内容包括标称电阻值和偏差。

在介绍这四种标注方法之前,先来了解电阻的单位及其数量级。电阻的基本单位是欧姆(Ohm),简称欧,常用希腊字母 Ω 表示。欧姆是一个很小的单位,为了表示方便,常用千欧(kΩ)、兆欧(MΩ)作为电阻的单位,其数量级关系如表 1-2-1 所示。

表 1-2-1　电阻符号及单位

文字符号	单位及进位数	文字符号	单位及进位数
k	kΩ(10^3 Ω)	G	GΩ(10^9 Ω)
M	MΩ(10^6 Ω)	T	TΩ(10^{12} Ω)

(1) 直标法

直标法是指将电阻的阻值和允许偏差用阿拉伯数字和文字符号直接标记在电阻体上,其表示方法及实例如图 1-2-2 和表 1-2-2 所示。注意,允许偏差用百分数表示,若未标偏差值,即为±20%的允许偏差。

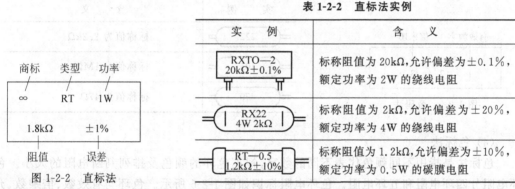

图 1-2-2　直标法

表 1-2-2　直标法实例

实例	含义
RXTO—2　20kΩ±0.1%	标称阻值为20kΩ,允许偏差为±0.1%,额定功率为2W的绕线电阻
RX22　4W 2kΩ	标称阻值为2kΩ,允许偏差为±20%,额定功率为4W的绕线电阻
RT—0.5　1.2kΩ±10%	标称阻值为1.2kΩ,允许偏差为±10%,额定功率为0.5W的碳膜电阻

要说明的是,有时候在电阻外壳上仅能看到额定功率的标注,如图 1-2-3 所示。通常,小于1W的电阻在电路图中不标出额定功率值,大于1W的电阻用罗马数字表示。

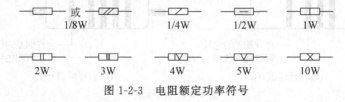

图 1-2-3　电阻额定功率符号

(2) 文字符号法

文字符号法是指将电阻的标称阻值用文字符号表示。允许偏差的标志符号如表 1-2-3 所示。大多数电阻的允许偏差值在 J、K、M 三类。

表 1-2-3　电阻允许偏差的标志符号

百分数	±0.1%	±0.5%	±1%	±2%	±5%	±10%	±20%	±30%
符号	B	D	F	G	J(Ⅰ)	K(Ⅱ)	M(Ⅲ)	N

文字符号法及实例如图 1-2-4 和表 1-2-4 所示。

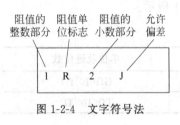

图 1-2-4　文字符号法

表 1-2-4　文字符号法实例

实例	含义
6R2J	标称值为 6.2Ω，允许偏差为 ±5%
1M5	标称值为 1.5MΩ，允许偏差为 ±20%
R15D	标称值为 0.15Ω，允许偏差为 ±0.5%

（3）数码法

在产品和电路图上用 3 位数字表示元件标称值的方法称为数码表示法，常见于寻呼机、手机中的贴片电阻上，其表示方法及实例如图 1-2-5 和表 1-2-5 所示。

图 1-2-5　数码法

表 1-2-5　数码法实例

实例	含义
222	标称值为 2.2kΩ
105	标称值为 1MΩ
470	标称值为 47Ω

（4）色标法

色标法是指用不同颜色代表不同的数字，根据色环的颜色及排列判断电阻的大小。色环电阻分四环电阻和五环电阻。色环电阻标识如图 1-2-6 所示。色环与有效数、倍乘数、允许偏差的对应关系见附录 C。

图 1-2-6　色标法

无论四环电阻还是五环电阻，都从最靠近电阻体的一端色环开始读数（紧靠电阻体一端的色环为第一环，露着电阻体本色较多的一端为末环）。若不清楚哪一环是第一环，通常四环电阻可根据"肯定不能从金色环或银色环的一端开始读"的原则，通过观察电阻两端色环中是否有一端为金色环或银色环进行判断。若五环电阻两端色环中都没有金色环或银色环,可根据"五环电阻的第五环色环宽度是其他色环宽度的1.5~2倍"原则进行判断。

色标法实例如表1-2-6所示。

表1-2-6 色标法实例

实例	橙橙橙 银 3 3 10^3 ±10%	红紫黄棕 棕 2 7 4 10^1 ±1%
含义	33kΩ±10%	2.74kΩ±1%

1.2.2 电阻的作用

电阻把电能转换为其他形式的能——光能、热能,这是电阻的主要功能。例如,很多电器加热是通过电阻产生热量实现的。用途广泛的电阻丝是用镍和铬制作的高电阻合金,也就是镍铬合金。这种电阻在干燥器、烤面包机和其他一些加热器具中作为加热元件,如图1-2-7(a)所示的电炉。汽车后窗加热系统也是将电阻栅格附在玻璃窗内壁形成加热元件。电流流经栅格产生热量,这些热量用来清除窗户上的雾气和冰雪,如图1-2-7(b)所示。还有许多电器发光也是通过电阻产生的,譬如白炽灯。

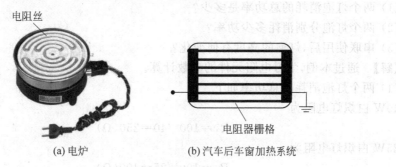

(a) 电炉　　　　(b) 汽车后车窗加热系统

图1-2-7 电阻器加热元件

1.2.3 电阻的特性

电阻元件是反映材料或元器件对电流呈现阻力、消耗电能的一种理想元件。它的特性和数量关系是通过欧姆定律确定的。

1. 欧姆定律

我们知道,在室温条件下,铜导线内的自由电子频繁地与其他电子、晶格离子及杂质碰撞,这将限制电子的定向运动。1826年,乔治·西蒙·欧姆(1787—1854年)公布了关于不同材料电阻的实验结果,实验装置如图1-2-8所示。他发现流过物体的电流和加在其上的电压呈线性关系,并定义电阻为施加的电压与引起的电流之比。为了纪念他,人们用"欧姆"作为电阻的单位。

欧姆定律描述如下:电路中的电流I与电压U成正比,与电阻R成反比,表示为

$$I=U/R \tag{1-2-1}$$

欧姆定律还可应用于完整的电路中,称为全电路欧姆定律或闭合电路欧姆定律。图 1-2-9 所示是简单的闭合电路,r_0 是电源内阻,R 为负载电阻,若略去导线电阻不计,此段电路用欧姆定律表示为

$$I=\frac{E}{R+r_0} \tag{1-2-2}$$

式(1-2-2)的意义是:电路中流过的电流的大小与电动势成正比,与电路的全部电阻成反比。电源的电动势和内阻一般认为不变,因此,改变外电路电阻,就可以改变回路中电流的大小。

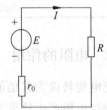

图 1-2-8　欧姆及欧姆实验装置　　　　图 1-2-9　全电路欧姆定律

【例 1-2-1】　一个 100V/40W 和一个 100V/25W 的白炽灯,二者串联接入 100V 的电路中。试分析计算以下问题。

(1) 两个灯泡消耗的总功率是多少?
(2) 两个灯泡分别消耗多少功率?
(3) 串联使用后,灯泡的亮度有何变化?

【解】　通过本例,学习电阻元件的参数计算。

(1) 两个灯泡消耗的总功率如下。

40W 白炽灯电阻为

$$R_1=100^2/40=250(\Omega)$$

25W 白炽灯电阻为

$$R_2=100^2/25=400(\Omega)$$

二者串联时消耗的功率为

$$P=100^2/650\approx 15.4(\text{W})$$

(2) 两个灯泡分别消耗的功率如下。

两个灯泡串联后,电路的电流为

$$I=100/650\approx 0.154(\text{A})$$

40W 白炽灯消耗的功率为

$$P_1=I^2\times 250=0.154^2\times 250\approx 5.93(\text{W})$$

25W 白炽灯消耗的功率为

$$P_2=I^2\times 400=0.154^2\times 400\approx 9.49(\text{W})$$

(3) 串联使用后,两个灯泡消耗的功率都有所下降,不能正常发光。

本例说明,电器元件只有在额定电压下才能正常发挥作用。

【例 1-2-2】　有两个电阻元件的阻值分别为 25Ω 和 50Ω,电源电压为 10V,试分析计算以下问题。

(1) 并联使用时,应选择多大功率的电阻?

(2) 串联使用时,应选择多大功率的电阻?

【解】 通过本例,熟悉电阻元件的应用要求。

(1) 在 10V 电路中并联使用时,分析如下。

25Ω 电阻消耗的功率为
$$P_1 = 10^2/25 = 4(\text{W})$$

50Ω 电阻消耗的功率为
$$P_2 = 10^2/50 = 2(\text{W})$$

选择时,要求 25Ω 电阻的标称功率应大于 4W,50Ω 电阻的标称功率应大于 2W,否则在使用中会由于发热损坏电阻元件。

(2) 在 10V 电路中串联使用时,分析如下。

两个电阻串联后,电路的电流为
$$I = 10/75 \approx 0.133(\text{A})$$

25Ω 电阻消耗的功率为
$$P_1 = I^2 \times 25 = 0.133^2 \times 25 \approx 0.44(\text{W})$$

50Ω 电阻消耗的功率为
$$P_2 = I^2 \times 50 = 0.133^2 \times 50 \approx 0.88(\text{W})$$

选择时,25Ω 电阻的功率应大于 0.5W,50Ω 电阻的功率应大于 1W。

本例说明,选择电阻元件不只是选择阻值,还要考虑元件发热的影响。

2. 温度、电阻与伏安特性

物质的电阻不仅与材料的种类有关,还与温度有关。一般情况下,金属类的导体随温度的升高其电阻相应增加;半导体和电解液等物质的电阻随温度的升高而降低,如图 1-2-10 所示。

在温度一定的条件下,把加在电阻两端的电压与通过电阻的电流之间的关系称为伏安特性。在实际生活中,常用纵坐标表示电流 I、横坐标表示电压 U,这样画出的 I—U 曲线叫作导体的伏安特性曲线,如图 1-2-11 所示。

对于某一个金属导体,在温度没有显著变化时,电阻是不变的,它的伏安特性曲线是通过坐标原点的直线。具有这种伏安特性的电学元件叫作线性元件,其伏安特性曲线如图 1-2-11(a)所示。

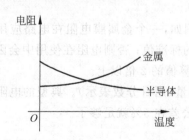

图 1-2-10 电阻与材料和温度的关系

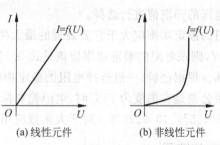

图 1-2-11 电阻元件伏安特性曲线

欧姆定律是个实验定律,实验中用的都是金属导体。这个结论对其他导体是否适用,需要实验的检验。实验表明,除金属外,欧姆定律对电解质溶液也适用,但对气态导体(如日光灯管、霓虹灯管中的气体)和半导体元件并不适用。也就是说,在这些情况下,电流与电压不成正比,这类电学元件叫作非线性元件。它的伏安特性如图 1-2-11(b)所示。

温度是决定元件是否为线性的一个重要因素。一般情况下,若元件特性受温度影响较小,并且精度要求不高,可以作线性考虑。今后若未加特殊说明,电阻元件均指线性电阻元件。

1.2.4 电阻的基本使用

1. 电阻阻值的判断

凡是标称电阻值标在电阻体上的电阻,可以用前面介绍的四种方法判断其阻值。如果无法通过识读电阻表面的符号获得电阻的阻值,还可以用指针式万用表欧姆挡测得。

由于电阻在电路中与不在电路中的测量值有较大差异,因此在测量电阻值时,一定要把电阻元件脱离电路后进行测量(如图1-2-12)。具体过程如下。

(1) 欧姆调零。将选择开关旋至电阻"Ω"挡范围内,然后将黑、红表笔短接,使指针向满值偏转。调节零欧姆调整器(电调零),使指针指示在零欧姆位置上。

(2) 分离电阻。断开电阻与电路的连接,以免损坏电表或得到不正确的测量值。

(3) 测量。用两支表笔分别测量被测电阻。选择量程最为重要,应从大量程选到小量程,最终让指针指向表盘中央的量程是最合适的。

(4) 读数。表头指针显示的读数乘以所选量程的倍率数,即为所测电阻的阻值。如选用"R×1k"挡测量,指针指示"40",则被测电阻值为40×1k=40(kΩ)。

2. 电阻的选择

在实际应用中,选择电阻时需要考虑的因素很多,但主要的三个因素是电阻标称值、功率额定值和电阻公差。

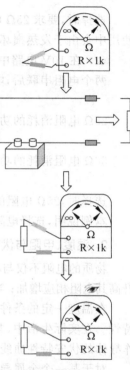

图 1-2-12 电阻的测量

电阻标称值决定了电路中电流的大小或者电阻上电压的大小,需要根据电路中电流或电阻上电压的预期值进行选择。

电阻的额定功率应大于它要处理的最大功率。例如,一个金属膜电阻在电路应用中消耗 0.75W,则该电阻的额定功率应该是比 0.75W 高的标准值;否则电阻在使用中会因过热导致损坏。根据经验,一般选择电阻的额定功率为计算值的 2 倍以上。

电阻公差是在温度为 25℃时,电阻偏离标称值的量(用百分数表示)。典型的电阻公差为 1%、2%、5%、10%、20%。对于大多数应用,电阻公差在 5% 就足够了。

📖 思考与练习

1.2.1 如果某元件上电压与电流的关系可表示为 $U=-IR$,说明此时电阻值是负的,对吗?

1.2.2 尽可能多地说出电阻种类及其在生活中的用途。

1.2.3 电阻的主要性能参数有哪些?

1.2.4　判断以下说法是否正确。

（1）额定电压为220V，额定功率为100W的电阻型用电设备，当实际电压为110V时，负载实际功率是50W。

（2）电阻值不随电压、电流的变化而变化的电阻，即电阻值是常数的电阻称为线性电阻。

（3）一根粗细均匀的电阻丝，其阻值为4Ω，将其等分为两段，再并联使用，等效电阻是2Ω。

1.2.5　如何用指针式万用表判断电阻的阻值？

1.3　认识电容元件

- 了解电容的种类和作用，熟悉电容的外在标识与其标称容量之间的关系。
- 了解电容的特性、结构与作用。
- 掌握电容的串并联特性，能进行电容串并联的等效计算。
- 能用指针式万用表判断电容质量、容量，以及电解电容的极性。

与电阻元件相比，电容元件也许你不太熟悉。本小节将从电容的外在标识、结构、特性、作用、串并联关系、使用注意事项，以及电容质量、容量和极性判断等方面全面介绍电容的知识。

电容的外在标识、结构、作用、使用注意事项等内容都属于知识性内容，你只要看懂了，就能理解这些知识。而学习电容质量、容量和极性判断时，需要你拿起指针式万用表，按书中描述的过程实际动手尝试，将有助于对知识的理解。

电容的特性理解和串并联关系应用是本小节学习的难点。建议你从电容充放电过程入手，理解电容的库伏关系和伏安关系；从电容结构中的极板面积和极板间距入手，理解其串并联关系。

电容（Capacitance）是指在给定电位差下，电容器存储电荷量能力的物理量。电容器（Capacitor）就是基于此目的设计的电子元件。本小节主要讨论各种不同类型的电容及其特性、作用和在电路中的应用。

1.3.1　电容的种类与规格

1. 电容的种类

电容器又称电容元件，简称电容。电容种类繁多，按电容量是否可调，电容分为固定电容和可变电容。固定电容又分为有极性电容和无极性电容。通过图1-3-1可以看到各类常见电容外形。这些电容的特点及用途见附录D。

2. 电容的标注

电容的单位是以英国物理学家、化学家迈克尔·法拉第（图1-3-2）的名字命名的，简称

电容元件

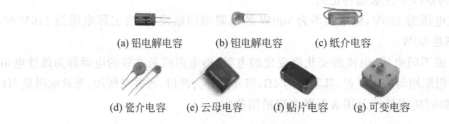

图 1-3-1 常见电容外形

法,常用字母 F 表示。F 是一个很大的单位,为了表示方便,常用微法(μF)、皮法(pF)等作为电容的单位,其数量级关系如表 1-3-1 所示。

表 1-3-1 电容符号及单位

文字符号	单位及进位数	文字符号	单位及进位数
m	$mF(10^{-3}F)$	n	$nF(10^{-9}F)$
μ	$μF(10^{-6}F)$	p	$pF(10^{-12}F)$

图 1-3-2 英国科学家法拉第

电容的标称容量和偏差一般标在电容的外壳上,其标注方法有四种:直标法、文字符号法、数码法和色标法。

(1) 直标法

直标法有标单位的直标法和不标单位的直标法两种。直标法实例如表 1-3-2 所示。

表 1-3-2 直标法实例

方法说明		实 例	含 义
标单位的直标法直接将标称容量显示在电容外壳上		25V 2200μF	标称值为 2200μF
不标单位的直标法	以 pF 为单位的小容量电容,大多数仅标出数值而不标出单位	47	标称值为 47pF
	以 μF 为单位的小容量电容,标注数值上可用小数点或者小数点用"R"来表示	CJ1 0.022	标称值为 0.022μF
		R47	标称值为 0.47μF

(2) 文字符号法

电容的容量偏差符号与电阻器采用的符号相同,分别用 B(±0.1%)、D(±0.5%)、F(±1%)、G(±2%)、J(±5%)、K(±10%)、M(±20%) 和 N(±30%) 表示,文字符号法及实例如图 1-3-3 和表 1-3-3 所示。

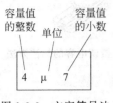

图 1-3-3 文字符号法

表 1-3-3 文字符号法实例

实 例	含 义	实 例	含 义
4μ7	标称值为 4.7μF	47nK	标称值为 47nF，允许偏差为 ±10%
2n2J	标称值为 2.2nF，允许偏差为 ±5%		

（3）数码法

数码法的单位用 pF，由 3 位数码构成，其表示法及实例如图 1-3-4 和表 1-3-4 所示。

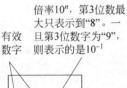

图 1-3-4 数码法

表 1-3-4 数码法实例

实 例	含 义	实 例	含 义
102	标称值为 1000pF	105J	标称值为 10×10^5 pF，即 $1\mu F$，允许偏差为 ±5%
224	标称值为 0.22μF	569	标称值为 56×10^{-1} pF，即 5.6pF

（4）色标法

电容的色标与电阻器的色标相似，有四种标注法，其表示法及实例如图 1-3-5 和表 1-3-5 所示。色标法标注的容量单位一般为 pF。

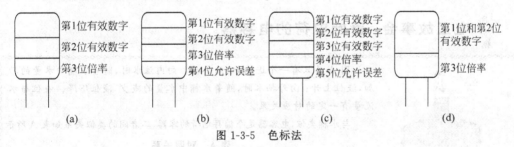

图 1-3-5 色标法

表 1-3-5 色标法实例

实 例	含 义	实 例	含 义
绿蓝橙	标称值为 0.056μF	红红黑黑金	标称容量为 220pF±5%
黄紫橙银	标称容量为 0.047μF±10%	橙红	标称容量为 3300pF

以上介绍的是几种固定电容的标注方法。微调电容一般要标注电容量的调整范围。如图 1-3-6 所示,标注为 5/20 的微调电容,其容量变化范围为 5~20pF。

图 1-3-6 微调电容的标注方法

1.3.2 电容的结构与作用

1. 电容的结构

电容是由两块金属极板中间加上绝缘材料(电介质),并按照一定的工艺要求制作而成,如图 1-3-7 所示。绝缘材料可以是空气或不导电的材料,比如纸、云母、陶瓷、石蜡、绝缘油。电容现象广泛存在,任意两根互相绝缘的通电导线之间都会构成电容,所以空中的架空导线,地下的绝缘电缆,电气设备的供电导线之间都构成了电容。

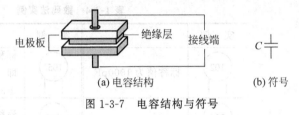

图 1-3-7 电容结构与符号

电容的容量取决于极板面积、电介质(绝缘层)材料和极板间的距离。它们之间的关系为

$$C = \frac{K \cdot A}{4.45D} \tag{1-3-1}$$

式中:C 为电容量,单位皮法(pF);K 为介电常数;A 为极板面积,单位平方英寸;D 为极板间的距离,单位英寸。

 电工故事会:吞吐电荷的电容器

图 A 液位与水流的关系

图 A 是只有一个进、出口的水桶。向内注水时,随着水桶中水量的增加,液位上升;向外抽水时,随着水桶中水量的减少,液位下降。液位与水流量有一定的对应关系。

与水桶类似,电容器是个储存电荷的容器,二者间的类似关系如表 A 所示。

表 A 对照关系

水　桶	电　容　器
容积(常量)	电容量 C(常量)
水流(变量)	电容电路的电流 i(变量)
液位(变量)	电容两端的电压 u(变量)

理想电容器在使用过程中不消耗电能,只起到存储电能、释放电能的作用。

一种常见的错误说法是电容器"隔直阻交",这是指直流电流不能通过电容器,而交流电流可以通过电容器。

实际上,不论直流电流还是交流电流,都不能通过电容器。如果我们把电流为"+"时看作电容器充电,则电流为"−"时就是电容器在放电。在交流电路中,电容元件反复充、放电,尽管电路中有电流流过,但都没有"穿透"电容器。

2. 电容电路中的电流现象

电容的两个极板之间有绝缘层,所以电流不会通过电容,但是在连接电容的电路中会有电流流动。通过下面的实验可以了解电容电路中的电流是如何流动的。

使用一个 12V 的直流电源、一个 200μF 的电解电容、一个 5kΩ 的电阻器、一块直流电压表和一块双相毫安表接成如图 1-3-8 所示的电路。

当与电阻相连的开关 S 向上与"1"接通后,毫安表电流值首先增加,然后返回到零,按照图 1-3-9(a)所示曲线变化;电压表的读数逐渐增加到 12V 后停止,按照图 1-3-9(b)所示变化。这两个现象说明电源通过电阻给电容充电,在充电的过程中,有电流在电路中流动;在电容电压达到 12V 后,充电结束,电路中不再有电流流动。

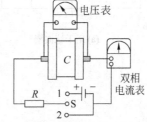

图 1-3-8 电容充放电实验电路

我们看到的电流现象是电容在充电过程中电荷的定向移动而造成的。电流的流动在电容的极板上形成电荷积聚,但是电流无法通过电容的绝缘层。

充电结束后,把与电阻相连的开关 S 向下与"2"接通,使之脱离电源。这时,电容中原先积聚的电荷经过电阻反向放电,这时的电流和电压变化如图 1-3-10 所示。

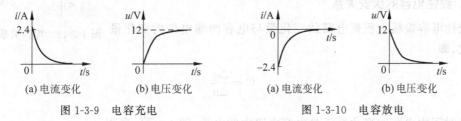

图 1-3-9 电容充电　　　　　图 1-3-10 电容放电

只有当电容极板上的电压变化时,由于电容的充放电现象,在电路中才有电流流过。

3. 电容中的能量存储

电容充电后就存储了一定的电场能。电场能 W_C(单位:J)的大小与电容量 C 和电容两端的电压 u 的关系为

$$W_C = \frac{1}{2}Cu^2 \tag{1-3-2}$$

4. 电容的用途

电容应用范围广,能够有效地用于电源电路、照明电路、音频电路和通信设备等。图 1-3-11 给出了几种具体的应用。其中,图 1-3-11(a)所示为除去整流电路输出波形的脉动部分波形的锯齿,使之变成平滑波形;图 1-3-11(b)所示为收音机无线电广播选台;图 1-3-11(c)所示为使日光灯产生噪声短路,防止侵入其他配电线路。

1.3.3 电容的特性

1. 线性电容的库伏关系

充电后的电容两端会有电压 u,并在两个极板上积聚有电荷量 q,它们和电容量 C 之间的关系称为电容的库伏关系。对于线性电容,有

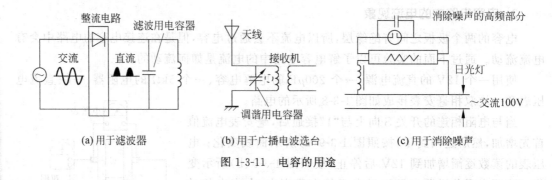

(a) 用于滤波器　　　　(b) 用于广播电波选台　　　　(c) 用于消除噪声

图 1-3-11　电容的用途

$$C = \frac{q}{u} \tag{1-3-3}$$

式(1-3-3)是线性电容非常重要的库伏关系表达式。图 1-3-12 所示是线性电容的库伏特性曲线。

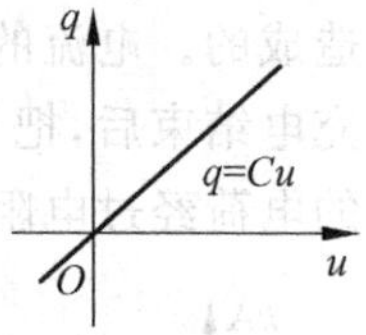

电容的单位有法(F)、微法(μF)、纳法(nF)、皮法(pF)等，它们之间的换算关系是：$1F = 10^6 \mu F = 10^9 nF = 10^{12} pF$。

2. 线性电容的伏安关系

线性电容极板上积聚电荷的变化量与电容两端电压的变化量成正比，即

$$C = \frac{\Delta q}{\Delta u}$$

图 1-3-12　库伏关系曲线

而单位时间内电荷的变化量正是电容电路中的电流，即 $i = \frac{\Delta q}{\Delta t}$，所以

$$i = \frac{\Delta q}{\Delta t} = C \frac{\Delta u}{\Delta t}$$

上式以微分的形式可表示为

$$i = \frac{dq}{dt} = C \frac{du}{dt} \tag{1-3-4}$$

式(1-3-4)是线性电容元件非常重要的伏安关系表达式，它表明电容电路中的电流与电容两端电压的变化率成正比，或者说，当电容两端的电压发生变化时，在电容电路中才有电流流过。

1.3.4　电容的串并联

1. 多个电容的串联

当多个电容串联时，如图 1-3-13 所示，相当于电容极板间的距离增大，总电容量与每个电容之间的关系为

$$\frac{1}{C} = \frac{1}{C_1} + \frac{1}{C_2} + \cdots + \frac{1}{C_n} \tag{1-3-5}$$

式(1-3-5)可用于多个电容串联时的简化计算。

2. 多个电容的并联

当多个电容并联时，如图 1-3-14 所示，相当于电容极板的面积增大，总电容量与每个电容之间的关系为

$$C = C_1 + C_2 + \cdots + C_n \tag{1-3-6}$$

式(1-3-6)可用于多个电容并联时的简化计算。

图 1-3-13　电容串联　　　　图 1-3-14　电容并联

1.3.5　电容的基本使用

根据电容的充放电现象，可以粗略判断电容的状态。图 1-3-15 所示是用指针式万用表判断电容质量、容量、电解电容极性的方法。

1. 电容质量的判断

（1）对于 $1\mu F$ 以上的电容，检测时将量程调至 $R\times 1k$ 挡（对于容量小于 $1\mu F$ 的电容，由于电容充放电现象不明显，检验时宜选用指针式万用表 $R\times 10k$ 挡），并将两支表笔短接，进行欧姆调零。

（2）将指针式万用表的红、黑表笔分别搭在高压电容的两个引脚上。

（3）观察万用表指针的变化，若指针向右大幅度偏转，慢慢又回到左边，并在接近∞处停下，证明该电容正常。

一般来说，只要表头指针有小幅偏转并能返回到∞，就可判断电容质量正常。

对于两个质量正常的电容，测量时，万用表表头指针向右摆动角度越大，说明电容容量越大；反之，说明容量较小。

2. 电解电容极性的判断

电解电容正接时漏电流小，漏电阻大；反接时，漏电流大，漏电阻小。根据这个特点，可以判断电解电容的极性。将指针式万用表打在 $R\times 1k$ 挡，在任意方向测量电解电容的漏电阻值；然后，将两支表笔对调一下，再测一次漏电阻值。两次测试中，漏电阻值小的那一次，黑表笔接触的是电解电容的负极，红表笔接触的是电解电容的正极。

3. 电容与电路的连接

由于容量、种类、结构与使用场合不同，电容与电路其他部件的连接主要有焊接连接、扭结连接和螺纹连接三种方式，如表 1-3-6 所示。

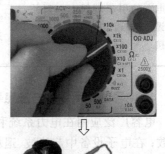

图 1-3-15　电容质量的判断

将电容正常时的电阻值称为漏电电阻。若碰到以下情况，说明电容有问题。

（1）表头指针无摆动，说明电容开路。

（2）表头指针向右摆动角度大且不返回，说明电容已击穿或严重漏电。

（3）表头指针保持在 0Ω 附近，说明该电容内部短路。

在利用有极性电容进行电路设计时，电容的极板一定不能接反。如果接反，电容会爆炸。

表 1-3-6　电容与电路的连接

焊接连接	扭结连接	螺纹连接
电子产品上使用的电容与电路其他部分多采用焊接连接。这类电容的引出端线上一般均已镀锡，需要通过电烙铁加热才能连接	部分家电产品中的启动电容或补偿电容的引出端线是多股铜导线，与电路其他部分多采用扭结连接	电力变电所或大型电动机的补偿电容多为具有电解液的电力电容。这类电容的电流较大，在接入电路时采用螺纹连接

4. 电容的使用场合与注意事项

电容广泛应用在电力系统和电子设备中。在电力系统中主要用做功率补偿，提高功率因数；在电子设备中起滤波、退耦、移相、消振、旁路等作用。

电容的主要参数有额定电压和额定容量，如图 1-3-16 所示。如果工作电压超过电容的耐压值，电容将击穿，造成不可修复的永久性损坏。

电容充电后，积聚在电极板上的电荷将长期保留。如果不释放，在下次使用时将发生危险。电容的安全放电方法很多，电子设备会通过发光二极管（LED）放电，电视机的电源指示灯即是如此。电力系统中的电力电容从电路中断开后，常使用照明灯泡进行放电。

对于一个状态未知的电容，在使用前不可轻易用手碰触，以免受到电击。对容量不大的电容，可以使用绝缘导线或指针式万用表笔的两端短接电容的接线端进行放电，如图 1-3-17 所示。

> 电解电容在使用时有极性的要求，如果接反，将产生很高的热量并导致爆炸。

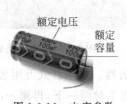

图 1-3-16　电容参数

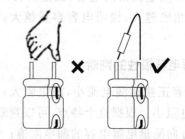

图 1-3-17　错误的和正确的使用方法

思考与练习

1.3.1　尽可能多地说出电容的种类及其在生活中的用途。

1.3.2　电容的主要性能参数有哪些？

1.3.3　如何用指针式万用表判断电容的质量、容量以及电解电容的极性？

1.4 认识电感元件

- 了解电感的种类和作用,熟悉电感的外在标识与其标称容量之间的关系。
- 了解电感的特性、结构与作用。
- 掌握电感的串并联特性,能进行电感串并联的等效计算。
- 能进行电感质量的判断。

本小节的学习方法与学习电容元件的方法基本一致。不同的是,学习电感的串并联关系时,建议与电阻串并联关系对照后理解。可以从楞次定律入手,了解电感的充放电过程,加深对电感的理解。

电感是绕线线圈阻碍电流变化的特征。电感的基础是电磁场:当电流流经导体时,在导体的周围将产生电磁场。具有电感特性的电子元件称为电感线圈,又称电感(Inductor)。本小节主要讨论各种不同类型的电感及其特性、作用和在电路中的应用。

1.4.1 电感的种类与规格

通过上面的简单介绍,我们看到了存在于身边的电感,可事实上电感的种类远不止这些。下面将介绍电感的种类及其规格,以及表示方法。

1. 电感的种类

电感的种类繁多,形状各异。图 1-4-1 所示是几种常见电感的外形。这些电感的特点及用途见附录 E。

(a)无芯电感　(b)带铁芯电感　(c)带磁芯电感　(d)贴片电感　(e)色码电感

图 1-4-1　常见电感外形

2. 电感的标注

电感的标称容量和偏差一般标在电感的外壳上,其标注方法有四种:直标法、文字符号法、数码法和色标法。电感量的基本单位是亨利(简称亨),用字母"H"表示。常用的单位还有毫亨(mH)和微亨(μH),它们之间的关系是:$1H=10^3 mH=10^6 \mu H$。直标法中常用字母A、B、C、D、E 表示电感线圈的额定电流(最大工作电流),分别为 50mA、150mA、300mA、700mA 和 1600mA,用Ⅰ、Ⅱ、Ⅲ表示允许误差,分别为±5%、±10%和±20%。

电感元件

(1) 直标法

电感直标法及实例如图 1-4-2 和表 1-4-1 所示。

图 1-4-2　直标法

表 1-4-1　直标法实例

实例	含义
BⅡ 390μH	标称电感量为 390μH,允许误差为 ±10%
AⅠ 10μH	标称电感量为 10μH,允许误差为 ±5%

(2) 文字符号法

文字符号法是将电感的标称值和允许偏差值用数字和文字符号按一定的规律组合标注在电感体上,其实例如表 1-4-2 所示。当单位为 μH 时,用"R"作为电感的文字符号,其他与电阻器的标注方法相同。其中,允许偏差的标注符号如表 1-2-3 所示。

表 1-4-2　文字符号法实例

实例	含义
4N7	标称电感量为 4.7nH
J R33	标称电感量为 0.33μH,允许偏差为 ±5%
4R7M	标称电感量为 4.7μH,允许偏差为 ±20%

(3) 数码法

数码法是用 3 位数字来表示电感量的标称值,单位为 μH。该方法常见于贴片电感。如果电感量中有小数点,用"R"表示,并占 1 位有效数字,其表示法及实例如图 1-4-3 和表 1-4-3 所示。

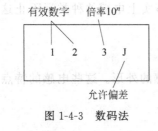

图 1-4-3　数码法

表 1-4-3　数码法实例

实例	含义
102J	标称电感量为 1000μH,允许偏差为 ±5%
183K	标称电感量为 18mH,允许偏差为 ±10%

(4) 色标法

色环电感识别方法同电阻类似。通常用四色环表示,如图 1-4-4 所示紧靠电感体一端的色环为第一环,露出电感体本色较多的一端为末环。色环电感单位为 μH。例如,色环颜色分别为棕、黑、金、金的电感的电感量为 1μH,误差为 5%,如图 1-4-5 所示。

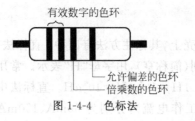

图 1-4-4　色标法

图 1-4-5　色标法实例

1.4.2 电感的结构与作用

电感的电路符号形象地描述了电感的结构。电感是在某一物体上缠绕若干匝导线或漆包线构成的,导线或漆包线的两头就是电感的两个引脚,如图1-4-6所示。电感在电路中标识为大写字母 L。当一个电路中出现多个电感时,通过字母 L 后跟数字或小写字母进行区分,如 L_1、L_2 等。

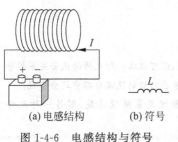

(a) 电感结构　　(b) 符号

图1-4-6　电感结构与符号

生活中许多电子器件都有电感,如继电器、螺形线圈、读/写头、扬声器。永久性磁铁扬声器常用于立体音响系统、无线电和电视中,如图1-4-7所示。螺形线圈常用于打开和关闭电磁阀和汽车门锁这一类装置,如图1-4-8所示。

电感元件中有电流流过时会存储一定的磁场能。磁场能 W_L(单位:J)的大小与电感量 L 和电感中通过的电流 i 的关系为

$$W_L = \frac{1}{2}Li^2 \tag{1-4-1}$$

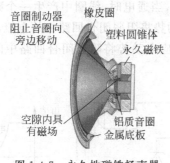

图1-4-7　永久性磁铁扬声器

图1-4-8　螺形线圈

电工故事会:电容与电感的对偶关系

电感线圈能把电路中的电能转化为磁能存储起来,也能把电感线圈中的磁能通过电路释放出去。

电感线圈中存储的是磁能,电容器中储存的是电能,图A为实物图。作为电路中的储能元件,二者之间各物理量的对偶关系如表A所示。

表A　对偶关系

电容器	电感线圈
电容量 C:与结构有关的常量	电感量 L:与结构有关的常量
电容电路的电流 i(变量)	电感两端的电压 u(变量)
电容两端的电压 u(变量)	电感电路的电流 i(变量)

图A　电容、电感实物图

理想电感线圈在使用过程中不消耗磁能,只起到存储磁能、释放磁能的作用。电能与磁能在电路中可以转换。

> 电容器中的电容量 C、电流 i、电压 u 之间的关系为
>
> $$i = C \frac{du}{dt}$$
>
> 电感线圈的电感量 L、电压 u、电流 i 之间的关系为
>
> $$u = L \frac{di}{dt}$$
>
> 仔细观察就会发现,如果把以上两个公式中的 C 和 L、u 和 i 对调,就可以从一种元件的伏安关系推导出另一种元件的伏安关系。在电路中这是一种对偶关系,这种对偶关系在后续的交流电路中还会出现。
>
> 学习电容器和电感线圈的相关知识时,如果能把一种元件的物理关系梳理清楚,则另一种元件的物理关系就可以通过对偶关系推导出来。

1.4.3 电感的特性

电感元件有阻碍电流变化的能力是因为它可以在电路中储存和释放磁能。当电感线圈中通过直流电流时,其周围只呈现有固定方向的磁力线,不随时间而变化;但在通断的瞬间,直流电路中会出现电感效应。如图 1-4-9 所示,当通电时,线圈中产生一个磁场,变化的磁力线在线圈两端产生感应电动势,这个感应电动势将阻碍闭合回路中的电流,使其不会瞬间达到最大值。同样,当断电时,线圈中产生的感应电动势将阻碍闭合回路中的电流,使其不会瞬间达到零值。

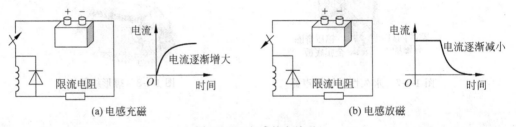

(a) 电感充磁　　　　　　　　　(b) 电感放磁

图 1-4-9　电感的充放磁

只有电流改变时才能产生感应电动势。在直流电路中,每次电路连通或断开时都会发生这种情况。这种感应效应产生于线圈自身,称为自感。当电感线圈接到交流电源上时,导线中变化的电流产生的磁场随着电流增大或减小,这将产生持续的感应效应。

在任意类型的电感电路中,电流改变的方向和感应电动势的方向之间有一定的关联关系。这个关系由楞次定律表述如下:感应电动势作用的方向总是阻碍产生它的电流变化。感应电动势的大小与电感元件中的电压相等,方向相反,可以表示为

$$e = -u_L = -L \frac{di_L}{dt}; \quad 即 \quad u_L = L \frac{di_L}{dt} \tag{1-4-2}$$

1.4.4 电感的串并联

1. 多个电感的串联

当多个电感串联时,如图 1-4-10 所示,总电感与每个电感之间的关系为

$$L = L_1 + L_2 + \cdots + L_n \tag{1-4-3}$$

> 式(1-4-3)可用于多个电感串联时的简化计算,类似于串联电阻的计算。

2. 多个电感的并联

当多个电感并联时,如图 1-4-11 所示,总电感小于并联电感中的最小电感值。总电感与每个电感之间的关系为

$$\frac{1}{L} = \frac{1}{L_1} + \frac{1}{L_2} + \cdots + \frac{1}{L_n} \tag{1-4-4}$$

式(1-4-4)可用于多个电感并联时的简化计算,类似于并联电阻的计算。

图 1-4-10 电感串联

图 1-4-11 电感并联

1.4.5 电感的基本使用

1. 电感质量的判断

普通的指针式万用表不具备专门测试电感的挡位。使用指针式万用表只能大致判断电感的好坏,如图 1-4-12 所示,具体过程如下。

(1)选择指针式万用表量程 R×1 挡,并将两支表笔短接,进行指针调零。

(2)将红、黑表笔分别搭在电感的两个引脚上。

(3)若万用表读数在几毫欧到几十欧之间,表示电感正常。若测量值为无穷大,说明电感断路。对于具有金属外壳的电感(如中周),若测得振荡线圈的外壳(屏蔽罩)与各引脚之间的阻值不是无穷大,而是有一定电阻值或为零,说明该电感出现质量问题。

采用有电感挡的数字式万用表检测电感非常方便,具体过程如下。

(1)将数字式万用表量程拨至合适的电感挡(与标称电感量相近的量程),如图 1-4-13 所示。

(2)将电感的两个引脚与两支表笔相连,即可从表盘读出该电感的电感量。若显示的电感量与标称电感量相近,说明电感正常。若显示的电感量与标称电感量相差很多,说明电感出现质量问题。

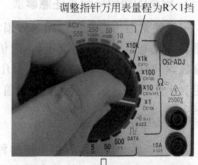

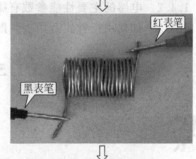

图 1-4-12 电感质量的判断

2. 电感量的判断

电感量可以用特定的仪表来测量,它取决于铁芯及围绕铁芯的绕组的物理结构。如图 1-4-14 所示,绕组圈数越多,铁芯材料越好,铁芯截面越大,线圈长度越短,电感量越大。

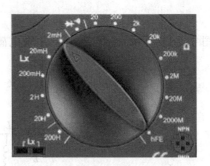

图 1-4-13　有电感挡的数字式万用表表盘

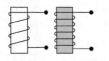 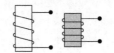

(a) 圈数越多，电感量越大　　(b) 铁芯长度越短，电感量越大　　(c) 钢芯线圈的电感量大于空芯线圈

图 1-4-14　电感量的判断

3．电感的使用场合与注意事项

电感经常因为开路或短路导致损坏。检测电感是否断开或短路的简单方法是用欧姆表测量其直流电阻。一般情况下，电阻值和组成电感导线的尺寸（直径）、圈数（长度）有关。一些金属丝和圈数多的线圈的电阻为几百欧姆；大直径的、优质绕线和圈数少的大型线圈的电阻为十几欧姆。如果测到其电阻值为∞，说明电感断开。

1.4.1　尽可能多地说出电感的种类及其在生活中的用途。
1.4.2　电感的主要性能参数有哪些？
1.4.3　如何用指针式万用表判断电感的质量和电感量？

1.5　认识电源

- 熟悉电压源及其特性。
- 熟悉电流源及其特性。
- 了解受控源及其特性。

本小节学习分两个层次：独立源是每位同学必须掌握的内容；受控源是选学模块，可以根据学习能力和需求选择。

在进入大学学习之前,也许你所接触到的实体电源都属于电压源,譬如干电池,因此电压源模型及特性是比较容易理解的。虽然电流源模型在生活中较难看到,也比较难理解,但要从事电气方面的工作,就必须掌握它。

学习独立源模块时,建议从比较电流源和电压源的异同入手来把握各自的特性。

(1) 理想电流源和理想电压源的伏安特性。

(2) 实际电源模型与理想电源模型的差异。

(3) 电流源与电压源对负载的电能输出形式及其计算表达式。

电源是为负载提供电能的设备,负载是与电源的输出端相连并从电源获得电能的元件或设备。本小节主要讨论各种不同类型的电源的特性和在电路中的应用。

说到电源,大家可能很快想到的就是电池。如图 1-5-1(a)所示,每个电池都有正极和负极。当负载接在电池两端时,在电池内部发生化学反应而形成导电桥。这个桥路使电池内部发生化学反应,使得负极产生的电子移动到正极,于是在电池两端产生电势能。电子从负极流动,通过负载到达正极。单节 5 号电池的典型电压值是 1.5V,它对负载表现出稳定的端电压形式,我们把它看作电压源。

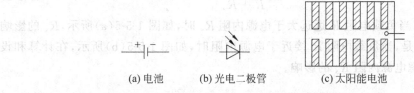

(a) 电池   (b) 光电二极管   (c) 太阳能电池

图 1-5-1 各种类型的电源

事实上,还有另外一种典型的电源,能把光能直接转换成电流,这就是光电二极管(图 1-5-1(b))。如果把光电二极管的正、负引脚用导线连接起来,并把它放在黑暗中,导线中将不会有电流流过。但如果用光照射,光电二极管立刻就变成一个小电流源,电流从负极流出,进入正极。该电流与光的入射强度有关,基本上不受外电路的影响。

太阳能电池(图 1-5-1(c))实际就是感光表面积很大的光电二极管。太阳能电池可为一些小型电器供电,如太阳能计算器;也可以用几个太阳能电池串联后对镍镉电池充电。太阳能电池还常作为可见光和红外线检测器中的感光元件使用,如用于光强度计电路(照相机光强计、入侵报警器)和继电器中的光触发。与光电二极管相似,太阳能电池也有正极和负极引脚;不同的是,太阳能电池的感光面积大,可提供比普通光电二极管大得多的功率。例如,单个太阳能电池置于明亮的光线下可产生 0.5V 电压。

电压源和电流源都属于能够独立向外提供电能的电源,称为独立电源。下面介绍这类电源的特性。

1.5.1 电压源及其特性

理想电压源两端的电压为恒定值,其图形符号如图 1-5-2 所示。它流过的电流由电压源的电压与相连的外电路共同决定,其伏安特性如图 1-5-3 所示。

电压源及其特性

图 1-5-2 理想电压源

图 1-5-3 理想电压源的伏安特性

实际上,电源内部总存在一定的内阻,例如电池。一个实际的电压源可以用一个理想电压源 U_s 和内阻 R_s 相串联的电路来表示,如图 1-5-4 所示。这样,当接上负载有电流流过时,内阻上就会有压降。所接负载不同,电路中的电流不同,内阻上的压降不同,实际电压源的输出电压 U 就不是一个定值,其值表示为

$$U = U_s - IR_s \qquad (1\text{-}5\text{-}1)$$

图 1-5-4 实际电压源

当把一个负载电阻 R 与电压源端子相连接后,电阻 R 和电源内阻 R_s 串联。根据分压公式,电压源的端电压为

$$U = U_s \frac{R}{R + R_s} \qquad (1\text{-}5\text{-}2)$$

式(1-5-2)表明,当负载电阻 R 远远大于电源内阻 R_s 时,如图 1-5-5(a)所示,R_s 的影响很小,可以忽略。但是,当负载电阻 R 接近于电源内阻时,如图 1-5-5(b)所示,在计算和设计电路时就必须考虑电源内阻 R_s 的影响。

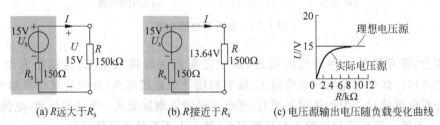

(a) R 远大于 R_s (b) R 接近于 R_s (c) 电压源输出电压随负载变化曲线

图 1-5-5 电压源内阻 R_s 对输出电压 U 的影响

1.5.2 电流源及其特性

电流源及其特性

理想电流源的输出电流为恒定值,其图形符号如图 1-5-6 所示。它两端的电压由电流源的电流与相连的外电路共同决定,其伏安特性如图 1-5-7 所示。

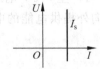

图 1-5-6 理想电流源   图 1-5-7 理想电流源的伏安特性   图 1-5-8 实际电流源

一个实际电流源可以用一个理想电流源 I_s 和内阻 R_s 相并联的电路来表示,如图 1-5-8 所示。这样,当接上负载,有电流流过时,内阻上就会有分流。所接负载不同,电路中 R_s 两端的电压不同,内阻上的分流不同,实际电流源的输出电流 I 就不是一个定值,其值表示为

$$I = I_s - \frac{U}{R_s} \tag{1-5-3}$$

当把一个负载电阻 R 与电流源端子相连接后，负载电阻 R 和电源内阻 R_s 并联。根据分流公式，电流源的端电流为

$$I = I_s \frac{R_s}{R + R_s} \tag{1-5-4}$$

式(1-5-4)表明，当负载电阻 R 远远小于电源内阻 R_s 时，R_s 的影响很小，如图 1-5-9(a) 所示，可以忽略。但是当负载电阻 R 接近于电源内阻时，如图 1-5-9(b) 所示，在计算和设计电路时就必须考虑电源内阻 R_s 的影响。

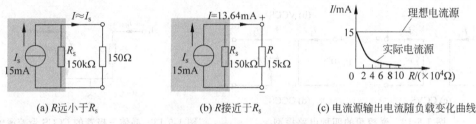

(a) R远小于R_s　　　　(b) R接近于R_s　　　　(c) 电流源输出电流随负载变化曲线

图 1-5-9　电流源内阻 R_s 对输出电流 I 的影响

*1.5.3　受控源及其特性

除了独立源之外，还有一种不能独立向外提供电能的电源，称为非独立电源或受控源。

受控源实际上是有源器件的电路模型，如晶体管、电子管、场效应管、运算放大器。图 1-5-10 所示是常见晶体管外形，图 1-5-11 所示是晶体三极管符号。晶体管可以用作电控开关，也可以用作放大器，它以类似于水龙头控制水流的方式控制电流。譬如，调整水龙头的旋钮可以控制水流，那么利用加在晶体管一个控制端的小电压或小电流可以控制通过晶体管另外两端的大电流。晶体管可以应用到各种电路中。

图 1-5-10　常见晶体管外形　　　　图 1-5-11　晶体三极管符号

受控源的电压和电流不是独立的，而是受电路中某个电压或电流控制的。受控源有两对端钮：一对为输入端钮，另一对为输出端钮。输入端钮加控制电压或电流，输出端钮输出受控电压或电流。因此，理想的受控源电路分为电压控制电压源(VCVS)、电压控制电流源(VCCS)、电流控制电压源(CCVS)和电流控制电流源(CCCS)，如图 1-5-12 所示。

为了与独立电源区别，用菱形符号表示其电源部分。u_1、i_1 表示控制电压和电流，μ、g、r 和 β 是控制系数。这些系数为常数时，被控制量和控制量成正比，这种受控源为线性受控源。

线性受控源输出特性数学方程：

$$\left.\begin{array}{l}\text{VCVS}: u_2 = \mu u_1 \\ \text{VCCS}: i_2 = g u_1 \\ \text{CCVS}: u_2 = r i_1 \\ \text{CCCS}: i_2 = \beta i_1\end{array}\right\} \quad (1\text{-}5\text{-}5)$$

如图 1-5-11 所示的晶体三极管符号可以用图 1-5-13 所示的 CCCS 受控源表示，其输出特性反映了集电极电流 i_c 与基极电流 i_b 的关系 $i_c = \beta i_b$，其中 β 为电流放大系数。

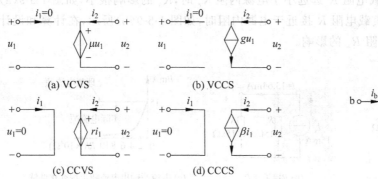
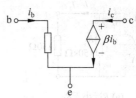

图 1-5-12　受控源的四种电路模型　　　　图 1-5-13　晶体三极管的 CCCS 受控源模型

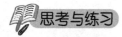

1.5.1　判断以下说法的正确性。
(1) 理想电压源的内阻为无穷大，理想电流源的内阻为零。
(2) 对于理想电压源(恒压源)，其输出电压恒定不变。
1.5.2　受控源和独立源有何不同？
1.5.3　根据图 1-5-14 所示的伏安特性，画出电源模型图。

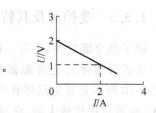

图 1-5-14　某电源伏安特性图

1.6　电路物理量的测量

掌握电压、电流、功率、电能测量的常用方法。

学习本小节内容最有效的方法是拿起电工仪表，按本书描述的过程实际动手尝试。实际操作将有助于你对知识的理解和对技能的掌握。

另外，在学习类似操作技能的内容时，可以从两方面去把握：一是操作步骤，它可以让你按部就班顺利地完成电路物理量的测量；二是注意事项，它可以预先告诉你如何避免一些非正常事件的发生，以免在测量过程中遇到意外而措手不及。

电路学习的目标是帮助大家分析电路、设计电路和改造电路。这就需要理解电路工作过程中衡量其工作状态的参数,包括电流、电压、电位、功率和电能等。通过本小节的学习,大家能够熟悉电路中的基本物理量,同时能选择合适的电工仪表测量这些基本物理量。

电压电流的测量

1.6.1 电流的测量

我们用电流表(又称安培表)来测量电路中的电流。图 1-6-1 所示是常见的电流表。

(a) 指示用电流表　　　(b) 检测用电流表　　　(c) 指针式万用表

图 1-6-1　常见电流表

指示用电流表主要用在大型充电器、电池容量监测仪、高低压配电柜等较大型电气设备中,以显示电流的当前值。图 1-6-2 所示的电流表应用在发电机和高压电容桥中。检测用电流表一般用于实验室或电子检测中,以准确显示电流的测量值。

(a) 发电机　　　　　(b) 高压电容电桥

图 1-6-2　电流表的应用

1. 直流电流的测量

现以指示用电流表和指针式万用表为例,说明直流电流的测量。

(1) 采用指示用电流表测量直流电流的步骤如表 1-6-1 所示。

表 1-6-1　指示用电流表使用方法

步骤	内　容	图　示
1 选量程	根据被测数据选择合适量程的电流表	量程较小的电流表　　量程较大的电流表

续表

步骤	内容	图示
2 校表	检查电流表的指针是否指向零。若电流表的指针没有指向零,应调零。并不需要经常校正。只有当电流表长时间使用,其机械性能有所下降后,才会出现表头指针偏离的现象	 (应使指针指向零；旋转校正调零)
3 选择接线极性	通过电流表接线柱的正、负极标识确定正、负极	 (负极接线标志)
4 测量	电流仪表串联接入被测电路,注意极性的正确性	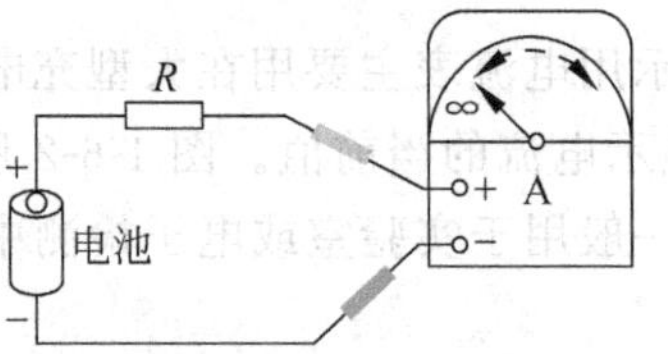 (电池、R、A 连接示意图)

(2) 采用指针式万用表测量直流电流的步骤如表 1-6-2 所示。

表 1-6-2 指针式万用表测电流方法

步 骤	内 容	图 示
1 放置	根据表盘符号,将仪表放在合适的位置。"□"表示水平放置,"⊥"表示垂直放置,图示表示水平放置	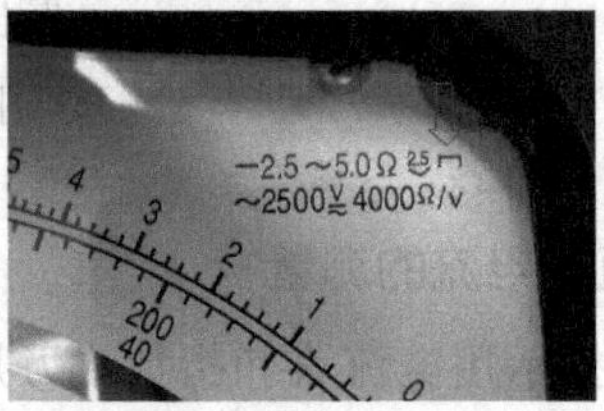
2 机械调零	使用时,应先检查指针是否在标度尺的起始点上。如果移动了,可用螺钉旋具调节表盘下"一"字塑料螺钉,使指针回到标度尺的起始点上	 (机械调零)

续表

步骤	内　容	图　示
3 表笔插接	红表笔插"+"孔,黑表笔插"-"(COM)孔。用5A挡时,红表笔应插在"5A"插孔内	
4 选量程	先根据估计所测值选择合适的挡位。将选择开关旋至直流电流"mA"范围,并选择至欲测的电流量程上。采用5A挡时,量程开关可放在电流量程的任意位置上	
5 测电流	首先判断该支路的电流方向;其次断开该支路,将电流表串联在断开处,使电流表从红(+)表笔进,黑(-)表笔出。连接时,应注意先接黑表笔,然后用红表笔碰另一端,观察指针的偏转方向是否正确。若正确,可读数;若不正确,将两支表笔对换	

(1) 电流表严禁并联在电路中。
(2) 在使用电流表测量时,要注意将仪表量程开关调节到满足待测电流的范围。具体地讲,在测量时,要先确定所测量的电流值不会超过表的量程。当电流未知时,先要用电流表最大量程进行测量。如果所测的电流超过电流表量程,会对表造成损害。
(3) 利用常规的电流表测量电流时,要断开电路将其接入再进行测量,也可利用开关进行电路的通断控制测量电流,如图1-6-3所示。

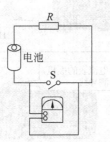
(a) S打开,电流流过电流表

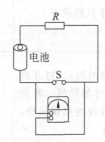
(b) S闭合,电流通过开关而绕开电流表

图 1-6-3　用电流表测电流

2. 交流电流的测量

交流电流与直流电流的测量方法相同,区别在于电路是不需要区分正、负极的。

3. 用钳形电流表测电流

为了避免断开电路,维修电工常用一种钳形电流表测量较大的交流(AC)电流。这种电流表比普通电流表操作简单,它不需要切断电路,如图 1-6-4 所示。在使用过程中,将钳形电流表夹在导线上,电流表通过测量导线内电流产生的磁场大小而得出电流值。图 1-6-5 所示是几种钳形电流表检测设备漏电的使用方法。

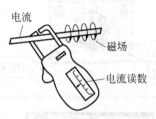

图 1-6-4 钳形电流表测量电流

图 1-6-5 利用钳形电流表检测设备的漏电情况

表 1-6-3 以检测配电箱处的交流电流为例,说明钳形电流表的使用方法。

表 1-6-3 钳形电流表的使用方法

步骤	内容	图示
1 选挡位	将钳形电流表功能旋钮旋转至"ACA 1000A"处	量程交流1000A挡
2 查按钮	检查钳形电流表的"保持"按钮 HOLD,使其处于放松状态	使"保持"按钮 HOLD处于放松状态
3 钳待测导线	按下钳形电流表的扳机,打开钳口,并钳住一根待测导线。若钳住两根或以上导线为错误操作,将无法测出电流	按下钳形电流表的扳机,并钳住待测导线
4 保持数据	若操作环境较暗,无法直接读数,应按下"保持"按钮 HOLD,保持测试数据	按下"保持"按钮HOLD

步骤	内　容	图　示
5 读数	读取交流电流值。若被测值小于200A，应缩小量程再次检测	读被测值
6 恢复状态	再次按下"保持"按钮 HOLD，钳形电流表恢复测量状态。再次测量的方法同步骤1～步骤5	使"保持"按钮HOLD恢复到放松状态

1.6.2 电压的测量

人们常用电压表（又称伏特表）测量电路中的电压值。图1-6-6所示是常见的电压表。

(a) 指示用电压表　　　　(b) 检测用电压表

图1-6-6　常见的电压表

指示用电压表多与电子产品或电气设备合成一体，用于观察设备的当前电压。图1-6-7(a)所示的电压表应用在实验仪或配电箱中。图1-6-7(b)所示的检测用电压表一般用于实验室或电子检测中。

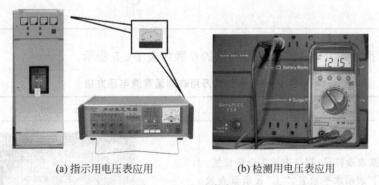

(a) 指示用电压表应用　　　　(b) 检测用电压表应用

图1-6-7　电压表应用

1. 直流电压的测量

下面以指示用电压表和指针式万用表为例，说明直流电压的测量。

(1) 采用指示用电压表测量直流电压的步骤如表 1-6-4 所示。

表 1-6-4　指示用电压表测量直流电压方法

步　骤	内　容	图　示
1 选量程	根据被测数据选择合适量程的电压表	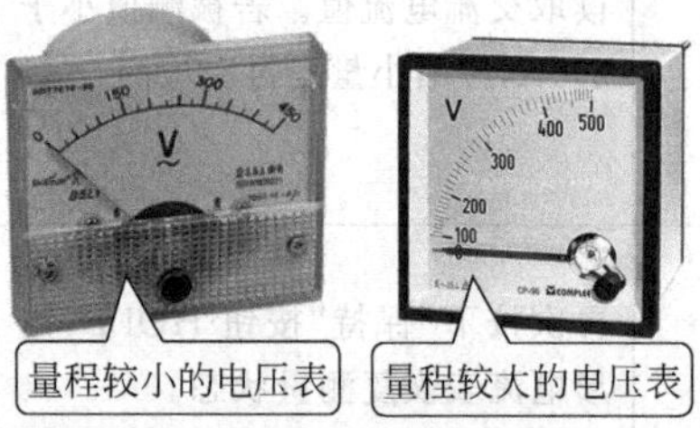
2 校表	检查电压表的指针是否指向零。若电压表的指针没有指向零,应调零。不需要经常校正。只有当电压表长时间使用,其机械性能有所下降后,才会出现表头指针偏离的现象	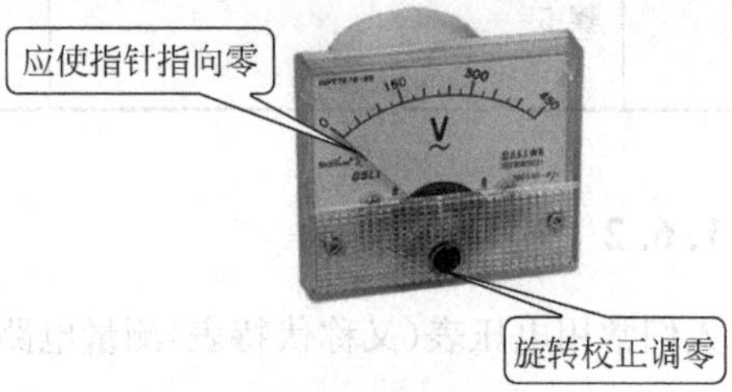
3 选择接线极性	通过电压表接线柱的正、负极标识确定正、负极	
4 测量	将电压表并联入被测电路。注意极性的正确性	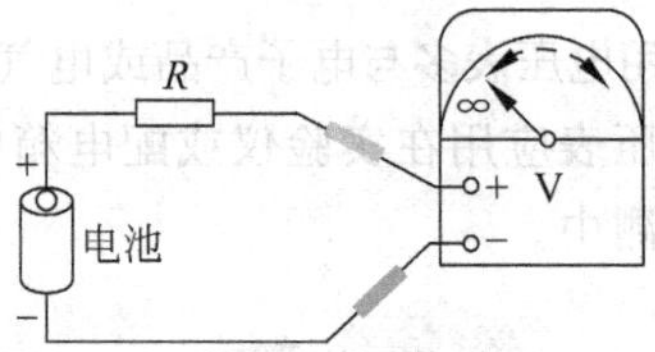

(2) 采用指针式万用表测量直流电压的步骤如表 1-6-5 所示。

表 1-6-5　指针式万用表测量直流电压方法

步骤	所用仪表	图　示
1 放置	根据表盘符号,将仪表放在合适位置。"□"表示水平放置,"⊥"表示垂直放置,图示表示水平放置	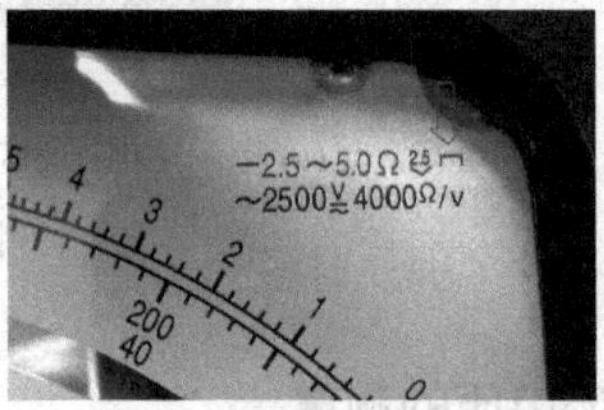

续表

步骤	所用仪表	图示
2 机械调零	使用时,应先检查指针是否在标度尺的起始点上。如果移动了,可用螺钉旋具调节表盘下"一"字塑料螺钉,使指针回到标度尺的起始点处	
3 表笔插接	红表笔插"+"孔,黑表笔插"-"(COM)孔。采用 2500V 挡时,红表笔应插在"2500V"插孔内	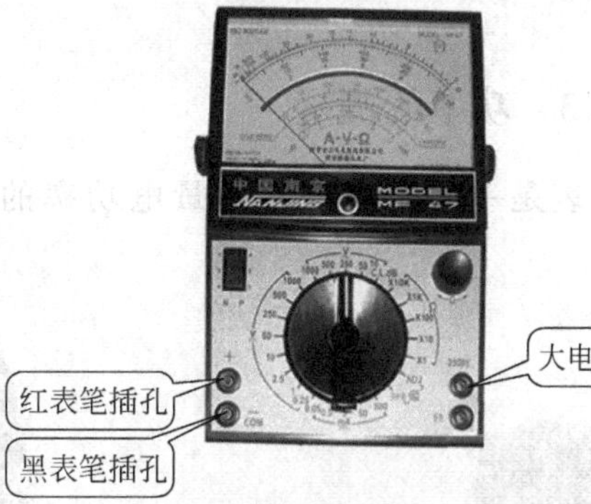
4 选量程	将范围选择开关旋至直流电压"V"的范围所需要的测量电压量程上。量程应尽可能选择接近于被测量,使指针有较大的偏转角,以减少测量示值的绝对误差。采用 2500V 挡时,量程开关应放在 1000V 的量程上	
5 测电压	并联接入被测支路。在连接到被测支路时,首先要判断该支路电压降的方向;其次,将电压表的黑(-)表笔接到被测支路的负端,红(+)表笔先碰一下被测支路的正端,观察指针的偏转方向是否正确。若正确,可读数;若不正确,将两支表笔对换	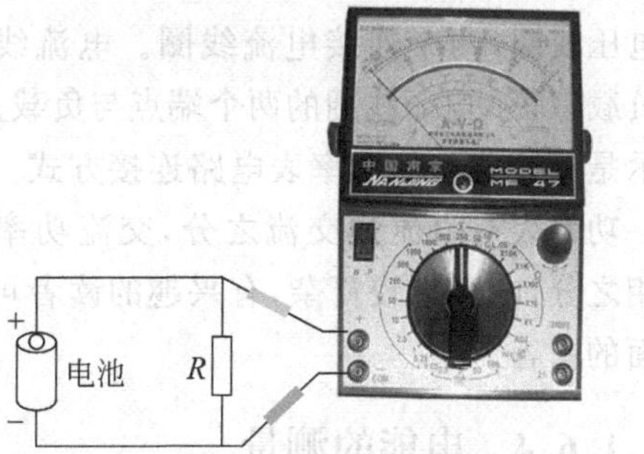

(1) 注意测量时不要让自己的身体与通电电路接触。
(2) 不能将电压表串联在电路中。
(3) 当测量未知电压时,先要把万用表调至最大量程进行试测量。如果所测电压超过万用表量程,会对伏特表造成损害。
(4) 若需要测量电路中特定一点与接地或公共参考点间的电压,需先将万用表黑色的 COM 端与接地或公共参考点相连,如图 1-6-8 所示,然后用红表笔与电路中需要测量的点连接。

2. 交流电压的测量

测量交流电压与直流电压方法相同,区别在于前者没有正、负极的要求。

3. 用电压测试器测电压

图 1-6-9 所示电压测试器是电工常用的一种伏特表,它常用于工作中的电压测量。电

压测试器可以得到当前电压的近似值,它主要用于探测是否有电压存在。实际的电压可能高于或低于测试器所显示的值。使用前,先用该仪表测试一个已知电源,以确定其是否能正常工作。

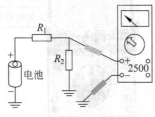
图 1-6-8 测量公共参考点

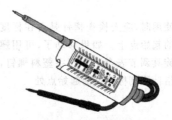
图 1-6-9 伏特表

功率电能的测量

1.6.3 功率的测量

功率表是一种用来直接测量电功率的电子仪器。图 1-6-10 给出了若干种常用功率表。

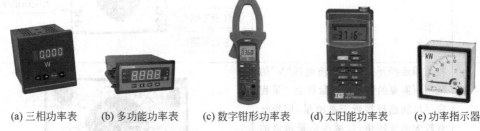

(a) 三相功率表　(b) 多功能功率表　(c) 数字钳形功率表　(d) 太阳能功率表　(e) 功率指示器

图 1-6-10 各种功率表外形

功率表综合了电压表和电流表的功能,能直接显示电路的功率。最基本的功率表有四个连接端点:两个连接电压线圈,两个连接电流线圈。电流线圈的两个端点与负载串联;电压线圈的两个端点与负载并联。图 1-6-11 所示是一种典型的功率表电路连接方式。

功率表有直流和交流之分,交流功率表又有单相和三相之分,内容比较复杂,有兴趣的读者可参看工厂供电方面的内容。

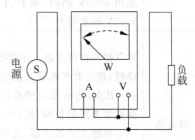
图 1-6-11 典型的功率表接法

1.6.4 电能的测量

电能以千瓦时(kW·h)为单位,所以电度表又称电能表、千瓦时表。电能表与功率表不同的是,它能反映电功率随时间增长的累积之和。按原理划分,电能表分为感应式和数字式两大类,如图 1-6-12 所示。

1. 感应式电能表

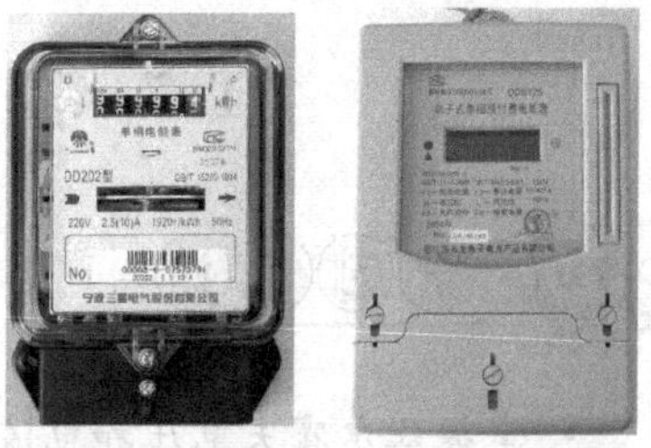

感应式电能表采用电磁感应原理把电压、电流、相位转变成电磁力矩,推动铝制圆盘转动,圆盘的轴带动齿轮驱动计度器的鼓轮转动,转动的过程是时间积累的过程。因此,感应式电能表的优点就是直观、动态连续、停电不丢数据。感应式电能表一般需要人工抄读,其读数方法如下。

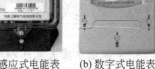

(a) 感应式电能表　　(b) 数字式电能表

图 1-6-12　典型电能表

(1) 跳字型指示盘电能表的读数

跳字型指示盘电能表又叫直接数字电能表,其读数方法很简单,在电能指示盘上按个、十、百、千位数字直接读取数值。这个数值就是实际的电量积算数。例如,本月末读数为 7340.5,上月读数为 6231.5,则本月用量为 7340.5－6231.5＝1109(度)。

(2) 标有倍率的电能表的读数

在电能表的刻度盘上,有的标有"×10"或"×5"等字样,表明在读取该表数值时需要乘以一个倍数值。例如,本月末读数为 7340.5,上月读数为 6231.5,表盘上标有"×5"字样,则本月用量为(7340.5－6231.5)×5＝1109×5＝5545(度)。

(3) 经电流、电压互感器接入的电能表的读数。

经电流、电压互感器接入的电能表的读数同样需要乘以实用倍率。

$$实用倍率＝\frac{实际用电压互感器变比×实际用电流互感器变比×表本身倍率}{表本身电压互感器变比×表本身电流互感器变比}$$

注意:表本身倍率、表本身电压互感器变比和电流互感器变比未标时都为1。

例如,实际用互感器变比是 10000/100V、100/5A,表本身倍率、电压互感器变比和电流互感器变比都未标。若本月末读数为 7340.5,上月读数为 6231.5,则实际电量为(7340.5－6231.5)×(10000/100)×(100/5)＝1109×2000＝2218000(度)。

2. 数字式电能表

数字式电能表运用模拟或数字电路得到电压和电流相量的乘积,然后通过模拟或数字电路实现电能计量功能。由于应用了数字技术,分时计费电能表、预付费电能表、多用户电能表、多功能电能表相继出现,满足了科学用电、合理用电的进一步需求。下面以预付费电能表为例,说明其应用方法。

预付费电能表不需要人工抄表,有利于现代化管理。由用户交费对智能 IC 卡充值并输入电表中,电表才能供电。预付费电表在正常使用过程中,自动对所购电量做递减计算。当电能表内剩余电量小于 20 度时,显示器显示当前剩余电量,提醒用户购电。当剩余电量等于 10 度时,停电一次,提醒用户购电。此时,用户需将 IC 卡插入电能表一次恢复供电。当剩余电量为零时,自动拉闸断电。预付费电能表的用户购电信息实行微机管理,用户可直接完成查询、统计、收费及打印票据等操作。

思考与练习

1.6.1　说出电流的几种测量方法及注意事项。

1.6.2　说出电压的几种测量方法及注意事项。

1.7 基尔霍夫定律的学习与应用

- 掌握基尔霍夫电压和电流定律。
- 能用基尔霍夫电压和电流定律分析复杂直流电路。

本小节的学习重点为基尔霍夫电压定律和基尔霍夫电流定律。

基尔霍夫电流定律比基尔霍夫电压定律更容易理解,但要注意的是,如何将基尔霍夫电流定律应用到一个闭合电路中,是全面掌握该定律的关键。

运用基尔霍夫电压定律列写方程的关键是对于两类方向的判断,一是电流、电压的参考方向;二是电路的回路绕行方向。判断两类方向的一致性,是学习基尔霍夫电压定律的难点。

灵活运用基尔霍夫电压、电流定律求解电路参数,将有利于后续电类专业课程的学习。

在分析电路问题时,经常会碰到用化简电阻仍无法解决的问题。如在图 1-7-1 所示的复杂直流电路中有多个电源,若要确定 R_3 元件的电流,仅运用欧姆定律以及分压、分流公式无法得到结果。如果将 R_3 放在只有一个电源的电路中,是非常简单的。但是,该电路有两个电源,因此无法应用已学的欧姆定律以及分压、分流公式求出 R_3 上的电流或电压。基尔霍夫定律可以很好地解决上述电路问题,下面就学习基尔霍夫定律。

基尔霍夫定律是德国科学家基尔霍夫(图 1-7-2)在 1845 年论证的。该定律阐明了任意电路中各处电压和电流的内在关系,解决了求解复杂电路电流与电压的问题。它包含两个定律:其一是研究电路中各结点电流间联系的规律,称为基尔霍夫电流定律;其二是研究回路中各元件电压之间联系的规律,称为基尔霍夫电压定律。

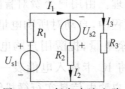

图 1-7-1 复杂直流电路

图 1-7-2 科学家基尔霍夫

基尔霍夫定律给出了分析电路的最普遍的方法。无论这个电路是线性的还是非线性的,直流的还是交流的,不管这些电路多么复杂,基尔霍夫定律都适用。

1.7.1 电路模型中的术语

在学习基尔霍夫定律之前,先了解电路模型中的一些术语,如图 1-7-3 所示。

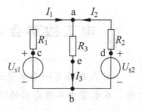

图 1-7-3 电路名词定义

1. 支路

电路中具有两个端点且通过同一电流的每个分支称为支路,每个支路上至少有一个元件,通常用 b 表示支路数。在图 1-7-3 中,acb、adb、aeb 均为支路。支路 acb、adb 中有电源,称为有源支路;支路 aeb 中没有电源,称为无源支路。

2. 结点

三条或三条以上支路的连接点称为结点。通常用 n 表示结点数。在图 1-7-3 中,a、b 都是结点,c、e、d 不是结点。

3. 回路

电路中的任意闭合路径称为回路。通常用 l 表示回路数。在图 1-7-3 中,aebca、aebda、acbda 都是回路。

4. 网孔

单一闭合路径中不包含其他支路的回路称为网孔。在图 1-7-3 中,aebca、aebda 是网孔,acbda 不是网孔。因此,网孔是回路,但回路不一定是网孔。

1.7.2 基尔霍夫定律及其应用

1. 基尔霍夫电流定律

基尔霍夫电流定律简称 KCL,它的基本内容是:任一时刻在电路的任一结点上,所有支路电流的代数和恒等于零,用数学表达式表示为

图 1-7-4 KCL 的应用

$$\sum I = 0 \quad \text{或} \quad \sum i = 0 \quad (1\text{-}7\text{-}1)$$

规定流出结点的电流前面取"+"号,流入结点的电流前面取"-"号(反之亦可)。如图 1-7-4 所示,对于结点 a,有

$$I_1 - I_2 - I_3 + I_4 - I_5 = 0$$

式(1-7-1)是 KCL 的一般表达式,可以整理为

$$I_1 + I_4 = I_2 + I_3 + I_5$$

上式表明:在任一瞬间,流入任一结点的电流之和必定等于流出该结点的电流之和,可表示为

$$\sum i_\text{入} = \sum i_\text{出} \quad (1\text{-}7\text{-}2)$$

事实上,KCL 不仅适用于电路的结点,对于电路中任意假设的闭合曲面也是成立的。如图 1-7-5 所示电路,闭合曲面 S 包围了 a、b、c 三个结点。对三个结点分别列 KCL 方程如下:

a:$-I_1 + I_4 + I_6 = 0$
b:$-I_4 - I_2 + I_5 = 0$
c:$I_3 - I_6 - I_5 = 0$

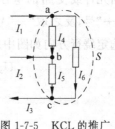

图 1-7-5 KCL 的推广

基尔霍夫电流定律

上述三式相加,得

$$-I_1 - I_2 + I_3 = 0$$

电工故事会:水流与电流

图 A 所示为一个水管进、出水示意图。上面两个是进水管,下面三个是出水管,水流量用 F 表示。在水管中不储存水的情况下,进水量总是等于出水量。即:

$$F_1 + F_2 = F_3 + F_4 + F_5$$

或

$$F_1 + F_2 - (F_3 + F_4 + F_5) = 0$$

电路中的电流与水管中的水流类似,如图 B 所示。对电路中任何一个结点而言,任意时刻,进入的电流等于流出的电流。即:

$$I_1 + I_2 = I_3 + I_4 + I_5$$

或

$$I_1 + I_2 - (I_3 + I_4 + I_5) = 0$$

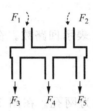

图 A 水流　　　图 B 电流

可见,基尔霍夫电流定律可推广应用于电路中包围多个结点的任一闭合曲面。这里的闭合曲面可以看作一个广义结点。

需要明确的是,基尔霍夫电流定律是电荷守恒定律和电流连续性原理在电路中任意结点的反映;基尔霍夫电流定律对支路电流的约束,与支路上接的是什么元件无关,与电路是线性还是非线性无关;基尔霍夫电流方程是按电流参考方向列出的,实际电流方向也符合这个规律。

2. 基尔霍夫电压定律

基尔霍夫电压定律简称 KVL,它的基本内容是:在任一时刻,沿任一回路绕行一周,各元件上电压的代数和恒等于零。用数学表达式表示为

$$\sum U = 0 \quad 或 \quad \sum u = 0 \qquad (1\text{-}7\text{-}3)$$

根据式(1-7-3)列写方程时,首先需要选定回路的绕行方向。当元件或支路的电压参考方向与绕行方向一致时,该电压取"+"号,反之取"−"号。图 1-7-6 给出某个电路的一个回路,先选定绕行方向如图中所示。从 a 点出发绕行一周,则有

$$U_{ab} + U_{bc} + U_{cd} + U_{da} = 0$$

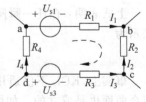

图 1-7-6 KVL 的应用

基尔霍夫电压定律

电工故事会：一滴水的旅行

图 A 所示为一个水滴的行程。

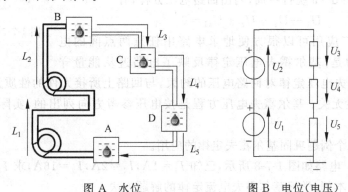

图 A 水位　　　　图 B 电位（电压）

水箱 A 中的一滴水，经过两次水泵加压后到达水箱 B，之后经过三次降落，又回到水箱 A。

期间，水滴从水箱 A 到水箱 B，水位上升；从水箱 B，经过水箱 C、水箱 D 又回到水箱 A，水位降低。

水滴走了一圈，其水位的上升量和下降量相等。即：

$$L_1 + L_2 = L_3 + L_4 + L_5$$

或

$$L_1 + L_2 - (L_3 + L_4 + L_5) = 0$$

电路中的电位与水管中的水位相似，如图 B 所示。对电路中任何一个回路而言，任意时刻，沿回路绕行一周，电位升（电压）的代数和等于电位降（电压）的代数和。即：

$$U_1 + U_2 = U_3 + U_4 + U_5$$

或

$$U_1 + U_2 - (U_3 + U_4 + U_5) = 0$$

又因为

$$U_{ab} = U_{s1} + I_1 R_1$$
$$U_{bc} = -I_2 R_2$$
$$U_{cd} = -I_3 R_3 - U_{s3}$$
$$U_{da} = I_4 R_4$$

可以整理为

$$U_{s1} + I_1 R_1 - I_2 R_2 - I_3 R_3 - U_{s3} + I_4 R_4 = 0$$

把电压源与负载分开整理可得

$$I_1 R_1 - I_2 R_2 - I_3 R_3 + I_4 R_4 = U_{s3} - U_{s1}$$

上式表明：在任一瞬间，在任一闭合电路中，所有电阻元件上电压的代数和等于所有电压源电压的代数和，可表示为

$$\sum IR = \sum U_s \tag{1-7-4}$$

根据式（1-7-4）列方程时，电流参考方向与回路绕行方向一致时，IR 前取正号，相反时取负号；电压源电压方向与回路绕行方向一致时，U_s 前取负号，相反时取正号。

事实上，KVL 不仅适用于闭合回路，还可以推广到广义回路。如图 1-7-7 所示电路，在 a、d 处开路，如果将开路电压 U_{ad} 添上，就形成一个回路。

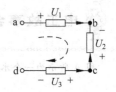

图 1-7-7 KVL 的推广

沿 a→b→c→d→a 绕行一周，列出回路电压方程，有

$$U_1 - U_2 + U_3 - U_{ad} = 0$$

KVL 的推广应用可以很方便地求电路中任意两点间的电压。需要明确的是，基尔霍夫电压定律反映了电路遵从能量守恒定律；基尔霍夫电压定律对回路电压的约束，与回路上所接元件的性质无关，与电路是线性还是非线性无关；基尔霍夫电压方程是按电压参考方向列出的，实际电压方向也符合这个规律。

下面通过几个例题巩固基尔霍夫定律的应用。

【例 1-7-1】 电路如图 1-7-8 所示，已知 $I_1=1\text{A}$，$I_2=2\text{A}$，$I_5=16\text{A}$，求 I_3、I_4 和 I_6。

【解】 通过本例，学习基尔霍夫电流定律的解题方法。

要求三个未知电流，因此需要列写三个 KCL 方程。这里针对 a、b、c 三点列写 KCL 方程。

由 $I_1 + I_2 = I_3$，得 $I_3 = 3\text{A}$。

由 $I_4 + I_5 + I_3 = 0$，得 $I_4 = -19\text{A}$。

由 $I_4 + I_2 + I_6 = 0$，得 $I_6 = 17\text{A}$。

【例 1-7-2】 电路如图 1-7-9 所示，已知 $U=20\text{V}$，$U_1=8\text{V}$，$U_2=4\text{V}$，$R_1=2\Omega$，$R_2=4\Omega$，$R_3=5\Omega$。设 a、b 两点开路，求开路电压 U_{ab}。

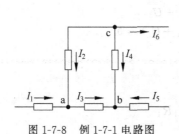

图 1-7-8 例 1-7-1 电路图

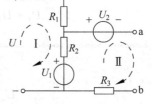

图 1-7-9 例 1-7-2 电路图

【解】 通过本例，学习基尔霍夫电压定律的解题方法。

根据回路 I 和 II 分别列写 KVL 方程如下：

由
$$\begin{cases} -U + IR_1 + IR_2 + U_1 = 0 \\ U_2 + U_{ab} - U_1 - IR_2 = 0 \end{cases}$$

得
$$\begin{cases} -20 + 2I + 4I + 8 = 0 \\ 4 + U_{ab} - 8 - 8 = 0 \end{cases}$$

最后计算得出 $I=2\text{A}$，$U_{ab}=12\text{V}$。

思考与练习

1.7.1 什么是电路的支路、结点、回路和网孔？

1.7.2 判断以下说法的正确性。

（1）利用基尔霍夫电流定律列写结点电流方程时，必须已知支路电流的实际方向。

（2）利用基尔霍夫电压定律列写回路电压方程时，所设的回路绕行方向不同，会影响计算结果的大小。

（3）根据基尔霍夫定律，与某结点相连各支路的电流实际方向不可能同时流出该结点。

细语润心田：能量平衡，和谐发展

在一个完整的电路中，必然包含电源与负载。一个电路要正常、稳定地运行，就需要有的设备发出能量（电源），有的设备吸收能量（负载），同时需满足能量守恒的条件，即电源发出的能量等于负载消耗的能量。

凡是通过电力驱动实现运行的机电设备，不论是机械、化工、纺织，还是其他行业领域的产品生产，都要遵从能量平衡的规律。

在自然科学领域，能量是标量。电源发出能量和负载吸收能量是电路运行的必然结果。所谓正、负只是定义而已，没有真正意义上的好、坏、优、劣之分。

在社会学领域，中国人对于能量的定义赋予了感情色彩。习惯上，正能量表示人正面情绪的集合，它可以使人总是拥有积极的心态；负能量表示人负面情绪的集合，它可以使人常常带有消极的情绪。

正能量为主的人健康、积极、乐观，面对生活中的压力、困难与挫折会利用条件解决问题，随之积极进取。

负能量缠身的人颓废、消极、悲观，面对生活中的不顺利、窘境与打击会心情低落抱怨环境，继而随波逐流。

每个人身上都自带能量。个人选择什么样的生活态度，就会得到相应的结果。在职业教育中，通过本课程的学习，希望能为社会多培养一些正能量的人。

他们在家庭中：尊老爱幼，努力工作，争取美好生活。

他们在团队中：团结协作，积极奋斗，发展壮大集体。

他们在社会中：完善自己，帮助他人，促进社会和谐。

能量平衡，和谐发展

本 章 小 结

1. 电路组成、状态及功能

（1）电路一般由电源、负载、控制装置和导线组成。

（2）电路具备三种工作状态：通路、开路和短路。

（3）电路的主要功能是完成电能的传输、分配与转换。

2. 电路中的物理量

物理量		电流 I	电压 U	功率 P	电能 W
单位		安培(A)	伏特(V)	瓦特(W)	焦耳(J)
大小	交流	$i=\dfrac{dq}{dt}$	$u=\dfrac{dw}{dq}$	$p=\dfrac{dw}{dt}$	$W=Pt$
	直流	$I=\dfrac{Q}{t}$	$U=\dfrac{W}{Q}$	$P=\dfrac{W}{t}$ $P=I^2R$ $P=\dfrac{U^2}{R}$	
实际方向		将正电荷移动的方向规定为电流的实际方向	若正电荷从 a 点移到 b 点,其电势能减少,电场力做正功,电压的实际方向就从 a 点指向 b 点		
参考方向		1. 电流、电压的实际方向客观存在,参考方向人为选定; 2. 电流、电压参考方向与实际方向一致时,结果取正号,反之取负号; 3. 计算电流、电压时,首先选定参考方向,否则无意义; 4. 关联参考方向指电压和电流采用相同的参考方向; 5. 非关联参考方向指电压和电流采用不同的参考方向		—	—

注:电位是指电路中其他点与参考点之间的电压,实际上是电压的另外一种表示方法。

3. 电阻元件、电感元件、电容元件的对比

电路元件	电阻 R	电感 L	电容 C
种类	碳膜电阻、金属膜电阻、绕线电阻、水泥电阻、压敏电阻、贴片电阻、排阻、电位器	无芯电感、带铁芯电感、带磁芯电感、贴片电感、色码电感	铝电解电容、钽电解电容、纸介电容、瓷介电容、云母电容、贴片电容、可变电容
标注		直标法、文字符号法、数码法和色标法	
特性	$U=IR$	$u_L=L\dfrac{di_L}{dt}$	$i=C\dfrac{du}{dt}$
结构	—	在铁芯上缠绕若干匝导线或漆包线制作而成	由两个金属极板中间加上绝缘材料(电介质),按照一定的工艺要求制作而成
用途	干燥器、烤面包机及其他加热电器	继电器、螺形线圈、读/写头及扬声器	电源电路、照明、音频电路及通信设备
串联	$R=R_1+R_2+\cdots+R_n$	$L=L_1+L_2+\cdots+L_n$	$\dfrac{1}{C}=\dfrac{1}{C_1}+\dfrac{1}{C_2}+\cdots+\dfrac{1}{C_n}$
并联	$\dfrac{1}{R}=\dfrac{1}{R_1}+\dfrac{1}{R_2}+\cdots+\dfrac{1}{R_n}$	$\dfrac{1}{L}=\dfrac{1}{L_1}+\dfrac{1}{L_2}+\cdots+\dfrac{1}{L_n}$	$C=C_1+C_2+\cdots+C_n$
基本使用	电阻的选择和电阻值的判断	电感质量的判断、电感量的判断及使用注意事项	电容质量的判断、电解电容极性的判断、电容与电路的连接及使用注意事项

4. 电源

项目	理想电压源	实际电压源	理想电流源	实际电流源
模型				
输出值	输出电压恒定	输出电压：$U=U_s-IR_s$	输出电流恒定	输出电流：$I=I_s-\dfrac{U}{R_s}$

5. 电路物理量的测量

测量仪表		电流表	电压表	功率表	电能表
(1)	表型	指示用电流表	指示用电压表	感应式功率表	感应式电能表
	使用	选量程→校表→选择接线极性→测量		直接显示电路功率	按不同类型抄表
(2)	表型	指针式万用表		数字式功率表	数字式电能表
	使用	放置→机械调零→表笔插接→选量程→测量		直接显示电路功率	不需要人工抄表
(3)	表型	钳形电流表	电压测试器		
	使用	选挡位→查按钮→钳待测导线→保持数据→读数→恢复状态	直接测量当前电压近似值	—	—

6. 基尔霍夫定律

项目	基尔霍夫电流定律(KCL)	基尔霍夫电压定律(KVL)
表述	任一时刻在电路的任一结点上,所有支路电流的代数和恒等于零	在任一时刻,沿任一回路绕行一周,各段电压的代数和恒等于零
表达式	$\sum I=0$ 或 $\sum i=0$	$\sum U=0$ 或 $\sum u=0$
适用范围	KCL 不仅适用于电路的结点,也适用于电路中任意假设的闭合曲面	KVL 不仅适用于闭合回路,还应用于非闭合的广义回路

实验 1-1　基尔霍夫定律

1. 实验目的

(1) 验证基尔霍夫定律的正确性,加深对基尔霍夫定律的理解。
(2) 掌握常用电工测量仪器、仪表的使用方法。

2. 实验原理

基尔霍夫定律包括基尔霍夫电流定律(KCL)和基尔霍夫电压定律(KVL)。

(1) 基尔霍夫电流定律(KCL)

在电路中,对任一结点,各支路电流的代数和恒等于零,即 $\sum I = 0$。

(2) 基尔霍夫电压定律(KVL)

在电路中,对任一回路,所有支路电压的代数和恒等于零,即 $\sum U = 0$。

基尔霍夫定律表达式中的电流和电压都是代数量,运用时,必须预先任意假定电流和电压的参考方向。当电流和电压的实际方向与参考方向相同时,取值为正;相反时,取值为负。

基尔霍夫定律与各支路元件的性质无关,无论是线性还是非线性电路,有源或无源的电路,都普遍适用。

3. 实验电路图(实验图1-1-1)

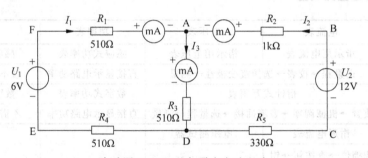

实验图 1-1-1　基尔霍夫实验电路

4. 实验设备与仪器(实验表1-1-1)

实验表1-1-1　实验设备与仪器

序号	设备与仪器	数量
1	直流稳压电源	2
2	直流电压表	1
3	直流毫安表	3
4	万用表	1
5	实验电路板	1

5. 实验步骤

(1) 数据测量

实验前,可任意假定三条支路电流的参考方向及三个闭合回路的绕行方向。实验步骤如下。

① 调节 $U_1 = 6V$,$U_2 = 12V$,按实验图1-1-1进行实验电路接线。

② 将直流毫安表分别接入三条支路中,测量支路电流,数据记入实验表1-1-2。测量时应注意毫安表的极性要与电流的假定方向一致。

③ 用直流电压表分别测量两路电源及电阻元件上的电压值,数据记入实验表1-1-2。

实验表 1-1-2　基尔霍夫定律实验数据

被测量	I_1/mA	I_2/mA	I_3/mA	U_1/V	U_2/V	U_{FA}/V	U_{AB}/V	U_{AD}/V	U_{CD}/V	U_{DE}/V
计算值										
测量值										
相对误差*										

注：*相对误差＝(计算值－测量值)/计算值。

（2）数据处理与结论

① 根据实验表 1-1-2 实验数据，选定实验图 1-1-1 中的结点 A，验证 KCL 的正确性。

② 根据实验表 1-1-2 实验数据，选定实验图 1-1-1 中任意一个闭合回路，验证 KVL 的正确性。

6．实验报告（参考格式与内容）

姓名		专业班级		学号	
实验地点			实验时间		
1．实验目的					
2．实验原理					
3．实验电路图					
4．实验设备与仪器					
5．数据测量					
6．数据处理					
7．实验结论					
8．体会与收获					
9．教师评阅	实验得分：				年　月　日

7．实验准备和预习

（1）注意事项

① 所有测量电压值均以电压表测量的读数为准，U_1、U_2 也需测量。

② 防止稳压电源两个输出端触碰造成短路。

③ 用指针式电压表或电流表测量电压或电流时，指针正偏才可读得电压或电流值。如果仪表指针反偏，则必须调换仪表极性，重新测量。若用数显电压表或电流表测量，则可直接读出电压或电流值。但应注意：所读得的电压或电流值的正确正、负号应根据设定的电流参考方向来判断。

④ 仪表的量程应及时更换。

（2）预习与思考

① 根据实验图 1-1-1 的电路参数，计算出待测电流 I_1、I_2、I_3 和各电阻上的电压值，据此选择毫安表和电压表的量程。

② 实验中，若用指针式万用表直流毫安挡测各支路电流，出现指针反偏应如何处理？在记录数据时应注意什么？若用直流数字毫安表进行测量时会有什么显示？

③ 基尔霍夫定律实验数据的误差分析。

8. 其他说明

实验数据与理论计算数据之间有一定的误差。本实验中,产生误差的原因主要有以下三方面。

(1) 电阻标称值与实际测量值有一定的误差。

(2) 导线连接不紧密产生的接触误差。

(3) 仪表的基本误差。

习 题 1

1-1 已知某电路中 $U_{ab}=-8\text{V}$,说明 a、b 两点中哪点的电位高。

1-2 实验室有 100W、220V 电烙铁 45 把,每天使用 6h,问 24 天用电多少度?

1-3 如习题 1-3 图所示,电路中电压参考方向已选定。$U_1=-5\text{V}$,$U_2=5\text{V}$,试指出电压的实际方向。

1-4 如习题 1-4 图所示,已知 $V_a=5\text{V}$,$V_c=-2\text{V}$,求 U_{ab}、U_{bc}、U_{ca}。若改 c 点为参考点,求 V_a、V_b、U_{ab}、U_{bc}、U_{ca}。计算结果可说明什么道理?

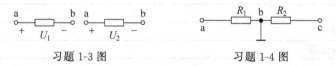

习题 1-3 图　　　　　习题 1-4 图

1-5 在习题 1-5 图中,若 $U=10\text{V}$,$I=-2\text{A}$。试问哪个元件吸收功率?哪个元件输出功率?为什么?

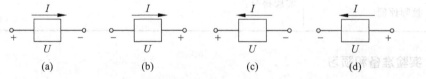

习题 1-5 图

1-6 习题 1-6 图所示为某电路中的一部分,三个元件中流过相同的电流 $I=-1\text{A}$,$U_1=2\text{V}$。(1)求元件 A 的功率 P_1,并说明是吸收还是发出功率;(2)若已知元件 B 吸收功率 12W,元件 C 发出功率 10W,求 U_2 和 U_3。

1-7 求下列标签所表示的电阻值和允许偏差。

(1) 220J　　(2) 472J　　(3) R33J　　(4) 5R1G

1-8 电路如习题 1-8 图所示,求电压 U 和电流 I。

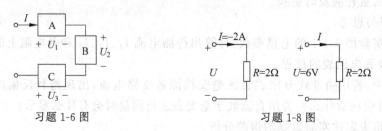

习题 1-6 图　　　　　习题 1-8 图

1-9 利用本章所学内容，判断一个 1kΩ/1W 的碳膜电阻误接到 220V 电源上的后果。

1-10 求下列标签所表示的电容量和允许偏差。
(1) 33   (2) 0.22   (3) R68J   (4) 3n3

1-11 已知电容 C_1 为 $4\mu F$，电容 C_2 为 $12\mu F$，将两个电容串联和并联时，其等效电容分别为多少？

1-12 求下列标签所表示的电感值和允许偏差。
(1) 220M   (2) 242K   (3) 6R8M   (4) 6N8

1-13 已知电感 L_1 为 18mH，电感 L_2 为 20mH，将两个电感串联和并联时，其等效电感分别为多少？

1-14 能否用习题 1-14 图所示的 (a)、(b) 两个电路分别表示实际直流电压源和实际直流电流源？

1-15 试求习题 1-15 图所示电路电流 I_1 和 I_2。

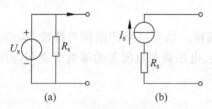
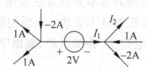

习题 1-14 图   习题 1-15 图

1-16 如习题 1-16 图所示，列出 U、I 关系式。

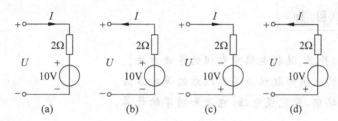

习题 1-16 图

1-17 习题 1-17 图所示为某电路的一部分，已知 $U_1=6V$，$U_2=6V$，$U_{ab}=3V$，$R_1=R_2=10\Omega$，试求电路中的电流 I_1 和 I_2。

1-18 如习题 1-18 图所示电路，已知 $U_{s1}=12V$，$U_{s2}=3V$，$R_1=3\Omega$，$R_2=9\Omega$，$R_3=10\Omega$，求 U_{ab} 处的开路电压。

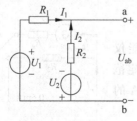
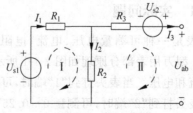

习题 1-17 图   习题 1-18 图

第2章

电路的基本分析方法

直流电路的基本分析方法是电路分析的基础。结合电路的结构与特性,本章主要讨论以下电路分析的基本方法:电阻的联结与等效、电压源与电流源的等效变换与应用、支路电流法、结点电位法、叠加原理、戴维宁定理。

2.1 电阻的联结与等效

- 掌握串联、并联、混联电路中电阻的等效方法。
- 熟悉电阻的三角形联结与星形联结的等效方法。
- 在电阻电路中,能完成电压、电流和功率的计算。

构成电气设备的核心元件之一是电阻,电阻之间除了串联、并联、混联等电路联结方式外,还有较为复杂的星形联结和三角形联结。学习中要注意根据不同联结方式的特点化简电路。具备了这些基本知识,将为后面的学习奠定良好的基础。

2.1.1 实际问题

万用表是一种可测量电压、电流、电阻、电容的多功能仪表。MF47型万用表部分原理如图2-1-1所示,它能测量一定范围内的电流和电压。当表头打到"1"端时,可测量 $0\sim 0.5\text{mA}$ 的电流;当表头打到"2"端时,可测量 $0\sim 0.25\text{V}$ 的电压。

在图2-1-1中,R_1、R_2 都是电阻,却有不同的作用。其中,R_1 与表头G串联,起扩大电压表量程的作用;R_2 与表头G并

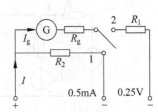

图2-1-1 MF47型万用表原理示意

联,起扩大电流表量程的作用。下面从电阻的联结形式出发,探讨电阻的联结与等效,以及电阻元件中电压、电流和功率的相关计算问题。

2.1.2 电阻的串联

电路中若干个电阻元件依次顺序连接,各个电阻流过同一电流,这种连接形式称为电阻的串联,如图2-1-2(a)所示。串联电阻也可以用一个等效电阻 R 来代替,如图2-1-2(b)所示。

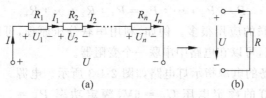

电阻的串联

图 2-1-2 电阻串联电路

1. 电阻特性

若干个电阻串联可以等效为一个电阻,该电阻的阻值等于若干个电阻阻值之和,表示为

$$R = R_1 + R_2 + \cdots + R_n \tag{2-1-1}$$

2. 电流特性

由于电路中只有一个电流,显而易见,在一个串联电路中,通过每个元件的电流都相等,即

$$I = I_1 = I_2 = \cdots = I_n \tag{2-1-2}$$

3. 电压特性

电阻串联时,总电压 U 等于各串联电阻电压之和,表示为

$$U = U_1 + U_2 + \cdots + U_n \tag{2-1-3}$$

$$\begin{cases} U_1 = IR_1 = \dfrac{R_1}{R}U \\ U_2 = IR_2 = \dfrac{R_2}{R}U \\ \vdots \\ U_n = IR_n = \dfrac{R_n}{R}U \end{cases}$$

式(2-1-3)称为分压公式,它表示在串联电路中,当外加电压一定时,各电阻端电压的大小与它的电阻值成正比,即电阻值大者分得的电压大,电阻值小者分得的电压小。其关系式表示为

$$U_1 : U_2 : \cdots : U_n = R_1 : R_2 : \cdots : R_n \tag{2-1-4}$$

4. 功率特性

将式(2-1-3)两边同乘以电路中流过的电流 I,则有

$$\begin{aligned} P &= UI \\ &= U_1 I + U_2 I + \cdots + U_n I \\ &= P_1 + P_2 + \cdots + P_n \end{aligned} \tag{2-1-5}$$

上式说明，n 个电阻串联吸收的总功率等于各串联电阻吸收的功率之和。

应用欧姆定律，将式(2-1-5)稍作变形，可得

$$P = I^2R = I^2R_1 + I^2R_2 + \cdots + I^2R_n$$
$$= P_1 + P_2 + \cdots + P_n$$

上式说明，每个电阻吸收的功率与其电阻值成正比，即阻值大，吸收的功率大，其关系式表示为

$$P_1 : P_2 : \cdots : P_n = R_1 : R_2 : \cdots : R_n \tag{2-1-6}$$

在实际中，电阻串联的应用很多。例如，利用串联分压原理，可以扩大电压表的量程；为了限制电路中的电流，可以在电路中串联一个变阻器。

【例 2-1-1】 某设备的电源指示灯电路如图 2-1-3 所示。电源电压 $U_S=24\text{V}$，指示灯的额定电压 $U_N=6\text{V}$，额定功率 $P_N=0.3\text{W}$。为使指示灯正常工作，请选择合适的分压电阻。

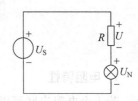

图 2-1-3　例 2-1-1 电路图

【解】 通过本例，学习串联电路的分压作用。

指示灯的额定电压是 6V，不能直接接在 24V 电源上（否则要烧坏）。为保证指示灯正常工作，要串联一个电阻 R 承担多余的电压，其电路如图 2-1-3 所示。

指示灯上的额定电流为

$$I_N = \frac{P_N}{U_N} = \frac{0.3}{6} = 0.05(\text{A})$$

串联电阻上的电压为

$$U = 24 - 6 = 18(\text{V})$$

串联电阻的阻值为

$$R = \frac{U}{I_N} = \frac{18}{0.05} = 360(\Omega)$$

分压电阻消耗的功率为

$$P = I_N^2 \cdot R = 0.05^2 \times 360 = 0.9(\text{W})$$

因此，该电源指示灯电路中的分压电阻可选取 360Ω、1W 的降压电阻。

【例 2-1-2】 有一个测量表头，其量程 $I_g=50\mu\text{A}$，内阻 $R_g=1.8\text{k}\Omega$。现通过串联电阻的方式将其改进成可测量 0.25V、1V 的电压表，如何实施？

【解】 通过本例，学习扩大电压表量程的方法。

利用串联分压的原理，可以扩大电压表的量程。电阻串联后的电路如图 2-1-4 所示。

表头和 R_1 串联后，其两端电压为 0.25V，则

$$R_1 = \frac{U_{R1}}{I_g} = \frac{U_1 - I_g \cdot R_g}{I_g}$$
$$= \frac{0.25 - 50 \times 10^{-6} \times 1800}{50 \times 10^{-6}} = 3.2(\text{k}\Omega)$$

表头和 R_1、R_2 串联后，其两端电压为 1V，则

$$R_2 = \frac{U_{R2}}{I_g} = \frac{1 - 0.25}{50 \times 10^{-6}} = 15(\text{k}\Omega)$$

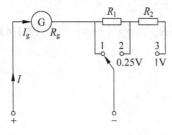

图 2-1-4　例 2-1-2 电路图

2.1.3 电阻的并联

电路中若干个电阻连接在两个公共点之间,每个电阻承受同一个电压,这种连接形式称为电阻的并联,如图 2-1-5(a)所示。并联电阻也可以用一个等效电阻 R 代替,如图 2-1-5(b)所示。

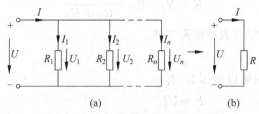

图 2-1-5 电阻并联电路及等效电阻

1. 电压特性

在并联电路中,任意电阻两端的电压相等,即

$$U = U_1 = U_2 = \cdots = U_n \tag{2-1-7}$$

2. 电流特性

电阻并联时,总电流 I 等于各并联电阻上电流之和,表示为

$$I = I_1 + I_2 + \cdots + I_n \tag{2-1-8}$$

每个电阻上的电流分别为(R 为并联电路等效电阻)

$$\begin{cases} I_1 = \dfrac{U}{R_1} = \dfrac{R}{R_1} I \\ I_2 = \dfrac{U}{R_2} = \dfrac{R}{R_2} I \\ \vdots \\ I_n = \dfrac{U}{R_n} = \dfrac{R}{R_n} I \end{cases}$$

上式称为分流公式。它说明在并联电路中,当总电流一定时,各电阻上的电流大小与它的电阻值成反比,即电阻值大者分得的电流小,电阻值小者分得的电流大,其关系式表示为

$$I_1 : I_2 : \cdots : I_n = \dfrac{1}{R_1} : \dfrac{1}{R_2} : \cdots : \dfrac{1}{R_n} \tag{2-1-9}$$

3. 电阻特性

应用欧姆定律将式(2-1-8)稍作变形,可得

$$\begin{aligned} I &= I_1 + I_2 + \cdots + I_n \\ &= \dfrac{U_1}{R_1} + \dfrac{U_2}{R_2} + \cdots + \dfrac{U_n}{R_n} \\ &= U\left(\dfrac{1}{R_1} + \dfrac{1}{R_2} + \cdots + \dfrac{1}{R_n}\right) \\ &= \dfrac{U}{R} \end{aligned} \tag{2-1-10}$$

等效电阻与每个电阻之间的等效关系为

$$\dfrac{1}{R} = \dfrac{1}{R_1} + \dfrac{1}{R_2} + \cdots + \dfrac{1}{R_n} \tag{2-1-11}$$

电阻的并联

式(2-1-11)说明,电阻并联时,其等效电阻的倒数等于各并联电阻倒数之和。等效电阻小于任意一个并联电阻的值。

若只有两个电阻并联,其等效电阻 R 可用下式计算:

$$R = R_1 // R_2 = \frac{R_1 R_2}{R_1 + R_2} \tag{2-1-12}$$

式(2-1-12)中,符号"//"表示电阻并联。

4. 功率特性

将式(2-1-10)两边同乘以电压 U,有

$$P = UI$$
$$= \frac{U^2}{R_1} + \frac{U^2}{R_2} + \cdots + \frac{U^2}{R_n}$$
$$= P_1 + P_2 + \cdots + P_n$$

上式说明,n 个电阻并联吸收的总功率等于各并联电阻吸收的功率之和。同时,说明每个电阻吸收的功率与其电阻值成反比,即电阻大的吸收的功率小,其关系式表示为

$$P_1 : P_2 : \cdots : P_n = \frac{1}{R_1} : \frac{1}{R_2} : \cdots : \frac{1}{R_n} \tag{2-1-13}$$

在实际中,电阻并联的应用很多。例如,利用并联分流的原理,可以扩大电流表的量程。

【例 2-1-3】 有三盏电灯并联在 110V 电源上,如图 2-1-6 所示,其额定值分别为 110V/100W、110V/60W、110V/40W。求电路的总功率 P、总电流 I,以及通过各灯泡的电流及电路的等效电阻。

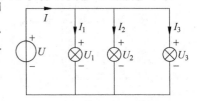

图 2-1-6 例 2-1-3 电路图

【解】 通过本例,学习并联电路的基本计算。

(1) 因外接电源的电压值与灯泡额定电压相等,各灯泡可正常发光,故电路的总功率为

$$P = P_1 + P_2 + P_3 = 100 + 60 + 40 = 200 (\text{W})$$

(2) 总电流与各灯泡的电流分别为

$$I = \frac{P}{U} = \frac{200}{110} \approx 1.82 (\text{A})$$

$$I_1 = \frac{P_1}{U_1} = \frac{100}{110} \approx 0.909 (\text{A})$$

$$I_2 = \frac{P_2}{U_2} = \frac{60}{110} \approx 0.545 (\text{A})$$

$$I_3 = \frac{P_3}{U_3} = \frac{40}{110} \approx 0.364 (\text{A})$$

(3) 等效电阻为

$$R = \frac{U}{I} = \frac{110}{1.82} \approx 60.4 (\Omega)$$

【例 2-1-4】 有一个测量表头,其量程 $I_g = 50 \mu A$,内阻 $R_g = 1.8 k\Omega$。现通过并联电阻的方式,将其改进成可测量 0.5mA、5mA 的电流表,如何实施?

【解】 通过本例,学习扩大电流表量程的方法。

利用并联分流的原理,可以扩大电流表的量程。电阻并联后的电路如图 2-1-7(a)所示;也可以采用抽头连接方式,如图 2-1-7(b)所示。

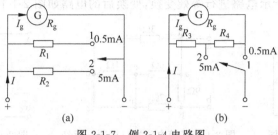

图 2-1-7　例 2-1-4 电路图

(1) 对于图 2-1-7(a)

$$(0.5 - I_g) \cdot R_1 = I_g R_g$$
$$\Rightarrow (0.5 - 0.05) \cdot R_1 = 0.05 \times 1800$$
$$\Rightarrow R_1 = 200(\Omega)$$
$$(5 - I_g) \cdot R_2 = I_g R_g$$
$$\Rightarrow (5 - 0.05) \cdot R_2 = 0.05 \times 1800$$
$$\Rightarrow R_2 = 18(\Omega)$$

(2) 对于图 2-1-7(b)

1 端口为 0.5mA 电流挡:

$$(0.5 - I_g) \cdot (R_3 + R_4) = I_g R_g$$
$$\Rightarrow (0.5 - 0.05) \cdot (R_3 + R_4) = 0.05 \times 1800$$
$$\Rightarrow R_3 + R_4 = 200(\Omega)$$

2 端口为 5mA 电流挡:

$$(5 - I_g) \cdot R_3 = I_g (R_g + R_4)$$
$$\Rightarrow (5 - 0.05) \cdot R_3 = 0.05 \times (1800 + R_4)$$
$$\Rightarrow 99R_3 = 1800 + R_4$$

将以上两式联立,解得 $R_3 = 20\Omega, R_4 = 180\Omega$。

2.1.4　电阻的混联

既含有串联,又含有并联的电路称为混联电路。在计算混联电路的等效电阻时,关键在于识别各电阻的串、并联关系。

有些混联电路的串、并联关系很容易分辨,如图 2-1-8 所示。经化简,可得其等效电阻为

$$R_{ab} = R_1 + \frac{R_2 R_3}{R_2 + R_3}$$

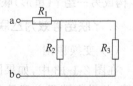

图 2-1-8　电阻的混联

有些混联电路的串、并联关系很难分辨,需要采用等电位分析法来分析。

电阻的混联

【例 2-1-5】　图 2-1-9 所示是一个电阻混联电路,各参数如图中所示。试求 a、b 两端的等效电阻 R_{ab}。

【解】 通过本例,学习混联电路的一般简化方法。

(1) 对图 2-1-9 中各端口标号。为等电位的端口标同一个标号,如图 2-1-10 所示。

(2) 对图 2-1-10 所示电路进行等效变换,变换后的电路如图 2-1-11 所示。

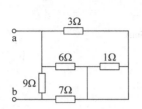
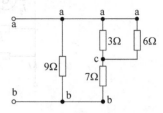

图 2-1-9　例 2-1-5 电路图　　　图 2-1-10　等电位端口标同一标号　　　图 2-1-11　变换后的电路图

(3) 根据图 2-1-11,可得

$$R_{ab} = \frac{\left(\frac{3\times 6}{3+6}+7\right)\times 9}{\left(\frac{3\times 6}{3+6}+7\right)+9} = 4.5(\Omega)$$

由此可见,混联电路的等效大致分成以下几个步骤。

(1) 确定元件之间的串、并联关系:若两个电阻首尾相连,为串联关系;首首或尾尾相连,为并联关系。

(2) 确定等电位点(无阻导线两端的点是等电位点),并标以相同的字母符号。

(3) 根据标出的字母符号,画出符合串、并联关系的等效电路图。

(4) 根据电阻的串、并联关系计算电路的等效电阻。

2.1.5　电阻星形联结与三角形联结的等效变换

在图 2-1-12 所示电路中,如果仅求取电阻 R_0 上的电压或电流,需要把电路中的其他部分等效为一个电阻。电阻 $R_1 \sim R_5$ 既非串联,也非并联,不能用前面学过的方法来化简电路。

仔细观察就会发现,电阻 R_1、R_2、R_3 分别接在三个端钮 a、b、c 的每两个之间,这种接法在电路中是△(三角形)联结,电阻 R_3、R_4、R_5 构成另一组△(三角形)联结。电阻 R_1、R_3、R_4 的一端接在同一点 c 上,另一端分别接在三个不同的端钮 a、b、d 上,这种接法在电路中是Y(星形)联结,电阻 R_2、R_3、R_5 构成另一组Y(星形)联结。要进行这类电路的化简,需要用到电路的Y-△等效变换。

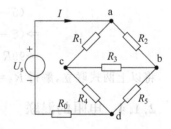

图 2-1-12　Y-△电阻联结的电路

1. Y联结等效为△联结

(1) 变换原则

在图 2-1-13 中,如果图 2-1-13(a)中的 I_1、I_2、I_3 分别与图 2-1-13(b)中的 I_1'、I_2'、I_3' 对应相等,各对应端子之间具有相同的电压 U_{ab}、U_{bc} 和 U_{ca},则对外电路而言,图 2-1-13(a)中的Y联结电路等效于图 2-1-13(b)中的△联结电路。

(2) 变换方法

按照电压、电流对应相等的原则,推导出Y-△联结的等效变换公式。

Y-△联结等效变换

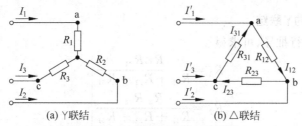

(a) Y联结　　　　　(b) △联结

图 2-1-13　电阻的Y联结与△联结

对于△联结电路,各电阻中的电流为

$$I_{12}=\frac{U_{ab}}{R_{12}}, \quad I_{23}=\frac{U_{bc}}{R_{23}}, \quad I_{31}=\frac{U_{ca}}{R_{31}}$$

根据 KCL,三个端子的电流分别为

$$\begin{cases} I'_1 = \dfrac{U_{ab}}{R_{12}} - \dfrac{U_{ca}}{R_{31}} \\ I'_2 = \dfrac{U_{bc}}{R_{23}} - \dfrac{U_{ab}}{R_{12}} \\ I'_3 = \dfrac{U_{ca}}{R_{31}} - \dfrac{U_{bc}}{R_{23}} \end{cases}$$

对于Y联结电路,根据 KCL 和 KVL,求出端子电压与电流之间的关系为

$$I_1 + I_2 + I_3 = 0$$
$$I_1 R_1 - I_2 R_2 = U_{ab}$$
$$I_2 R_2 - I_3 R_3 = U_{bc}$$

得到

$$\begin{cases} I_1 = \dfrac{R_3 U_{ab}}{R_1 R_2 + R_2 R_3 + R_3 R_1} - \dfrac{R_2 U_{ca}}{R_1 R_2 + R_2 R_3 + R_3 R_1} \\ I_2 = \dfrac{R_1 U_{bc}}{R_1 R_2 + R_2 R_3 + R_3 R_1} - \dfrac{R_3 U_{ab}}{R_1 R_2 + R_2 R_3 + R_3 R_1} \\ I_3 = \dfrac{R_2 U_{ca}}{R_1 R_2 + R_2 R_3 + R_3 R_1} - \dfrac{R_1 U_{bc}}{R_1 R_2 + R_2 R_3 + R_3 R_1} \end{cases}$$

由于不论 U_{ab}、U_{bc}、U_{ca} 为何值,两个等效电路对应的端子电流均相等,各对应端子之间的电压 U_{ab}、U_{bc} 和 U_{ca} 也对应地相等,于是得到

$$\left. \begin{aligned} R_{12} &= \frac{R_1 R_2 + R_2 R_3 + R_3 R_1}{R_3} \\ R_{23} &= \frac{R_1 R_2 + R_2 R_3 + R_3 R_1}{R_1} \\ R_{31} &= \frac{R_1 R_2 + R_2 R_3 + R_3 R_1}{R_2} \end{aligned} \right\} \quad (2\text{-}1\text{-}14)$$

式(2-1-14)是根据Y联结的电阻确定△联结的电阻的公式。为方便记忆,可用下面的文字表达式表述

$$R_\triangle = \frac{\text{Y联结中两两电阻的乘积之和}}{\text{Y联结中对面的电阻}} \quad (2\text{-}1\text{-}15)$$

当 $R_1 = R_2 = R_3 = R_Y$ 时,为对称三角形联结电阻,其等效星形联结的电阻也对称,有

$$R_{12} = R_{23} = R_{31} = 3R_Y \quad (2\text{-}1\text{-}16)$$

2. △联结等效为Y联结

对式(2-1-14)进行推导,可求得

$$\left. \begin{array}{l} R_1 = \dfrac{R_{12}R_{31}}{R_{12}+R_{23}+R_{31}} \\[2mm] R_2 = \dfrac{R_{23}R_{12}}{R_{12}+R_{23}+R_{31}} \\[2mm] R_3 = \dfrac{R_{31}R_{23}}{R_{12}+R_{23}+R_{31}} \end{array} \right\} \qquad (2\text{-}1\text{-}17)$$

式(2-1-17)是根据△联结的电阻确定Y联结的电阻的公式。为方便记忆,可用下面的文字表达式表述

$$R_Y = \frac{\triangle \text{联结中相邻两电阻的乘积}}{\triangle \text{联结中电阻之和}} \qquad (2\text{-}1\text{-}18)$$

当 $R_{12}=R_{23}=R_{31}=R_\triangle$ 时,为对称星形联结电阻,其等效三角形联结的电阻也对称,有

$$R_1 = R_2 = R_3 = R_Y = \frac{1}{3}R_\triangle \qquad (2\text{-}1\text{-}19)$$

【例 2-1-6】 在图 2-1-12 中,已知 $U_s=100\text{V}$,$R_0=10\Omega$,$R_1=100\Omega$,$R_2=20\Omega$,$R_3=80\Omega$,$R_4=R_5=40\Omega$,求电流 I。

【解】 本例学习通过Y-△变换方法进行电路的化简。

方法 1:将三角形联结电阻 R_1、R_2、R_3 等效变换成星形联结电阻 R_a、R_b、R_c,原电路变换成如图 2-1-14 所示。根据式(2-1-17),求得

$$R_a = \frac{R_1 R_2}{R_1+R_2+R_3} = \frac{100\times 20}{100+20+80} = 10(\Omega)$$

$$R_b = \frac{R_2 R_3}{R_1+R_2+R_3} = \frac{20\times 80}{100+20+80} = 8(\Omega)$$

$$R_c = \frac{R_3 R_1}{R_1+R_2+R_3} = \frac{80\times 100}{100+20+80} = 40(\Omega)$$

由图 2-1-14 所示电路,可得

$$R_{ad} = R_a + (R_c+R_4)//(R_b+R_5) = 10 + \frac{(40+40)(8+40)}{40+40+8+40} = 40(\Omega)$$

$$I = \frac{U_s}{R_{ad}+R_0} = \frac{100}{40+10} = 2(\text{A})$$

方法 2:将星形联结电阻 R_1、R_3、R_4 等效变换成三角形联结电阻 R_{13}、R_{34}、R_{41},原电路变换成如图 2-1-15 所示。根据式(2-1-14),求得

$$R_{13} = \frac{R_1 R_3 + R_3 R_4 + R_1 R_4}{R_4} = \frac{100\times 80 + 80\times 40 + 100\times 40}{40} = 380(\Omega)$$

$$R_{34} = \frac{R_1 R_3 + R_3 R_4 + R_1 R_4}{R_1} = \frac{100\times 80 + 80\times 40 + 100\times 40}{100} = 152(\Omega)$$

$$R_{41} = \frac{R_1 R_3 + R_3 R_4 + R_1 R_4}{R_3} = \frac{100\times 80 + 80\times 40 + 100\times 40}{80} = 190(\Omega)$$

由图 2-1-15 所示电路,可得

$$R_{ad} = (R_{13}//R_2 + R_{34}//R_5)//R_{41} = \frac{\left(\dfrac{380\times 20}{380+20} + \dfrac{152\times 40}{152+40}\right)\times 190}{\dfrac{380\times 20}{380+20} + \dfrac{152\times 40}{152+40} + 190} = 40(\Omega)$$

$$I = \frac{U_s}{R_{ad}+R_0} = \frac{100}{40+10} = 2(A)$$

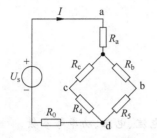

图 2-1-14 例 2-1-6 变换图 1

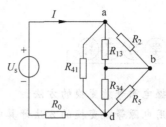

图 2-1-15 例 2-1-6 变换图 2

思考与练习

2.1.1 串、并联电路的电压、电流、电阻和功率各有什么特性？

2.1.2 电阻Y-△等效变换对电路内部和外部是否都等效？

2.1.3 图 2-1-16 所示为汽车照明电路图，请分析这些照明灯的串、并联关系及其工作特点。

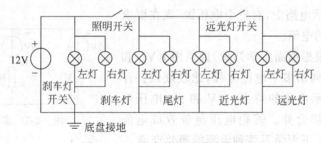

图 2-1-16 汽车外部照明系统图

2.1.4 图 2-1-17 所示为家庭用电系统。试分析家庭用电系统的灯和家用电器的分布特点。

2.1.5 电阻值都为 10Ω 的电阻 R_1 与 R_2 串联。若 R_1 电阻消耗的功率为 $1000W$，则通过 R_2 的电流为多少？

2.1.6 求图 2-1-18 所示电路的等效电阻 R_{ab}。

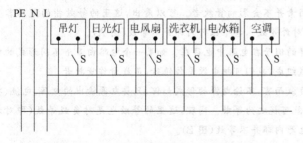

图 2-1-17 家庭用电系统的电路布线

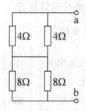

图 2-1-18 题 2.1.6 图

2.2 电源的等效变换与应用

电源等效变换及其应用

- 掌握电源等效变换的方法。
- 能用电源等效变换的方法计算电路中的电压、电流、电阻、功率等参数。

在分析电路时,经常会遇到含有多个不同电源(包括电压源与电流源)的复杂电路,若不经过简化,求解电路的过程就会很复杂。在解决此类复杂电路问题时,掌握电压源与电流源的等效变换十分重要,也非常有效。

2.2.1 方法探索

在图 2-2-1 所示电路中,有三个电压源,现在要求 6V 电压源上流过的电流。

对本例来说,根据前面所学知识,如果用 KVL 和 KCL 求解电路,需列出多个电路方程,比较烦琐。仔细分析图 2-2-1 所示电路的特点,12V 和 9V 电压源是并联的,不能直接合并。若把电压源等效成电流源,就能解决问题。下面学习两种电源的等效变换。

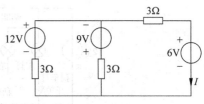

图 2-2-1 多电源电路

 电工故事会:等效变换的含义

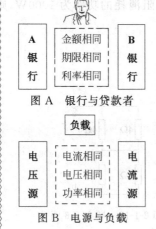

图 A 银行与贷款者

图 B 电源与负载

当我们计划投资一个项目却没有足够资金时,就会向银行贷款。如果两个银行的贷款金额、贷款期限、贷款利率、服务态度等都相同,对贷款者而言,它们的作用相同,可视之为等效(图 A)。

但是我们都知道,每个银行内部的管理制度、绩效考核方式不同,而这些因素并不会影响贷款者。可以看出,这里的等效指的是对客户等效(即对外等效),各个银行内部并不等效(图 A)。

同样的例子在电路中也存在。如果一个电路由多个不同形式的电源和负载组成,我们可把电源看作银行,负载看作贷款者。

对负载而言,不论电源的形式如何,只要电源输出的电压、电流、功率相同,就可视之为等效。同理,这里的等效也是对负载等效(即对外等效),电源内部并不等效(图 B)。

2.2.2 电源等效变换及其应用

1. 预备知识

前面章节已学习了电压源和电流源及其特性,除此之外,还应掌握理想电源在电路中的特点。

(1) 理想电压源两端的电压恒定,任何与理想电压源并联的元件不影响理想电压源的对外输出。因此对外电路而言,在分析电路时,可将与理想电压源并联的任何元件看作开路,如图 2-2-2(a)所示。但在计算电压源提供的总电流或总功率时,电阻元件和电流源不能忽略。

(2) 理想电流源输出的电流恒定,任何与理想电流源串联的元件不影响理想电流源的对外输出。因此对外电路而言,在分析电路时,可将与理想电流源串联的任何元件看作短路,如图 2-2-2(b)所示。但在计算支路两端的总电压或总功率时,电阻元件和电压源不能舍去。

(3) 理想电压源与理想电流源之间不能等效变换。

图 2-2-2 理想电压源与理想电流源的说明

2. 电源等效变换

(1) 等效变换规律

实际电源可以用电压源模型表示,也可以用电流源模型表示。使用电压源模型或电流源模型来描述不同的电源,是为了更符合这些电源的外部特性,便于对其进行分析。如果实际电源可以由不同的模型来表示,二者之间就有对应的转换关系。

图 2-2-3 所示是一个两种实际电源向同一个外电路供电的例子。这个外电路上的电压、电流完全一致。下面分析这两种实际电源的等效变换关系。

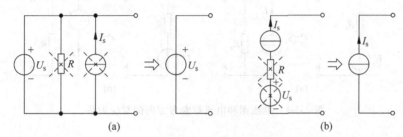

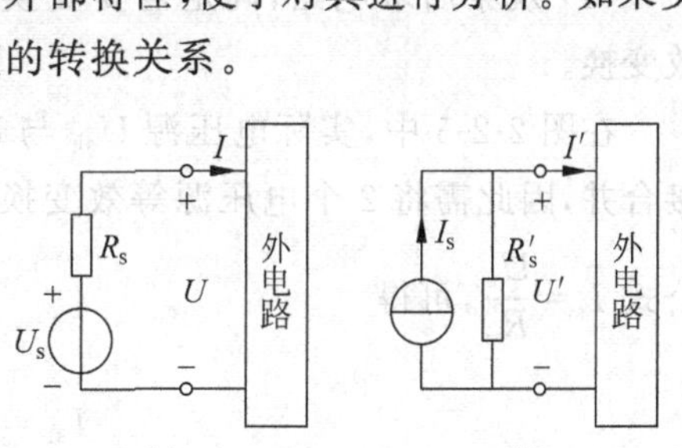

图 2-2-3 两种实际电源的等效变换

对于图 2-2-3(a)所示的实际电压源,有
$$U = U_s - IR_s$$
移项变换后,得
$$I = \frac{U_s}{R_s} - \frac{U}{R_s} \tag{2-2-1}$$

对于图 2-2-3(b)所示的实际电流源,有
$$I' = I_s - \frac{U'}{R'_s} \tag{2-2-2}$$

式(2-2-3)就是两种实际电源等效变换的关系式。因此,实际电源的等效变换规律如下所述。

(1) 当实际电压源等效变换为实际电流源时,电流源的并联内阻等于电压源的串联内阻,电流源的电流为 $I_s = \dfrac{U_s}{R_s}$。

(2) 当实际电流源等效变换为实际电压源时,电压源的串联内阻等于电流源的并联内阻,电压源的电压为 $U_s = I_s R_s$。

根据等效变换的要求,两种电源向外电路提供的电流和电压完全相等,这就要求图 2-2-3(a)中的电压 U 和电流 I 分别与图 2-2-3(b)中的电压 U' 和电流 I' 对应相等,即

$$I = I', \quad U = U'$$

$$\frac{U_s}{R_s} - \frac{U}{R_s} = I_s - \frac{U'}{R'_s}$$

令 $R_s = R'_s$,则有

$$\frac{U_s}{R_s} = I_s \quad \text{或} \quad U_s = I_s R_s \tag{2-2-3}$$

(2) 等效变换注意事项

两种实际电源等效变换时,应注意以下两个问题。

① 电压源和电流源的等效关系只对外电路而言,对电源内部则不等效。

② 两种实际电源等效变换时,电压源和电流源的参考方向要一一对应,即电压源的正极对应于电流源的电流输出端,如图 2-2-4 所示。

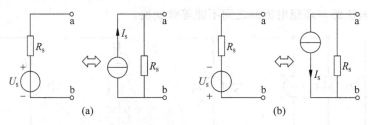

图 2-2-4 电压源和电流源参考方向的对应关系

3. 电源等效变换解题步骤

电源等效变换的解题步骤如例 2-2-1 所示。

【例 2-2-1】 如图 2-2-5 所示电路,已知 $R_1 = R_2 = 3\Omega, R_3 = 6\Omega, U_{s1} = 30\text{V}, U_{s2} = 15\text{V}$。试用电源等效变换求解电阻 R_3 中流过的电流 I。

【解】 通过本例,学习电源等效变换的基本应用。

(1) 观察所求电路,确定需要变换的电源并进行等效变换。

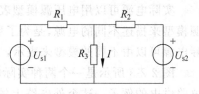

图 2-2-5 例 2-2-1 电路图

在图 2-2-5 中,实际电压源 U_{s1} 与 U_{s2} 并联,不能直接合并,因此需将 2 个电压源等效变换为电流源。根据公式 $I_s = \dfrac{U_s}{R_s}$,可得

$$I_{s1} = \frac{U_{s1}}{R_1} = \frac{30}{3} = 10(\text{A})$$

$$I_{s2} = \frac{U_{s2}}{R_2} = \frac{15}{3} = 5(\text{A})$$

等效变换后的电路如图 2-2-6 所示。

(2) 简化电路。

简化图 2-2-6 所示电路,合并电流源和电阻 R_1、R_2,简化后的电路如图 2-2-7 所示。

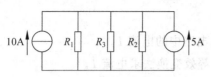
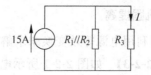

图 2-2-6 等效变换后的电路图　　　图 2-2-7 图 2-2-6 简化后的电路

(3) 求解电路参数 I。

$$R_1 // R_2 = \frac{R_1 R_2}{R_1 + R_2} = \frac{3 \times 3}{3+3} = 1.5(\Omega)$$

$$I = 15 \times \frac{1.5}{1.5+6} = 3(\text{A})$$

4. 边学边练

【例 2-2-2】 利用电源等效变换简化电路,计算图 2-2-8 所示电路中的电流 I。

【解】 通过本例,加深理解电源等效变换的应用。

(1) 观察所求电路,确定需要变换的电源并进行等效变换。

在图 2-2-8 中,5A 实际电流源不能与串联的 2A 实际电流源合并,因此需将这两个电流源等效变换为电压源,根据公式 $U_s = I_s R_s$,可得到如图 2-2-9 所示的电路。

(2) 简化电路。

简化图 2-2-9,合并电压源和电阻,简化后的电路如图 2-2-10 所示。

(3) 求解电路参数 I。

$$I = \frac{7}{7+7} = 0.5(\text{A})$$

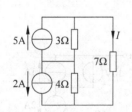
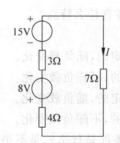
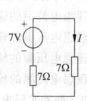

图 2-2-8 例 2-2-2 电路图　　图 2-2-9 变换为电压源的电路图　　图 2-2-10 图 2-2-9 简化后的电路

5. 方法总结与归纳

通过以上两例,总结与归纳电源等效变换的解题过程如下。

(1) 观察所求电路,确定需要变换的电源;再根据 $I_s = \dfrac{U_s}{R_s}$ 或 $U_s = I_s R_s$ 进行等效变换。

(2) 对变换后的电压源或电流源进行合并处理,简化等效变换后的电路图。

(3) 求解电路参数。

6. 巩固提高

下面利用电源等效变换来求解图 2-2-1 所示电路中的电流 I。

【例 2-2-3】 如图 2-2-1 所示电路,试用电源等效变换法求电流 I。

【解】 通过本例巩固电源等效变换的应用。

(1) 在图 2-2-1 中,12V 实际电压源不能与并联的 9V 实际电压源合并,因此需将这两个电压源等效变换为电流源。根据公式 $I_s = \dfrac{U_s}{R_s}$,得到如图 2-2-11 所示电路。

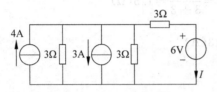

图 2-2-11 例 2-2-3 电路图

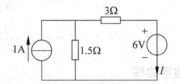

图 2-2-12 图 2-2-11 简化后的电路图

(2) 图 2-2-11 简化后如图 2-2-12 所示。

(3) 6V 实际电压源不能与串联的 1A 实际电流源合并,因此需将电流源等效变换为电压源。根据公式 $U_s = I_s R_s$,得到如图 2-2-13 所示电路。

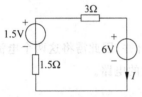

图 2-2-13 变换后的电路图

(4) 求解电流 I。

$$I = \frac{-6+1.5}{3+1.5} = -1(\text{A})$$

思考与练习

2.2.1 理想电压源和理想电流源各有什么特点?

2.2.2 判断以下说法是否正确。

(1) 理想电流源的输出电流是不固定的,随负载变化。

(2) 理想电流源的输出电流是固定的,不随负载变化。

(3) 理想电压源的输出电压是不固定的,随负载变化。

(4) 理想电压源的输出电压是固定的,不随负载变化。

2.2.3 两种实际电源等效变换的条件是什么?是不是任何电流源都可以转换成电压源?

2.2.4 求图 2-2-14 所示电路的最简等效电路。

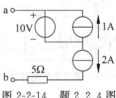

图 2-2-14 题 2.2.4 图

2.3 支路电流法

- 熟悉支路电流法的解题步骤,掌握支路电流法的解题方法。
- 能用支路电流法确定电路中的电量参数(电压、电流、功率等)。

在电路学习中,会碰到含有多个电源和多条支路的复杂电路。对于此类电路,应用前面学过的电阻等效变换和电源等效变换等方法,分析过程非常复杂。以支路电流为未知量,以基尔霍夫定律为基础,通过列写电路方程求解的支路电流法可提供解决一般电路问题的基本方法。

2.3.1 方法探索

通过前面的学习,我们已经能分析含有一个电源的简单电路,如图 2-3-1 所示。但很多电路含有多个电源,如图 2-3-2 所示。若要求解电阻 R_1、R_2、R_3 中流过的电流,简单地应用欧姆定律、基尔霍夫定律和各类电阻联结规律,将无法解决问题。

求解如图 2-3-2 所示电路前,先观察电路的特点。此电路有多条支路,且每条支路上的电流都是未知数,若能根据未知电流的个数 n 列写 n 个方程,通过联立方程,就能求解未知支路的电流。这种电路分析方法就是下面将要讨论的支路电流法,它是一种建立在欧姆定律和基尔霍夫定律基础之上的电路分析方法。

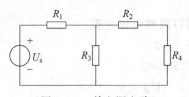

图 2-3-1 单电源电路

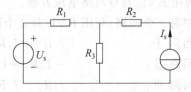

图 2-3-2 双电源电路

2.3.2 支路电流法及其应用

1. 支路电流法

支路电流法是指选取各支路电流为未知量,直接应用 KCL 和 KVL,分别对结点和独立回路列写结点电流方程及独立回路电压方程,然后联立求解,得出各支路的电流值。

2. 支路电流法解题步骤

采用支路电流法求解各支路电流的解题步骤如例 2-3-1 所示。

【**例 2-3-1**】 如图 2-3-3 所示电路,已知 $R_1=R_2=3\Omega,R_3=6\Omega,U_{s1}=30V,U_{s2}=15V$。试用支路电流法求解电阻 R_1、R_2、R_3 中流过的电流。

【**解**】 通过本例,学习支路电流法的基本应用。

(1) 观察未知支路电流个数。选择各支路电流参考方向和回路绕行方向,标注各结点。

① 在图 2-3-3 中,有 3 个未知支路电流。选取 3 个未知支路电流 I_1、I_2 和 I_3 的参考方向如图 2-3-4 所示。电流的实际方向由计算结果决定。计算结果为正,说明选取的参考方向与实际方向一致,反之则为负。

② 此电路有 3 个回路,绕行方向均设为顺时针方向(绕行方向可自行选定)。

③ 此电路有 2 个结点,分别标注为 A、B。

支路电流法
及其应用

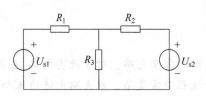
图2-3-3 例2-3-1电路图

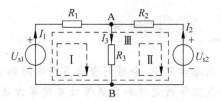
图2-3-4 选定电流参考方向

(2) 根据结点数列写结点电流方程式。在图2-3-4所示的电路中,有A和B两个结点,利用KCL,列出结点电流方程如下。

对于结点A: $I_1+I_2=I_3$
对于结点B: $I_3=I_1+I_2$

显然,这是两个相同的方程,说明只有一个方程是独立的。

当电路中有n个结点时,根据基尔霍夫电流定律只能列出$(n-1)$个独立的结点电流方程。在求解电路问题时,可以在n个结点中任选其中$(n-1)$个结点列写电流方程。

本例中选取结点A的电流方程:
$$I_1+I_2=I_3$$

(3) 利用KVL列写回路电压方程。

本例中有3个回路,利用KVL对3个回路列写回路电压方程。

对于回路Ⅰ: $I_1R_1+I_3R_3-U_{s1}=0$
对于回路Ⅱ: $-I_2R_2+U_{s2}-I_3R_3=0$
对于回路Ⅲ: $I_1R_1-I_2R_2+U_{s2}-U_{s1}=0$

从上述三个方程可以看出,任何一个方程都可以从其他两个方程中导出,所以只有两个方程是独立的。

综合独立结点电流方程与独立回路方程,正好构成求解3个未知电流所需的方程。

事实上,对于含有b条支路、n个结点、m个网孔的平面电路,在使用支路法求解问题时,可以证明,仅能列出$(n-1)$个独立的结点电流方程,m个独立的回路电压方程,并且$b=(n-1)+m$。

因此,本例利用KVL,对网孔Ⅰ和网孔Ⅱ列写出电压方程如下。

对于网孔Ⅰ: $I_1R_1+I_3R_3-U_{s1}=0$
对于网孔Ⅱ: $-I_2R_2+U_{s2}-I_3R_3=0$

(4) 联立求解方程组,求出各支路电流值。
$$\begin{cases} I_1+I_2=I_3 \\ I_1R_1+I_3R_3-U_{s1}=0 \\ -I_2R_2+U_{s2}-I_3R_3=0 \end{cases}$$

代入已知数值R_1、R_2、R_3、U_{s1}、U_{s2},得
$$\begin{cases} I_1+I_2=I_3 \\ 3I_1+6I_3-30=0 \\ -3I_2+15-6I_3=0 \end{cases}$$

求解联立方程组,可得$I_1=4\text{A}, I_2=-1\text{A}, I_3=3\text{A}$。

结果中的 I_1 和 I_3 为正值,说明电流的实际方向与参考方向一致;I_2 为负值,说明电流的实际方向与参考方向相反,即电流 I_2 是流入电动势 U_{s2} 的,此时 U_{s2} 作为负载,也称为反电动势。蓄电池被充电就是这种情况。

3. 边学边练

【例 2-3-2】 在图 2-3-5 所示的电路中,各参数如图中所示。试用支路电流法求解电阻 R_1、R_2、R_3 中流过的电流。

【解】 通过本例,加深理解支路电流法的应用。

(1) 原图中已标注支路电流参考方向,因此只需选择网孔绕行方向,标注结点 A、B,如图 2-3-6 所示。

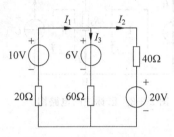
图 2-3-5 例 2-3-2 电路图

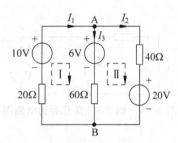
图 2-3-6 已标注的电路图

(2) 根据两个结点数列写一个独立结点电流方程。图 2-3-6 中有 A 和 B 两个结点。对 A 结点列写电流方程:
$$I_2 + I_3 = I_1$$

(3) 利用 KVL 对两个自然网孔(独立回路)列写回路电压方程。

对于网孔 I: $\quad 20I_1 - 10 + 6 + 60I_3 = 0$

对于网孔 II: $\quad 40I_2 + 20 - 60I_3 - 6 = 0$

(4) 联立求解方程组,求出各支路电流值。
$$\begin{cases} I_2 + I_3 = I_1 \\ 20I_1 - 10 + 6 + 60I_3 = 0 \\ 40I_2 + 20 - 60I_3 - 6 = 0 \end{cases}$$

求解联立方程组,可得 $I_1 = -0.1\text{A}, I_2 = -0.2\text{A}, I_3 = 0.1\text{A}$。

4. 方法总结与归纳

通过以上两例,总结与归纳支路电流法解题过程如下。

(1) 观察未知支路电流个数。选择各支路电流参考方向和回路绕行方向,标注各结点。

(2) 根据结点数 n 列写 $(n-1)$ 个结点电流方程。

(3) 利用 KVL,列写 m 个网孔(独立回路)的电压方程。

(4) 联立 $(n-1+m)$ 个方程并求解方程组,求出各支路电流值。

5. 巩固提高

下面用支路电流法求解图 2-3-2 所示电路的支路电流。求解之前先简化电路。R_2 与理想电流源 I_s 串联,可舍去,简化后的电路如图 2-3-7 所示。此电路含有一个电流源,但电流源两端的电压未知。若将电流源的端电压列入回路电压方程,电路就增加了一个变量,在列写方程时必须补充一个辅助方程。下面对此电路进行详细分析。

【例 2-3-3】 在如图 2-3-7 所示电路中,若已知 $U_s=42\text{V}$,$I_s=7\text{A}$,$R_1=12\Omega$,$R_3=2\Omega$。试用支路电流法求各支路电流。

【解】 通过本例,巩固电源等效变换的应用。

方法 1:由于列写 KVL 方程时,需标注每个元件两端的电压。设电流源两端的电压为 U。

(1) 选取支路电流 I_1 和 I_2 的参考方向,并标明结点 A、B,如图 2-3-8 所示。

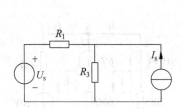
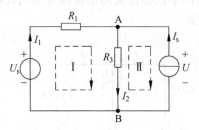

图 2-3-7 图 2-3-2 简化后的电路图   图 2-3-8 已标注的电路图

(2) 根据结点数列写独立的结点电流方程。对结点 A 列写方程:
$$I_1+I_s=I_2$$

(3) 利用 KVL,对网孔 Ⅰ、Ⅱ 列写回路电压方程。

对于网孔 Ⅰ: $\quad\quad\quad I_1R_1+I_2R_3-U_s=0$

对于网孔 Ⅱ: $\quad\quad\quad U-I_2R_3=0$

(4) 联立求解方程组,求出各支路电流值。
$$\begin{cases}I_1+I_s=I_2\\ I_1R_1+I_2R_3-U_s=0\\ U-I_2R_3=0\end{cases}$$

但方程中多了一个未知数 U,因此要补充一个方程 $I_s=7\text{A}$。代入参数,解得
$$I_1=2\text{A},\quad I_2=9\text{A},\quad U=18\text{V}$$

方法 2:在图 2-3-8 中,由于 $I_s=7\text{A}$ 已知,仅对结点 A 和网孔 Ⅰ 列写如下方程。

结点 A: $\quad\quad\quad I_1+I_s=I_2$

网孔 Ⅰ: $\quad\quad\quad I_1R_1+I_2R_3-U_s=0$

代入参数,解得
$$I_1=2\text{A},\quad I_2=9\text{A}$$

比较以上两种处理方法可以看到,第一种方法比第二种方法所列方程多,且求解结果中的 U 并不是所要求解的结果,只有 I_1 和 I_2 是最终要获得的结果。因此,对于此类含有电流源的电路,由于理想电流源所在支路的电流已知,在选择回路时避开理想电流源支路较为方便。

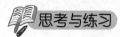

2.3.1 支路电流法的依据是什么?如何列出足够的独立方程?

2.3.2 在列写支路法的电流方程时,若电路中有 n 个结点,根据 KCL 能列出的独立

方程数为：

(1) n　　(2) $n-1$　　(3) $n+1$　　(4) $n-2$

2.3.3　判断以下说法是否正确。

(1) 在平面电路中，网孔都是独立回路。

(2) 当电路中有 n 个结点时，只能列出 $(n-1)$ 个独立结点电流方程。

2.3.4　支路电流法适合求解哪类电路？

2.4　结点电位法

- 熟悉结点电位法的解题步骤，掌握结点电位法的解题方法。
- 能用结点电位法确定电路中的电量参数（电压、电流、功率等）。

当支路数较多时，支路电流法所需方程数较多，求解极不方便。对于支路数较多而结点较少的电路，采用结点电位法求解会带来事半功倍的效果。

2.4.1　方法探索

在图 2-4-1 所示电路中，电路由 2 个电压源和 5 个电阻组成，电路中有 5 条支路，现要求各支路电流。

对本例来说，根据前面所学知识，如果以支路法求解，需要列出 5 个方程，求解方程将花费很多时间。仔细分析图 2-4-1 所示电路的特点发现：此电路支路虽多，但只有 3 个结点。如果知道 3 个结点的电位，此时每个支路的电压都能通过结点电位之差求得，如 $U_{AB}=V_A-V_B$，这样就可根据欧姆定律轻而易举地求出各支路的电流。图 2-4-1 中，可选 C 结点作为参考点，把 A、B 结点的电位设为未知量，列写出 5 个支路电流方程，然后利用 KCL 列写 2 个结点电流方程。这种求解电路参数的方法称为结点电位法。

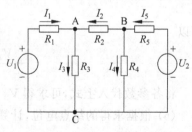

图 2-4-1　多支路少结点电路

2.4.2　结点电位法及其应用

1. 结点电位法

在电路中任意选择某一结点作为参考结点，其他结点与此参考结点之间的电压称为结点电位。结点电位的参考极性是以参考结点为"0"，其余结点为"+"。结点电位法以结点电位为求解变量，将各支路电流用结点电位表示，应用 KCL 列出独立结点的电流方程，然后联

结点电位法及其应用

立方程求得各结点电位,再根据结点电位与各支路电流的关系式,求得各支路电流。

2. 结点电位法解题步骤

结点电位法的解题步骤如例 2-4-1 所示。

【例 2-4-1】 在图 2-4-2 所示的电路中,已知 $R_1=R_2=3\Omega, R_3=6\Omega, U_{s1}=30V, U_{s2}=15V$。试用结点电位法求解各支路电流。

【解】 通过本例,学习结点电位法的基本应用。

(1) 在电路图上标注结点。此电路有 A、B 两个结点。

(2) 选定参考结点,对其余结点设结点电位。一般情况下,把通过大多数支路的结点当成参考结点。此电路取 B 为参考结点,即 $V_B=0V$,设结点 A 的电位为 V_A。

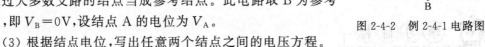

图 2-4-2 例 2-4-1 电路图

(3) 根据结点电位,写出任意两个结点之间的电压方程。

$$U_{AB}=V_A-V_B=V_A$$
$$=-I_1R_1+U_{s1}$$
$$=-I_2R_2+U_{s2}$$
$$=I_3R_3$$

(4) 用结点电位表示各支路电流。此电路有 3 条支路,需列出 3 条支路电流方程。

$$\begin{cases} I_1=-\dfrac{V_A-U_{s1}}{R_1} \\ I_2=-\dfrac{V_A-U_{s2}}{R_2} \\ I_3=\dfrac{V_A}{R_3} \end{cases}$$

(5) 根据基尔霍夫电流定律,列写出独立结点的 KCL 方程。

对结点 A,列出 KCL 方程为

$$I_1+I_2=I_3$$

所以

$$-\frac{V_A-U_{s1}}{R_1}-\frac{V_A-U_{s2}}{R_2}=\frac{V_A}{R_3}$$

将各参数代入上式,可求得 $V_A=18V$。

(6) 根据求得的结点电位,计算出各支路电流:$I_1=4A, I_2=-1A, I_3=3A$。

3. 边学边练

【例 2-4-2】 如图 2-4-3 所示电路,用结点电位法求各支路电流。

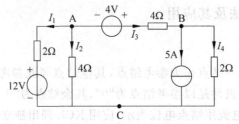

图 2-4-3 例 2-4-2 电路图

【解】 通过本例,加深理解结点电位法的应用。

(1) 在电路图上标注结点 A、B、C,如图 2-4-3 所示。

(2) 选结点 C 为参考结点。设结点 A 的电位为 V_A,结点 B 的电位为 V_B。

(3) 根据结点电位 V_A、V_B,列出任意两个结点之间的电压方程。

$$U_{AC} = V_A - V_C = V_A$$
$$= 2I_1 + 12$$
$$= 4I_2$$
$$U_{AB} = V_A - V_B$$
$$= -4 + 4I_3$$
$$U_{BC} = V_B - V_C = V_B$$
$$= 2I_4$$

(4) 用结点电位表示各支路电流。此电路有 4 个未知电流,因此需要列写 4 个支路电流方程。

$$\begin{cases} I_1 = \dfrac{V_A - 12}{2} \\ I_2 = \dfrac{V_A}{4} \\ I_3 = \dfrac{V_A - V_B - (-4)}{4} \\ I_4 = \dfrac{V_B}{2} \end{cases}$$

(5) 根据基尔霍夫电流定律,对独立结点 A、B 列写 KCL 方程。

对于结点 A: $I_1 + I_2 + I_3 = 0 \Rightarrow \dfrac{V_A - 12}{2} + \dfrac{V_A}{4} + \dfrac{V_A - V_B - (-4)}{4} = 0$

对于结点 B: $I_4 + 5 = I_3 \Rightarrow \dfrac{V_B}{2} + 5 = \dfrac{V_A - V_B - (-4)}{4}$

求得 $V_A = 4V$,$V_B = -4V$。

(6) 根据求得的结点电位,计算出各支路电流。

$$I_1 = -4A, \quad I_2 = 1A, \quad I_3 = 3A, \quad I_4 = -2A$$

4. 方法总结与归纳

通过以上两例,总结与归纳结点电位法解题过程如下。

(1) 在电路图上标注 n 个结点。

(2) 选定参考结点,对其余 $(n-1)$ 个结点设结点电位。

(3) 根据结点电位,写出任意两个结点之间的电压方程。

(4) 用结点电位表示各支路电流。

(5) 根据基尔霍夫电流定律,列写出 $(n-1)$ 个独立结点的 KCL 方程。

(6) 根据求得的结点电位,计算出各支路电流。

5. 巩固提高

下面利用结点电位法分析图 2-4-1 所示电路中各支路的电流。

【**例 2-4-3**】 电路如图 2-4-1 所示,已知 $R_1=R_3=5\Omega,R_2=R_4=10\Omega,R_5=15\Omega,U_1=15V,U_2=65V$。试用结点电位法求解各支路电流。

【**解**】 通过本例,巩固结点电位法的应用。

(1) 在电路图上标注结点 A、B、C,如图 2-4-1 所示。

(2) 选结点 C 为参考结点。设结点 A 的电位为 V_A,结点 B 的电位为 V_B。

(3) 根据结点电位 V_A、V_B,列出任意两个结点之间的电压方程。

$$U_{AC}=V_A-V_C=V_A$$
$$=-I_1R_1+U_1$$
$$=I_3R_3$$
$$U_{AB}=V_A-V_B$$
$$=-I_2R_2$$
$$U_{BC}=V_B-V_C=V_B$$
$$=I_4R_4$$
$$=-I_5R_5+U_2$$

(4) 用结点电位表示各支路电流。此电路有 5 条支路和 5 个未知电流,因此需要列写 5 个支路电流方程。

$$\begin{cases} I_1=\dfrac{15-V_A}{5} \\ I_2=\dfrac{V_B-V_A}{10} \\ I_3=\dfrac{V_A}{5} \\ I_4=\dfrac{V_B}{10} \\ I_5=\dfrac{65-V_B}{15} \end{cases}$$

(5) 根据基尔霍夫电流定律,对独立结点 A、B 列写 KCL 方程。

对于结点 A: $I_1+I_2=I_3 \Rightarrow \dfrac{15-V_A}{5}+\dfrac{V_B-V_A}{10}=\dfrac{V_A}{5}$

对于结点 B: $I_2+I_4=I_5 \Rightarrow \dfrac{V_B-V_A}{10}+\dfrac{V_B}{10}=\dfrac{65-V_B}{15}$

求得 $V_A=10V,V_B=20V$。

(6) 根据求得的结点电压,计算出各支路电流。

$$I_1=1A, \quad I_2=1A, \quad I_3=2A, \quad I_4=2A, \quad I_5=3A$$

思考与练习

2.4.1 结点电位法适合求解哪类电路?

2.4.2 结点电位法把什么作为求解变量?

2.5 叠加定理

- 熟悉叠加定理的解题步骤,掌握叠加定理的解题方法。
- 能用叠加定理求解复杂直流电路中的电压、电流、功率等参数。

对于支路和结点数量都较多的电路,使用支路电流法或结点电压法列写电路方程和解方程的计算量呈几何倍数增长。如果线性电路中的电源数较少,采用叠加定理求解电路问题是一种较为简便而有效的方法。

2.5.1 方法探索

在如图 2-5-1 所示的电路中,电路由电压源 U_s、电流源 I_s 和 4 个电阻组成,电路中有 6 条支路,现在要求 R_2 和 R_4 两个电阻元件上的电压。

对本例来说,根据前面所学知识,如果以支路电流法求解电路,需列出 6 个电路方程,求解方程将花费很多时间。如果采用结点电位法,有 3 个未知结点需求解,比较烦琐。仔细分析图 2-5-1 所示电路的特点发现:此电路虽然支路、结点较多,但只含有 1 个电压源和 1 个电流源。倘若能把每个电源对负载提供的电压或电流计算出来再求和,就可以得到各支路电阻上的电压或电流了。这种把一个电路按照每个电源单独作用分别求解,再对结果求和的方法就是下面将要讨论的叠加定理。

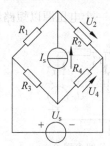

图 2-5-1 多支路、多结点、少电源电路

电工故事会:银行贷款与叠加定理

图 A 多个银行与贷款者

图 B 多个电源与负载

生活中会遇到这样的问题:投资一个项目需要一大笔资金,但是每个银行的贷款额有限,这时我们就会向多个银行分开贷款。

如果需要贷款的客户不止一个,就会出现多个贷款者向多个银行贷款的情况。而贷款者所得到的贷款额,就是各个银行分别带给你的款项之和(图 A)。

同样的事情在线性电路中也存在。如果一个电路由多个不同的电源和负载组成,则每个负载的总电压(或总电流),就是各个电源单独作用时,分配给这个负载的电压(或电流)的代数和。

如此一来,就可以把多个电源和负载组成的复杂电路,简化为一个电源单独作用的简单电路,使用中学学过的解题方法就可轻松计算了(图 B)。

2.5.2 叠加定理及其应用

1. 叠加定理

在线性电路中,如果有多个电源共同作用于同一电路,求解任一支路的电流或电压时,可分别计算出每个电源单独作用于电路时在该支路产生的电流或电压,再把每个电源单独作用的结果进行叠加(代数求和),即得到原电路中各支路的电流或电压。

"每个电源单独作用"是指每次仅保留一个独立电源,其他电源置零。具体方法为把理想电压源短路,理想电流源开路。

2. 叠加定理解题步骤

叠加定理的解题步骤如例 2-5-1 所示。

【例 2-5-1】 在如图 2-5-2 所示的电路中,已知 $R_1=R_2=3\Omega$,$R_3=6\Omega$,$U_{s1}=30\text{V}$,$U_{s2}=15\text{V}$。试用叠加定理求解电阻 R_1 中的电流和电阻 R_3 两端的电压 U_3。

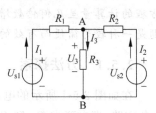

图 2-5-2 例 2-5-1 电路图

【解】 通过本例,学习叠加定理的基本应用。

(1) 把原电路按每次仅有一个电源单独作用的方式分别画出,并在图上标出待求量及参考方向。

图 2-5-2 中共有 2 个电压源,所以把电路分解成如图 2-5-3 和图 2-5-4 所示两个电路,每个电路仅保留一个电压源,另一个电压源以短路线替代。

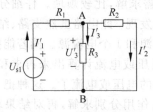

图 2-5-3 分解电路 1

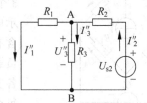

图 2-5-4 分解电路 2

(2) 分别求解每个电源单独作用时待求量的值。

U_{s1} 单独作用时,电路如图 2-5-3 所示,有

$$I'_1=\frac{U_{s1}}{R_1+\dfrac{R_2R_3}{R_2+R_3}}=\frac{30}{3+\dfrac{3\times 6}{3+6}}=6(\text{A})$$

$$I'_3=\frac{R_2}{R_2+R_3}I'_1=\frac{3}{3+6}\times 6=2(\text{A})$$

$$U'_3=I'_3 R_3=2\times 6=12(\text{V})$$

U_{s2} 单独作用时,电路如图 2-5-4 所示,有

$$I''_2=\frac{U_{s2}}{R_2+\dfrac{R_1R_3}{R_1+R_3}}=\frac{15}{3+\dfrac{3\times 6}{3+6}}=3(\text{A})$$

$$I''_1=\frac{R_3}{R_1+R_3}I''_2=\frac{6}{3+6}\times 3=2(\text{A})$$

$$I''_3 = \frac{R_1}{R_1+R_3}I''_2 = \frac{3}{3+6}\times 3 = 1(\text{A})$$
$$U''_3 = I''_3 R_3 = 1\times 6 = 6(\text{V})$$

(3) 把每个电源单独作用时所求出的待求量的值进行叠加。

将 U_{s1} 和 U_{s2} 分别作用产生的计算结果叠加,即求其代数和。在叠加时特别注意,各电源单独作用时的电流或电压方向与原电路方向一致时取"+",反之取"-"。

$$I_1 = I'_1 - I''_1 = 6 - 2 = 4(\text{A})$$
$$U_3 = U'_3 + U''_3 = 12 + 6 = 18(\text{V})$$

下面以电阻 R_1 上的功率计算为例,说明上述问题。

$$P_1 = R_1 I_1^2 = 3\times 4^2 = 48(\text{W})$$
$$P'_1 = R_1 I'^2_1 = 3\times 6^2 = 108(\text{W})$$
$$P''_1 = R_1 I''^2_1 = 3\times 2^2 = 12(\text{W})$$

很显然

$$P_1 \neq P'_1 + P''_1$$

> 叠加定理只能用来分析计算电路中的电压和电流,不能用来计算电路中的功率。因为功率是与电流或电压的平方成正比,不存在线性关系。

3. 边学边练

【例 2-5-2】 在如图 2-5-5 所示的电路中,已知 $R_1 = 2\Omega$, $R_2 = 4\Omega$, $U_s = 6\text{V}$, $I_s = 6\text{A}$。试用叠加定理求 R_2 两端的电压。

【解】 通过本例,加深理解叠加定理的应用。

(1) 把电路按每次仅有一个电压源和仅有一个电流源单独作用的方式分别画出,并在图上标出待求量及参考方向。

① 保留电压源,去除电流源,电路如图 2-5-6 所示。
② 保留电流源,去除电压源,电路如图 2-5-7 所示。

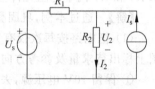

图 2-5-5 例 2-5-2 电路图

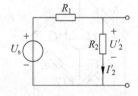

图 2-5-6 仅有一个电压源

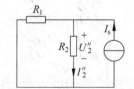

图 2-5-7 仅有一个电流源

(2) 分别求解电压源和电流源单独作用时的电压值。

① 电压源单独作用时,电路如图 2-5-6 所示。

$$I'_2 = \frac{U_s}{R_1+R_2} = \frac{6}{2+4} = 1(\text{A})$$

求得

$$U'_2 = I'_2 R_2 = 1\times 4 = 4(\text{V})$$

② 电流源单独作用时,电路如图 2-5-7 所示。

$$I''_2 = \frac{R_1}{R_1+R_2}I_s = \frac{2}{2+4}\times 6 = 2(\text{A})$$

求得

$$U_2'' = I_2'' R_2 = 2 \times 4 = 8(\text{V})$$

(3) 把电压源和电流源单独作用时所求出的电压值进行叠加。

$$U_2 = U_2' + U_2'' = 4 + 8 = 12(\text{V})$$

4. 方法总结与归纳

通过以上两例，总结与归纳叠加定理解题过程如下。

(1) 把原电路按每次仅有一个电源单独作用的方式分别画出，并在图上标出待求量及参考方向。当其中一个电源单独作用时，应将其他电源置零。电源置零的原则是：电压源短路，电流源开路，其他元件的连接方式保持不变。

(2) 分别求解每个电源单独作用时待求量的值。

(3) 把每个电源单独作用时所求出的待求量的值进行叠加。叠加时，必须认清各个电源单独作用时，在各条支路上所产生的电流、电压的分量是否与各支路上原电流、电压的参考方向一致。一致时，各分量取"+"，反之取"−"。叠加值应为代数和。

5. 巩固提高

下面利用叠加定理分析图 2-5-1 所示电路中 R_2 和 R_4 两个电阻元件上的电压。

【例 2-5-3】 电路如图 2-5-1 所示，已知 $R_1 = R_2 = R_4 = 4\Omega$，$R_3 = 2\Omega$，$I_s = 1\text{A}$，$U_s = 10\text{V}$。求 R_2 和 R_4 两个电阻元件上的电压。

【解】 通过本例，巩固叠加定理的应用。

(1) 把电路按每次仅有一个电压源和仅有一个电流源单独作用的方式分别画出，并在图上标出待求量及参考方向。

① 保留 10V 电压源，去除电流源（把理想电流源 I_s 开路），得到如图 2-5-8 所示的电路。

② 保留 1A 电流源，去除电压源（把理想电压源 U_s 短路），得到如图 2-5-9 所示的电路。

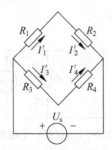
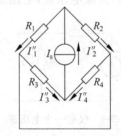

图 2-5-8　仅有一个电压源　　　图 2-5-9　仅有一个电流源

(2) 分别求解电压源和电流源单独作用时的电压值。

① 10V 电压源单独作用时（图 2-5-8），有

$$I_2' = \frac{10}{4+4} = \frac{5}{4}(\text{A}), \quad U_2' = I_2' R_2 = \frac{5}{4} \times 4 = 5(\text{V})$$

$$I_4' = \frac{10}{2+4} = \frac{5}{3}(\text{A}), \quad U_4' = I_4' R_4 = \frac{5}{3} \times 4 \approx 6.67(\text{V})$$

② 1A 电流源单独作用时（图 2-5-9），有

$$I_2'' = 1 \times \frac{4}{4+4} = 0.5(\text{A}), \quad U_2'' = I_2'' R_2 = 0.5 \times 4 = 2(\text{V})$$

> 此处给出了叠加定理在直流电路中的应用。实际上，叠加定理同样适用于线性元件构成的交流电路。

$$I''_4 = 1 \times \frac{2}{2+4} = \frac{1}{3}(A), \quad U''_4 = I''_4 R_4 = \frac{1}{3} \times 4 \approx 1.33(V)$$

(3) 把电压源和电流源单独作用时所求出的电压值进行叠加。

$$U_2 = U'_2 + U''_2 = 5 + 2 = 7(V)$$
$$U_4 = U'_4 - U''_4 = 6.67 - 1.33 = 5.34(V)$$

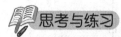

2.5.1 叠加定理的解题步骤是怎样的？叠加适用于哪种电路哪些参数的计算？

2.5.2 判断以下说法是否正确。
(1) 叠加定理适用于任何电阻组成的电路中。
(2) 叠加定理适用于线性元件组成的电路中电压和电流的计算。
(3) 叠加定理只适用于线性电路中电压、电流的计算。
(4) 叠加定理可用于线性电路中电压、电流、功率等参数的计算。

2.5.3 应用叠加定理去源时，理想电压源和理想电流源分别如何处理？

2.6 戴维宁定理

- 熟悉戴维宁定理的解题步骤，掌握戴维宁定理的解题方法。
- 会使用戴维宁定理确定电路中某一支路的电量参数（电压、电流、功率等）。
- 能通过测量或计算的方式，把未知的含源二端网络等效为一个实际的电压源。

前面学习的几种电路分析方法，都是求解电路中的多个参数。在一个复杂电路中，如果仅需要知道电路中某一个元件的电压、电流或功率，戴维宁定理是最有效的分析计算方法。戴维宁定理学起来有点难，学会了却十分好用。

2.6.1 方法探索

若电话机的声音异常，表明电话电路出现故障。这时，作为维修人员，需要判断是蜂鸣器故障，还是电路的其他部分出现异常。在电路学习中，通常会碰到求取一个复杂电路中某一电路元件参数（电压、电流、功率）的问题，例如求取图 2-6-1 所示电路中通过电阻 R_5 的支路的电流 I，这时采用前面学习过的支路法、叠加定理法、结点电压法都显得比较烦琐。

对此，法国电报工程师戴维宁 1883 年提出了如下解决思路：电阻 R_5 与电路其他部分由两根导线连接；对 R_5 而言，电路的其余部分是一个含有电源的二端网络，这个含源二端网络通过电源等效变换，等效为一个理想电压源与内阻的串联。只要电路的其余部分可以等效成为一个理想电压源与内阻串联的形式，图 2-6-1 所示电路就可变为如图 2-6-2 右图所示,再求解 R_5 支路的电路参数就会非常容易。

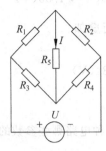 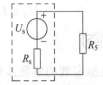

图 2-6-1　电路图　　　　图 2-6-2　戴维宁与戴维宁等效电路

2.6.2　戴维宁定理及其应用

1. 预备知识

（1）二端网络：对于一个任意复杂的电路,当与外电路连接处有且仅有两个接线端,称为二端网络。图 2-6-3 和图 2-6-4 所示是一些典型的二端网络。

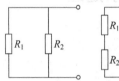

图 2-6-3　无源二端网络

 电工故事会：戴维宁的思索

人生病就会去看医生。绝大多数情况下,病人只是身体某一部分不适。作为医生,应该使用相关设备检查并确定病因,如图 A 所示。然后对症下药,而不应漫无目的地全面检查,过度医疗。

电气设备也是一样,用久了就会出故障。绝大多数情况下,设备故障仅仅是某一部分出现问题,甚至是电路接触不良造成设备不能正常工作。作为维修人员,需要通过一系列的检查手段确定故障点,如图 B 所示。故障点确定了,问题就好解决了。

在电路分析的方法中,戴维宁定理与其他方法不同,不是关注电路的所有参数,而仅仅关注电路中某一元件上的电压、电流、功率是否正常。当我们需要判断电路中某一部分的状态时,戴维宁定理就是解决问题最好的方法了。

图 A　医生听诊判断病情　　　　图 B　检查设备故障

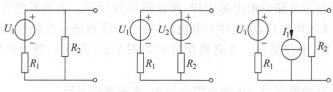

图 2-6-4　含源二端网络

(2) 无源二端网络：指不含任何电源的二端网络。图 2-6-3 所示是一些无源二端网络。

(3) 含源二端网络：指至少含有一个电源的二端网络。图 2-6-4 所示是一些含源二端网络。

2. 戴维宁定理

任何含有电源的二端线性电阻网络，都可以用一个理想电压源 U_s 与一个等效电阻 R_s 串联组成。其中，电压源的等效电压 U_s 等于原二端网络的开路电压，等效内阻 R_s 等于原二端网络电源移去后的等效电阻。

3. 戴维宁定理解题步骤

使用戴维宁定理求解电路问题，正确的步骤十分重要。下面通过求解图 2-6-5 所示电路中 R_3 支路的电流，说明戴维宁定理的解题步骤和解题方法。

【**例 2-6-1**】　在图 2-6-5 所示的电路中，已知 $R_1=R_2=3\Omega$，$R_3=6\Omega$，$U_{s1}=30V$，$U_{s2}=15V$。试用戴维宁定理求解电阻 R_3 上流过的电流。

【**解**】　通过本例，学习戴维宁定理的基本应用。

(1) 把待求支路 R_3 从原电路中移开。

这时，原电路变为如图 2-6-6(a) 所示，在电路的开端处标记 a 和 b。从 a、b 端看进去，电路的其余部分就是一个含源二端网络。

根据戴维宁定理，这个含源二端网络可以等效为如图 2-6-6(b) 所示的电路。

在图 2-6-6(b) 中，a、b 两端的电压 U_{ab} 就是含源二端网络的开路电压 U_s，从 a、b 两端看进去的等效电阻 R_{ab} 就是去源二端网络的等效电阻 R_s。

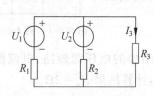

图 2-6-5　例 2-6-1 电路图

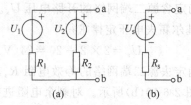

图 2-6-6　图 2-6-5 的等效电路图

(2) 确定含源二端网络的开路电压 U_s。

计算或测量含源二端网络的开路电压 U_s 是戴维宁定理使用中的一个难点。计算时，可以采用支路电流法、电源等效变换、叠加定理等方法。本例中，开路电压的计算结果是 $U_s=22.5V$。如果计算结果大于零，则电源电压的方向与参考方向一致。

(3) 确定去源二端网络的等效电阻 R_s。

计算或测量电源等效内阻 R_s 是戴维宁定理应用中的又一个难点，具体做法如下。

把图 2-6-6(a)所示电路中的电源去掉,再进行等效计算。去电源的方法是:电压源短路,电流源开路。去掉电源后,电路中只剩电阻,这个时候再进行电路的简化和等效就变成电阻串、并联的计算,十分简单。电路简化过程如图 2-6-7 所示。等效内阻的计算结果是 $R_s = 1.5\Omega$。

(4) 把待求支路放回戴维宁等效电源电路中,求解所需参数。

电路如图 2-6-8 所示,这时发现,电路是如此简单。本例中,
$$U_s = 22.5\text{V}$$
$$R_s = 1.5\Omega, \quad R_3 = 6\Omega$$
$$I_3 = \frac{22.5}{1.5+6} = 3(\text{A})$$

从本例可以看出,应用戴维宁定理求解复杂电路中某一支路电流的方法并不难。关键是按照一定的步骤,仔细完成每一部分内容,最后的结果就是水到渠成的事情。

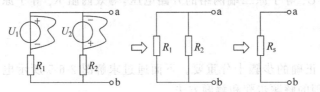

图 2-6-7 电路简化过程

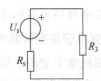

图 2-6-8 戴维宁定理等效电路图

4. 边学边练

下面再通过一个例题巩固戴维宁定理的学习。

【例 2-6-2】 如图 2-6-9 所示的电路,求解 $R = 4\Omega$ 电阻中的电流 I。

【解】 通过本例,加深理解戴维宁定理的应用。

按照刚才的步骤,解题过程如下。

(1) 把 $R = 4\Omega$ 的支路从原电路中移开,电路变为如图 2-6-10(a)所示。

(2) 确定含源二端网络的开路电压 U_s。a、b 端的开路电压可以通过基尔霍夫电压定律求得
$$U_s = 2 \times 2 + 20 = 24(\text{V})$$

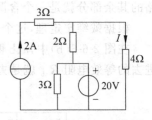

图 2-6-9 例 2-6-2 电路图

(3) 确定去源二端网络的等效电阻 R_s。把二端网络中的电压源短路,电流源开路,电路变为如图 2-6-10(b)所示。对剩余电阻进行等效化简,计算结果 $R_s = 2\Omega$。

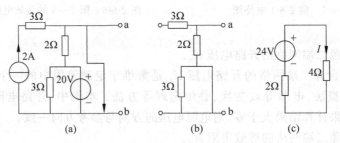

图 2-6-10 利用戴维宁定理等效化简电路

本例中,在求取等效内阻时有两个特殊现象需要注意。
① 电流源开路后,与电流源串联的 3Ω 电阻不再对电路有影响。
② 电压源短路后,与电压源并联的 3Ω 电阻不再对电路有影响。
(4) 把 4Ω 电阻放回等效后的电路中,求解电流。电路如图 2-6-10(c)所示,这时的电路非常简单。本例中,

$$U_s = 24V$$
$$R_s = 2\Omega, \quad R = 4\Omega$$
$$I = \frac{24}{2+4} = 4(A)$$

只要理解了戴维宁定理的解题思路,掌握其解题步骤,应用起来就会非常方便。

5. 方法总结与归纳

通过以上两例,总结与归纳戴维宁定理解题过程如下。
(1) 把待求支路从原电路中移开,电路剩余部分成为一个含源二端网络。
(2) 确定含源二端网络的开路电压 U_s。
(3) 确定去源二端网络的等效电阻 R_s。
① 把电路中的电压源短路,如遇有与电压源并联的其他元件,一并短路处理。
② 把电路中的电流源开路,如遇有与电流源串联的其他元件,一并开路处理。
(4) 把待求支路放回采用戴维宁定理等效后的电路中,求解所需参数。

6. 巩固提高

下面利用戴维宁定理分析图 2-6-1 所示电路中电阻 R_5 上流过的电流。

【例 2-6-3】 电路如图 2-6-1 所示,已知 $R_1 = R_2 = 8\Omega, R_4 = R_5 = 10\Omega, R_3 = 15\Omega, U = 10V$。求电阻 R_5 上流过的电流。

【解】 通过本例,巩固戴维宁定理的应用。

(1) 把 $R_5 = 10\Omega$ 的支路从原电路中移开,电路变为如图 2-6-11(a)所示。

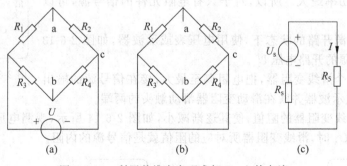

图 2-6-11 利用戴维宁定理求解 R_5 上的电流

(2) 确定含源二端网络的开路电压 U_{ab}。a、b 端的开路电压可以通过分压法和电位法求得。

设 c 点为零电位,则

$$U_{R2} = V_a - V_c$$

$$\Rightarrow V_a = U \cdot \frac{R_2}{R_1+R_2} + V_c$$

$$= 10 \times \frac{8}{8+8} + 0$$

$$= 5(\text{V})$$

$$U_{R4} = V_b - V_c$$

$$\Rightarrow V_b = U \cdot \frac{R_4}{R_3+R_4} + V_c$$

$$= 10 \times \frac{10}{15+10} + 0$$

$$= 4(\text{V})$$

$$U_{ab} = V_a - V_b = 5 - 4 = 1(\text{V})$$

（3）确定去源二端网络的等效电阻 R_s。把二端网络中的电压源短路，电路变为如图 2-6-11(b)所示。在此电路中，R_1 与 R_2 并联，R_3 与 R_4 并联，其结果再串联。

$$R_s = R_1 // R_2 + R_3 // R_4 = \frac{8 \times 8}{8+8} + \frac{15 \times 10}{15+10} = 10(\Omega)$$

（4）把 R_5 电阻放回等效后的电路中，求解电流。电路如图 2-6-11(c)所示，这时的电路非常简单。

$$U_s = 1\text{V}$$

$$R_s = 10\Omega$$

$$I = \frac{1}{10+10} = 0.05(\text{A})$$

7. 应用案例

在实际工作中，常会碰到需要确定一个信号源的带负载能力，或者传输功率最大的问题。其实质是确定信号源的开路电压和等效内阻。根据高中物理的知识，对于如图 2-6-12 所示的电路，当电源内阻与外电路电阻相等时，电源的传输功率最大。所以，对于只有电阻元件的信号源，可以采用如下方法。

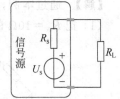

图 2-6-12 实际电路

（1）在信号源开路的状态下，使用电压表或示波器，如图 2-6-13 所示，测量信号源的开路电压 U_s。

（2）使用一个滑线变阻器，把电阻调至最大，接在信号源的输出端。把电压表或示波器并联在滑动变阻器滑动触头的两端。

（3）调节滑线变阻器的阻值，使其逐渐减小，如图 2-6-14 所示，观测电压表的电压。当实测电压为 $0.5U_s$ 时，滑线变阻器所对应的阻值就是信号源的内阻。

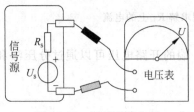

图 2-6-13 测量开路电压

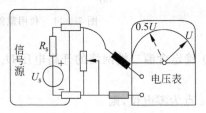

图 2-6-14 测量信号源内阻

在选择滑线变阻器时，要考虑它的功率和阻值，以防止在使用过程中发热损坏。

尽管戴维宁定理是在直流电源和电阻的条件下提出的，实际上，只要是线性元件构成的电路，对于交流电路，戴维宁定理同样适用。

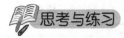

2.6.1 戴维宁定理最适用于求解何种电路的参数？

2.6.2 判断以下说法是否正确。

(1) 任何一个线性有源二端网络，都可以用一个实际电压源来代替。

(2) 戴维宁等效电路的电源电压在数值上等于线性有源二端网络的开路电压。

(3) 求解戴维宁等效电路的内阻时，需要把原电路中的电流源和电压源都开路。

(4) 求解戴维宁等效电路的内阻时，需要把原电路中的电流源和电压源都短路。

(5) 求解戴维宁等效电路的内阻时，需要把原电路中的电流源短路、电压源开路。

(6) 求解戴维宁等效电路的内阻时，需要把原电路中的电压源短路、电流源开路。

2.6.3 戴维宁定理的解题步骤是怎样的？

细语润心田：尊重科学，有效学习

组成一个电路的元件无外乎电压源、电流源、电阻、电容和电感，每个元件各有其特定的功能和作用。

在电路课程的学习中，电源等效变换、支路电流法、叠加定理和戴维宁定理等都能解决电路中的实际问题，但又各有所长，各有适用场合。

电源等效变换：适合电源较少，电路结构简单，仅需求解某一支路参数。

支路电流法：适合任何电流参数求解，当电路复杂时求解烦琐。

叠加定理：适合电源较少，求解电路参数较少的电路。

戴维宁定理：适合电路复杂，仅需求解某一支路参数的问题。

实际上，各行各业都有其发展规律，各种技术都有其运作方法。

在知识学习中，只有尊重科学，学会方法，才能有效学习，为未来的职业生涯奠定良好的基础；在实际工作中，只有掌握方法，才能在面对各种问题时选择合适的方案高效解决问题，才能做到一通百达，适应未来的岗位迁移，实现个人的可持续发展。

尊重科学，有效学习

本 章 小 结

1. 电阻的联结与等效

(1) 电阻的串联和并联

项目	串 联	并 联
电路图	$R_1, I_1, R_2, I_2, \ldots, R_n, I_n$；$+U_1-, +U_2-, \ldots, +U_n-$；$U$ → U, R	$I; I_1, I_2, \ldots, I_n$；$R_1 \downarrow U_1, R_2 \downarrow U_2, R_n \downarrow U_n$ → U, R

续表

项目	串联	并联
电阻	$R=R_1+R_2+\cdots+R_n$	$\frac{1}{R}=\frac{1}{R_1}+\frac{1}{R_2}+\cdots+\frac{1}{R_n}$
电流	$I=I_1=I_2=\cdots=I_n$	$I=I_1+I_2+\cdots+I_n$
电压	$U=U_1+U_2+\cdots+U_n$	$U=U_1=U_2=\cdots=U_n$
功率	$P=P_1+P_2+\cdots+P_n$	$P=P_1+P_2+\cdots+P_n$

（2）电阻Y联结与△联结的等效变换

Y联结		△联结	
Y→△	$R_{12}=\frac{R_1R_2+R_2R_3+R_3R_1}{R_3}$ $R_{23}=\frac{R_1R_2+R_2R_3+R_3R_1}{R_1}$ $R_{31}=\frac{R_1R_2+R_2R_3+R_3R_1}{R_2}$	△→Y	$R_1=\frac{R_{12}R_{31}}{R_{12}+R_{23}+R_{31}}$ $R_2=\frac{R_{23}R_{12}}{R_{12}+R_{23}+R_{31}}$ $R_3=\frac{R_{31}R_{23}}{R_{12}+R_{23}+R_{31}}$
	$R_{\triangle}=\frac{\text{Y联结中两两电阻的乘积之和}}{\text{Y联结中对面的电阻}}$		$R_{Y}=\frac{\text{△联结中相邻两个电阻的乘积}}{\text{△联结中电阻之和}}$

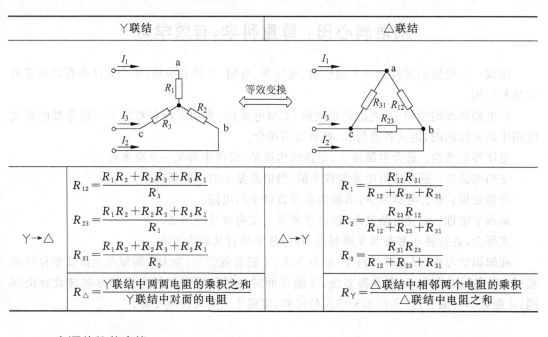

2．电源的等效变换

电压源等效为电流源	电流源等效为电压源
$I_s=\frac{U_s}{R_s}$	$U_s=I_sR_s$

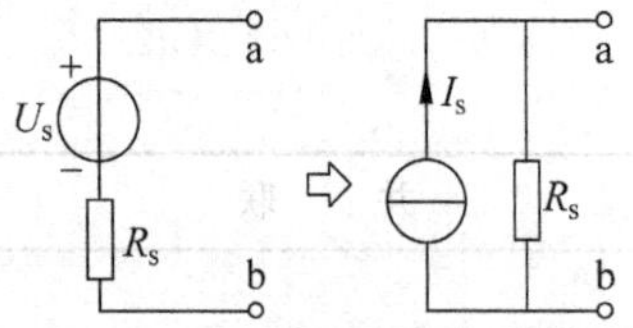

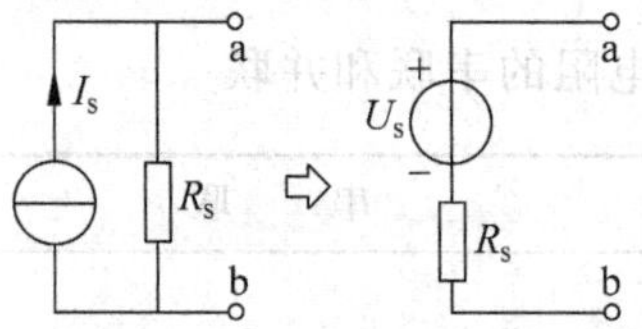

说明：

（1）电压源和电流源的等效关系仅对外电路有效，对电源内部不等效。

（2）两种实际电源等效变换时，电压源和电流源的参考方向要一一对应，即电压源的正极对应于电流源的电流输出端。

3. 各种电路的分析方法

分析方法	核 心 思 想	解 题 要 点
支路电流法	以支路电流为未知量,根据基尔霍夫定律列写电路方程的一种电路求解方法	(1) 列写独立的结点电流方程 (2) 列写独立的回路电压方程 * 适合支路数较少的复杂电路
结点电位法	以结点电位为未知量,用结点电位表示各支路电流,应用 KCL 列出独立结点电流方程的一种电路求解方法	(1) 列出结点电压方程 (2) 用结点电位表示各支路电流 (3) 列写独立结点的 KCL 方程 * 适合结点数较少的复杂电路
叠加定理	在多个电源同时作用的线性电路中,某元件上的电压(电流)等于每个电源单独作用所产生的电压(电流)的代数和	(1) 不起作用的电压源可视为短路 (2) 不起作用的电流源可视为开路 * 适合电源数较少的复杂电路
戴维宁定理	任何含有电源的二端线性电阻网络,都可以用一个理想电压源 U_s 与一个等效电阻 R_s 串联组成	(1) 计算开路电压 (2) 计算等效内阻 * 适合仅计算复杂电路中某一元件的电路参数

实验 2-1 叠 加 定 理

1. 实验目的

(1) 验证叠加定理的正确性及其适用范围,加深对线性电路叠加性的认识和理解。
(2) 掌握常用电工测量仪器、仪表的使用方法。

2. 实验原理

在线性电路中,有多个电源同时作用时,任一支路的电流或电压都是电路中每个独立电源单独作用时在该支路中所产生的电流或电压的代数和。

"每个电源单独作用"是指每次仅保留一个独立电源,其他电源置零。具体方法为把理想电压源短路、理想电流源开路。

3. 实验电路图(实验图 2-1-1)

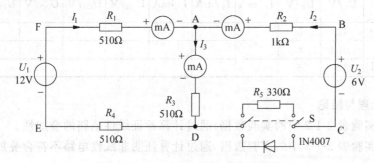

实验图 2-1-1 叠加定理实验电路图

4. 实验设备与仪器(实验表2-1-1)

实验表 2-1-1　实验设备与仪器

序号	设备与仪器	数量
1	直流稳压电源	2
2	直流电压表	1
3	直流毫安表	3
4	万用表	1
5	实验电路板	1

5. 实验步骤

1)数据测量

(1)线性电阻电路的测量。

实验步骤如下。

① 调节电源电压,使 $U_1=12\mathrm{V}$, $U_2=6\mathrm{V}$,按实验图 2-1-1 连接实验电路。

② 电源 U_1 单独作用,电源 U_2 移去(BC 短接),用毫安表和电压表分别测量各支路电流及各电阻元件两端电压,将数据记入实验表 2-1-2。

③ U_2 单独作用,电源 U_1 移去(EF 短接),重复步骤②的测量,将数据记入实验表 2-1-2。

④ U_1 和 U_2 共同作用,重复上述测量,将数据记入实验表 2-1-2。

实验表 2-1-2　叠加定理实验数据(线性电阻电路)

测量项目 实验内容	U_1/V	U_2/V	I_1/mA	I_2/mA	I_3/mA	U_{AB}/V	U_{CD}/V	U_{AD}/V	U_{DE}/V	U_{FA}/V
U_1 单独作用	12	0								
U_2 单独作用	0	6								
U_1、U_2 共同作用	12	6								

(2)非线性电阻电路的测量。

按实验图 2-1-1 接线,开关 S 投向二极管 1N4007 侧。二极管可看作一个非线性的电阻元件,重复上述步骤①~④的测量过程,将数据记入实验表 2-1-3。

实验表 2-1-3　叠加定理实验数据(非线性电阻电路)

测量项目 实验内容	U_1/V	U_2/V	I_1/mA	I_2/mA	I_3/mA	U_{AB}/V	U_{CD}/V	U_{AD}/V	U_{DE}/V	U_{FA}/V
U_1 单独作用	12	0								
U_2 单独作用	0	6								
U_1、U_2 共同作用	12	6								

2)数据处理与结论

(1)根据实验表 2-1-2 中的实验数据,通过计算验证线性电路的叠加性。

(2)根据实验表 2-1-3 中的实验数据,通过计算证明非线性电路不符合叠加性。

6. 实验报告（参考格式与内容）

姓名		专业班级		学号	
实验地点			实验时间		
1. 实验目的					
2. 实验原理					
3. 实验电路图					
4. 实验设备与仪器					
5. 数据测量					
6. 数据处理					
7. 实验结论					
8. 体会与收获					
9. 教师评阅		实验得分：			
					年　月　日

7. 实验准备和预习

(1) 注意事项

① 所有测量电压值均以电压表测量的读数为准，U_1、U_2 也需测量。

② 防止稳压电源两个输出端触碰造成短路。

③ 用指针式电压表或电流表测量电压或电流时，指针正偏才可读得电压或电流值。如果仪表指针反偏，则必须调换仪表极性，重新测量。若用数显电压表或电流表测量，则可直接读出电压或电流值。但应注意：所读得的电压或电流值的正、负号应根据设定的电流参考方向来判断。

④ 仪表的量程应及时更换。

(2) 预习与思考

① 根据实验图 2-1-1 电路参数，估算待测电流、电压值，据此选定毫安表和电压表的量程。

② 实验中，若用指针式万用表直流毫安挡测各支路电流，出现指针反偏应如何处理？在记录数据时应注意什么？若用直流数字毫安表进行测量时会有什么显示？

③ 实验电路中，若有一个电阻器改为二极管，叠加定理还成立吗？为什么？

8. 其他说明

实验数据与理论计算数据之间有一定误差。本实验中，产生误差的原因主要有以下三方面。

(1) 电阻标称值与实际测量值有一定的误差。

(2) 导线连接不紧密产生的接触误差。

(3) 仪表的基本误差。

习　题　2

2-1　在习题 2-1 图所示电路中，电流 I 为 1mA。求电压源 U_s 的值，并计算 1.5kΩ 电阻上消耗的功率。

2-2 在习题 2-2 图所示电路中,电源电压为 24V,电阻 $R_1=210\Omega$,相对于公共参考点的 3 个电位分别是 $V_1=12\text{V}$、$V_2=5\text{V}$、$V_3=-12\text{V}$。试确定 R_2 和 R_3 的阻值。

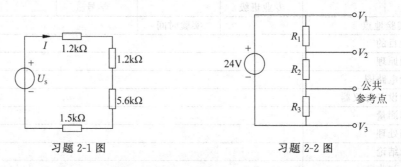

习题 2-1 图　　　　　　习题 2-2 图

2-3 在习题 2-3 图所示电路中,用 MF47 型指针万用表测量电压,已知该万用表直流电压挡的内阻为 $20\text{k}\Omega/\text{V}$。若用直流 10V 挡测量电阻 R_2 两端的电压,读数是多少?电阻 R_2 两端的理论电压为多少?测量电压的误差百分数是多少?(提示:误差=(测量值－理论值)/理论值×100%)

2-4 将习题 2-4 图(a)所示的电路等效变换为习题 2-4 图(b),已知 $R_1=4\Omega$,$R_2=8\Omega$,$R_3=12\Omega$,$R_4=2\Omega$。试求 R_a、R_b 和 R_c。

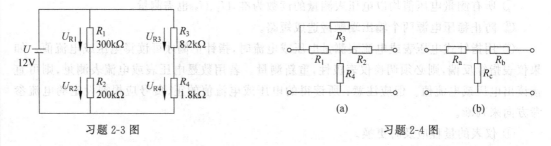

习题 2-3 图　　　　　　习题 2-4 图

2-5 将习题 2-5 图所示电路化简为等值电流源电路。
2-6 在习题 2-6 图所示电路中,已知 $I_{s1}=3\text{A}$,$R_1=R_2=5\Omega$,$U_{s2}=10\text{V}$。求电流 I。

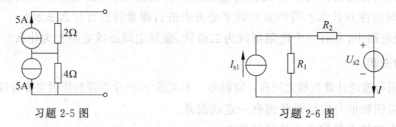

习题 2-5 图　　　　　　习题 2-6 图

2-7 将习题 2-7 图所示电路化简为一个实际电流源模型。
2-8 用支路电流法求习题 2-8 图所示电路中各支路的电流。
2-9 用支路电流法求习题 2-9 图所示电路中各支路的电流。
2-10 习题 2-10 图所示电路是两台发电机并联运行的电路。已知 $U_1=230\text{V}$,$R_1=0.5\Omega$,$U_2=226\text{V}$,$R_2=0.3\Omega$,负载电阻 $R_L=5.5\Omega$。试求:(1)画出等效电路;(2)用支路电流法求各支路电流。

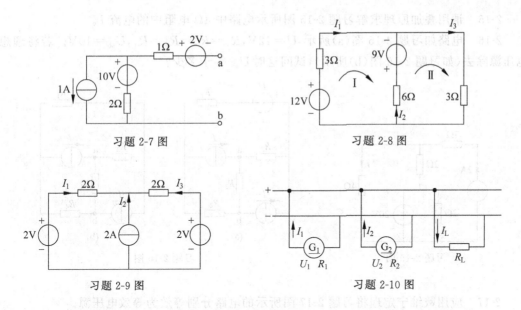

习题 2-7 图　　习题 2-8 图

习题 2-9 图　　习题 2-10 图

2-11　用结点电位法求习题 2-11 图所示电路中两个电压源中的电流 I_1 和 I_2。

2-12　用结点电位法求习题 2-12 图所示电路中各支路的电流。

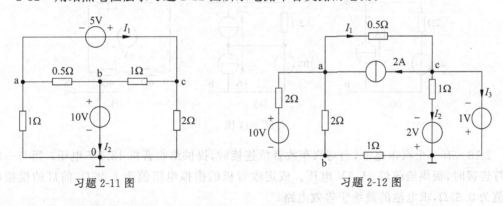

习题 2-11 图　　习题 2-12 图

2-13　习题 2-13 图所示电路是两台发电机并联运行的电路。已知 $U_1=230\text{V}$，$R_1=0.5\Omega$，$U_2=226\text{V}$，$R_2=0.3\Omega$，负载电阻 $R_L=5.5\Omega$。试求：(1) 画出等效电路；(2) 用结点电位法求各支路电流。

2-14　用叠加定理求习题 2-14 图所示电路中的电流 I_1、I_2，电流源两端的电压 U，以及 6Ω 电阻消耗的功率 P。

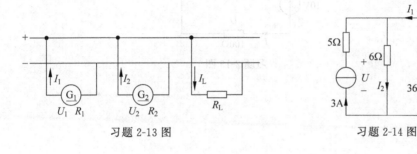

习题 2-13 图　　习题 2-14 图

2-15 请用叠加原理求解习题 2-15 图所示电路中 4Ω 电阻中的电流 I。

2-16 电路如习题 2-16 图(a)所示，$U=12\text{V}$，$R_1=R_2=R_3=R_4$，$U_{ab}=10\text{V}$。若将理想电压源除去(如习题 2-16 图(b)所示)，试问这时 U_{ab} 等于多少？

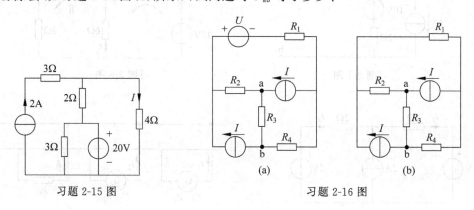

习题 2-15 图　　　　习题 2-16 图

2-17 应用戴维宁定理将习题 2-17 图所示的电路分别等效为等效电压源。

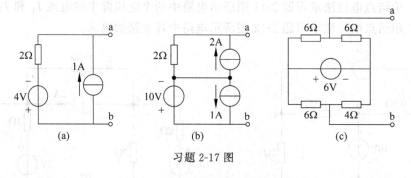

习题 2-17 图

2-18 有一个汽车电池，当与汽车收音机连接时，提供给收音机 12.5V 电压；当与一组前灯连接时，提供给前灯 11.7V 电压。假定收音机的模拟电阻值为 6.25Ω，前灯的模拟电阻值为 0.65Ω，求电池的戴维宁等效电路。

2-19 应用戴维宁定理求习题 2-19 图所示电路中的电流 I。

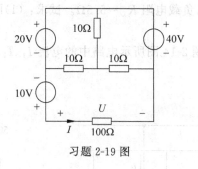

习题 2-19 图

第3章

单相正弦交流电路

在实际工作和生活中,我们遇到的电气设备绝大多数使用的是正弦交流电,如各类家用电器和工业场合的机床、水泵等。本章主要讨论正弦交流电的产生和表示方法,交流电路中电路元件的电压—电流关系、阻抗的联结、电路的功率和功率因数等。

3.1 正弦交流电的三要素和表示方法

- 熟悉正弦交流电的三要素:幅值、角频率、初相位。
- 熟悉正弦交流电的波形图,能在波形图上定性标出正弦交流电的三要素。
- 掌握正弦交流电的相量表示法,能用相量法进行正弦交流电的基本运算。

交流电比直流电复杂,其用途也远比直流电广泛。从事与电气相关的工作,应该具备交流电的基本知识。正弦交流电的基本特征是其幅值、角频率和初相位。

交流电有多种表示方法,每种表示方法有其特殊的用途。三角函数表示法在高中阶段已经熟悉,它能直观体现正弦量的三要素。相量表示法是本节的主要内容,相量的表现形式分为复数、相量图和极坐标表示法。复数形式适合正弦量的和差运算;相量图形式便于观察多个正弦量的相对关系、进行正弦量的和差估算;极坐标形式适合正弦量的积商运算。

为了学好并应用交流电,我们从学习正弦量的相量表示法开始。

预备知识：复数

正弦交流电的三要素

3.1.1 正弦交流电的三要素

按正弦规律变化的电压或电流称为正弦交流电，典型的正弦交流电表示为

$$\left.\begin{array}{l}i=I_\mathrm{m}\sin(\omega t+\varphi_\mathrm{i})\\u=U_\mathrm{m}\sin(\omega t+\varphi_\mathrm{u})\end{array}\right\} \quad (3\text{-}1\text{-}1)$$

式(3-1-1)中，前者表示正弦交流电流的瞬时值，后者表示正弦交流电压的瞬时值。

从以上两个表达式可以看到，正弦量的特征表现在变化幅度的大小、快慢及初始值三个方面，如图 3-1-1 所示，这些特征量是正弦交流电的三要素，即幅值、角频率和初相位。下面将分别讨论三要素的物理意义和表示方法。

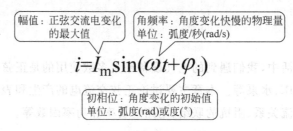

图 3-1-1　正弦交流电的三要素

1. 幅值（有效值）

幅值是正弦交流电变化的最大值，也是瞬时值中的最大值，常用带下标 m 的大写字母来表示，如 I_m、U_m、E_m 等。

正弦交流电用瞬时值和幅值表示在计算的时候都不是很方便。为了计算方便，通常用有效值来表示。

 电工故事会：驴拉磨与交流电

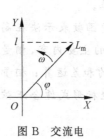

图 A　驴拉磨

图 B　交流电

大家都知道驴拉磨。为了防止驴拉磨转圈产生头晕，在拉磨之前给驴蒙上眼睛，如图 A 所示。

我们以磨盘中心为基点、X 轴向东、Y 轴向北建立坐标系。设拉杆的长度为 L_m，拉杆的起始位置和 X 轴的夹角为 φ，此时，拉杆的顶点在 Y 轴的投影为

$$l=L_\mathrm{m}\sin\varphi$$

如果拉杆以 ω 为角速度作逆时针旋转，则任意时刻拉杆与 X 轴的动态夹角为 $(\omega t+\varphi)$，任意时刻拉杆的顶点在 Y 轴上的动态投影为

$$l=L_\mathrm{m}\sin(\omega t+\varphi)$$

交流发电机的工作原理和驴拉磨有类似之处(图 B)。如果以电压 U_m 代替拉杆的长度，就可得到交流电压的瞬时值表达式如下：

$$u=U_\mathrm{m}\sin(\omega t+\varphi)$$

式中：正弦量的幅值 U_m、角速度 ω、初相位 φ 是描述正弦量必不可少的三要素。

有效值和幅值之间是按照在一个周期内产生的热量相等来等效的。在图 3-1-2 中,如果正弦交流电流 i 通过电阻 R 在一个周期内产生的热量,与相同时间内直流电流 I 通过电阻 R 产生的热量相等,那么这个周期性变化的电流 i 的有效值在数值上就等于直流 I。

图 3-1-2 有效值的含义

在一个周期的时间内,交流电流产生的热量与直流电流产生的热量相对应的表达式为

$$\int_0^T Ri^2 \mathrm{d}t = RI^2 T$$

即

$$I = \sqrt{\frac{1}{T}\int_0^T i^2 \mathrm{d}t}$$

上式适用于任何周期性的变化量,但不能用于非周期量。对于正弦量,其计算结果为

$$\begin{aligned} I &= \sqrt{\frac{1}{T}\int_0^T [I_\mathrm{m}\sin(\omega t+\varphi)]^2 \mathrm{d}t} \\ &= \sqrt{\frac{1}{T}\int_0^T \frac{1}{2}I_\mathrm{m}^2[1-\cos 2(\omega t+\varphi)]\mathrm{d}t} \\ &= \frac{\sqrt{2}}{2}I_\mathrm{m} \end{aligned} \quad (3\text{-}1\text{-}2)$$

同理,正弦交流电压的幅值与有效值之间的关系也是如此。表 3-1-1 列出了电流、电压的瞬时值、幅值和有效值之间的关系。

表 3-1-1 正弦交流电量的瞬时值、幅值、有效值之间的关系

瞬 时 值	幅 值	有 效 值
$i = I_\mathrm{m}\sin(\omega t+\varphi_i)$	I_m	$I = \frac{\sqrt{2}}{2}I_\mathrm{m} = 0.707 I_\mathrm{m}$
$u = U_\mathrm{m}\sin(\omega t+\varphi_u)$	U_m	$U = \frac{\sqrt{2}}{2}U_\mathrm{m} = 0.707 U_\mathrm{m}$

注:交流电的大小通常是指有效值,如家用空调电压 220V、工厂的电动机电压 380V、电流 5A 等指的都是有效值。
交流电压表和电流表的读数一般也是有效值,但是一些电器元件的耐压值指的是该元件能够承受的最大值。这一点在实际工作中要特别注意,使用不当会造成元件损坏。

【例 3-1-1】 有一个耐压值为 250V 的电容器,能否在交流电压为 220V 的电路中正常使用?

【解】 交流电压的有效值是 220V,其最大值为

$$U_\mathrm{m} = \sqrt{2}U = 1.414 \times 220 = 311 (\mathrm{V})$$

这个电压超过了电容器 250V 的耐压值,所以该电容用于 220V 的交流电路中会由于过电压而损坏。

2. 角频率(周期、频率)

角频率、周期和频率都是表征正弦量变化快慢的量,它们之间的关系如表 3-1-2 所示。

表 3-1-2　正弦交流电量的角频率、周期、频率之间的关系

角频率(ω)	周期(T)	频率(f)
定义：角频率ω是指正弦量每秒变化的角度 单位：弧度/秒(rad/s)	定义：周期T是指正弦量每变化一周所需的时间 单位：秒(s)	定义：频率f是指正弦量每秒变化的次数 单位：赫兹(Hz)
频率与周期之间的关系为 $T=\dfrac{1}{f}$		
正弦交流电每秒变化f次，每变化一周是2π弧度，所以每秒旋转的角度是为$\omega=2\pi f$		
角频率、周期、频率三者之间的关系为 $\omega=2\pi f=\dfrac{2\pi}{T}$		

我国工业用电的频率是50Hz，即每秒变化50次，它的周期是0.02s，每秒变化的角速度是

$$\omega=2\pi f=2\times 3.14\times 50=314(\text{rad/s})$$

3. 初相位

在图3-1-3中有两个相量，同时开始沿圆点逆时针方向以相同的角速度ω旋转，一个大小为U_m，起始角度为φ_u，在纵坐标上的投影为

$$u=U_m\sin(\omega t+\varphi_u)$$

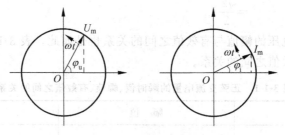

图 3-1-3　初相位示意图

另一个大小为I_m，起始角度为φ_i，在纵坐标上的投影为

$$i=I_m\sin(\omega t+\varphi_i)$$

仔细观察会发现，这两个正弦量的旋转起点不同，它们与横坐标的夹角就不同。这个夹角就是正弦量的初相位。此外，只要这两个正弦量的旋转速度和转向相同，它们之间的角度差就会一直保持不变。为计算和测量方便，初相位的取值范围规定为$[-\pi,\pi]$。两个正弦交流电之间的角度差称为相位差，表3-1-3列出了相位差之间的关系。

表 3-1-3　正弦交流电量的相位关系

初相位	相位差	相位关系
φ_u φ_i	$\varphi=\varphi_u-\varphi_i$	$\varphi>0,\varphi_u$超前φ_i $\varphi<0,\varphi_u$滞后φ_i $\varphi=0,\varphi_u$与φ_i同相位 $\varphi=\pi,\varphi_u$与φ_i反相位

上面较为详细地介绍了正弦交流电的三要素，可以说，只要能够体现其三要素，就可以表示正弦交流电。正是基于这一点，出现了正弦交流电的各种表示方法，每种表示方法都是

为了观察或计算的方便而设,每种表示方法都有其特定的优势。

3.1.2 正弦交流电的表示方法

1. 波形图表示法

图 3-1-4 所示是正弦交流电流 $i = I_m \sin(\omega t + \varphi)$ 的波形图,体现正弦量特征的是幅值、周期和初相位三个要素。图 3-1-5 所示是两个正弦交流电流的波形图。图中的两个正弦量周期(频率)相同,幅值和初相位不同。i_1 与 i_2 的相位差为 $\varphi = \varphi_1 - (-\varphi_2) = \varphi_1 + \varphi_2$。

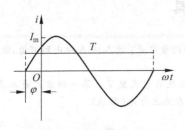

图 3-1-4 正弦量的三要素

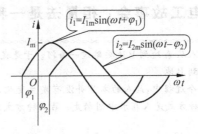

图 3-1-5 两个正弦量的运算

正弦交流电的表示方法(1)

正弦交流电的表示方法(2)

正弦交流电的三角函数表示法和波形图表示法的共同特点是可以很方便地体现出正弦量的三要素,同时非常方便地看到正弦量在一个周期的变化过程。

【例 3-1-2】 有两个正弦交流电流,$i_1 = I_{1m}\sin(\omega t + \varphi_1)$,$i_2 = I_{2m}\sin(\omega t - \varphi_2)$。试求两个电流之和 i 为多少?

【解】 本例尝试用三角函数和波形图叠加的方式求解两个电流之和。

方法 1:三角函数表示。

要计算交流电流 i 的值,实际上需要确定的是 i 的三要素,即幅值、角速度和初相位。根据和差化积的三角函数计算方法,确定 i 的三要素分别如下。

(1) 幅值:$I_m = \sqrt{(I_{1m}\cos\varphi_1 + I_{2m}\cos\varphi_2)^2 + (I_{1m}\sin\varphi_1 - I_{2m}\sin\varphi_2)^2}$

(2) 角速度:同频率(周期/角速度)的两个正弦量作和差运算时,其频率不变,仍为 ω

(3) 初相位:$\varphi = \tan^{-1}\left(\dfrac{I_{1m}\sin\varphi_1 - I_{2m}\sin\varphi_2}{I_{1m}\cos\varphi_1 + I_{2m}\cos\varphi_2}\right)$

把以上三要素代入可得

$$i = I_m \sin(\omega t + \varphi)$$

方法 2:波形图表示。

采用波形图表示的两个正弦量求和时,需要把同一时刻对应的两个点逐一求和,其结果如图 3-1-6 所示,结论与方法 1 相同。

从例 3-1-2 可以看出,在进行两个正弦交流电量的运算时,这两种表示方法都显得比较烦琐。如果不借助其他工具,有时甚至无法完成计算。为方便运算,需要寻求其他更为简便的表示方法。

上面的计算结果显示,两个正弦交流电量进行和差运算时,频率(周期/角速度)不发生变化。为了计算和比较方便,在表示几个同频率正弦交流电量时,往往

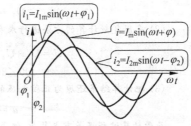

图 3-1-6 两个正弦量的运算

只表达出它的大小和方向,即幅值和初相位。

下面介绍的正弦交流电的复数、相量和极坐标表示法就是抽取了幅值和初相位来表示一个正弦交流电量,这些表示方法为后续的计算带来极大的方便。

2. 相量(复数)表示法

只有大小、没有方向的量称作标量,如质量、密度、温度、功、能量、路程、速率、体积、热量、电阻等。

 电工故事会:相量法是一种工具

一个人从A地到B地要路过一条河。于是我们看到的景象是:此人从A地走到河边,渡船,下船后继续走到B地。

在这个过程中,此人的本质并没有发生变化,但是看起来形式变了。第一种方式是人在地上行走;第二种方式是人在水中划船走;第三种方式又是人在地上行走(图A)。

图A 交通方式的变化

当一种交通方式不能完成一个行程时,就需要借助其他方式。

同样,在正弦交流电量的分析中,也需要借助便捷的工具进行计算。

正弦交流电压(电流)的原始表达式为 $u = U_m \sin\omega t$,但这种表达式在进行正弦交流电量的四则运算时非常麻烦,麻烦到普通人很难掌握、几乎无法使用的程度。

相量法是借助复数的计算方法,可以较方便地进行正弦电量的四则运算。相量法的应用过程和上面的行路过程类似,如图B所示。

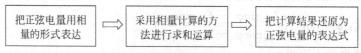

图B 相量法的应用过程

下面以 $u_1 = 80\sqrt{2}\sin\omega t$(V), $u_2 = 60\sqrt{2}\sin(\omega t + 90°)$(V)为例,通过计算 $u = u_1 + u_2$ 说明相量法的使用过程。

(1) 把正弦电压用相量的形式表达。

$$\dot{U}_1 = 80\angle 0°\text{V},\quad \dot{U}_2 = 60\angle 90°\text{V}$$

(2) 采用复数计算的方法进行求和运算。

$$\dot{U} = \dot{U}_1 + \dot{U}_2 = (80 + j0) + (0 + 60j) = 80 + 60j$$
$$= 100\angle 36.9°(\text{V})$$

(3) 把计算结果还原为正弦电压的表达式。

$$u = 100\sqrt{2}\sin(\omega t + 36.9°)(\text{V})$$

尽管计算过程还是有点复杂,但是至少能够计算了。

既有大小、又有方向的量在物理学中称作矢量,如力、速度、位移等。

把一个矢量在复平面上用一个复数表达出来,其目的是借助复数的运算法则进行计算。

如图 3-1-7 所示,矢量 $\dot{F}$ 是一个既有大小,又有方向的量,它的大小为 F,方向与正实轴的夹角为 φ。这样,就可以用一个复数来表示矢量 $\dot{F}$ 的大小和方向。

用复数表示矢量的方法有两种,即

(1) 在复平面上以一个有向线段来表示,如图 3-1-7 所示。

(2) 用复数的代数式来表示,如

$$\dot{F} = a + jb = F\cos\varphi + jF\sin\varphi$$

在高中数学中,已经接触过复数、复平面以及复数的运算。复数的和差运算非常方便。使用复数来表示矢量后,可以借助复数的运算法则进行两个矢量的计算。

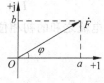

图 3-1-7 力的矢量表示

【例 3-1-3】 有两个矢量,$\dot{F}_1 = a_1 + jb_1$,$\dot{F}_2 = a_2 + jb_2$。试求这两个矢量的和与差。

【解】 通过本例,复习矢量加减计算的基本方法。

$$\dot{F} = \dot{F}_1 \pm \dot{F}_2 = (a_1 \pm a_2) + j(b_1 \pm b_2)$$

$$F = \sqrt{(a_1 \pm a_2)^2 + (b_1 \pm b_2)^2}$$

$$\varphi = \tan^{-1}\left(\frac{b_1 \pm b_2}{a_1 \pm a_2}\right)$$

正弦交流电路中的电压、电流是既有大小,又有方向的物理量。在电路中,用相量来表示它们。

正弦交流电流是一个相量,也可以用复数来表示。它的大小就是其幅值,它的方向就是初相位。例如,$i = I_m \sin(\omega t + \varphi)$ 的复数形式如图 3-1-8 中的有向线段 $\dot{I}_m$ 所示。

在实际运算中,由于电流和电压以有效值表示比较方便,所以在一般的资料中,$i = I_m \sin(\omega t + \varphi)$ 的相量形式常用其有效值的相量 $\dot{I} = a + jb = I(\cos\varphi + j\sin\varphi)$ 来表示。这样表示之后,我们再来看看如何进行两个正弦交流电量的和差运算。

【例 3-1-4】 已知 $i_1 = I_{1m}\sin(\omega t + \varphi_1)(A)$,$i_2 = I_{2m}\sin(\omega t + \varphi_2)(A)$,试求两个电流之和。

【解】 本例通过两个正弦量的定性运算,给出具有普适性的计算公式。

(1) 把两个正弦交流电量用复数的形式表示,如图 3-1-9 所示。

i_1 的复数形式为

$$\dot{I}_1 = I_1(\cos\varphi_1 + j\sin\varphi_1)(A)$$

i_2 的复数形式为

$$\dot{I}_2 = I_2(\cos\varphi_2 + j\sin\varphi_2)(A)$$

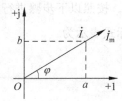

图 3-1-8 电流矢量表示

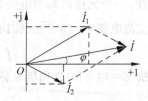

图 3-1-9 用复数表示的两个正弦交流电量

(2) 求两个复数之和。

$$\dot{I} = \dot{I}_1 + \dot{I}_2$$
$$= (I_1\cos\varphi_1 + jI_1\sin\varphi_1) + (I_2\cos\varphi_2 + jI_2\sin\varphi_2)$$
$$= (I_1\cos\varphi_1 + I_2\cos\varphi_2) + j(I_1\sin\varphi_1 + I_2\sin\varphi_2)$$

电流之和的幅值为

$$I = \sqrt{(I_1\cos\varphi_1 + I_2\cos\varphi_2)^2 + (I_1\sin\varphi_1 + I_2\sin\varphi_2)^2} \text{ (A)}$$

电流之和的初相位为

$$\varphi = \tan^{-1}\left(\frac{I_1\sin\varphi_1 + I_2\sin\varphi_2}{I_1\cos\varphi_1 + I_2\cos\varphi_2}\right)$$

(3) 计算出幅值与初相位后，还原为三角函数表示的正弦交流电量

$$i = I_m\sin(\omega t + \varphi) \text{ (A)}$$

这个例题说明，相量（复数）的运算符合平行四边形法则。尤其是当有多个正弦交流电量进行和差运算时，其优点尤其突出。

对于 n 个频率相同的正弦交流电流的求和运算，其电流之和的有效值为

$$I = \sqrt{(I_1\cos\varphi_1 + I_2\cos\varphi_2 + \cdots + I_n\cos\varphi_n)^2 + (I_1\sin\varphi_1 + I_2\sin\varphi_2 + \cdots + I_n\sin\varphi_n)^2} \text{ (A)}$$

电流之和的初相位为

$$\varphi = \tan^{-1}\left(\frac{I_1\sin\varphi_1 + I_2\sin\varphi_2 + \cdots + I_n\sin\varphi_n}{I_1\cos\varphi_1 + I_2\cos\varphi_2 + \cdots + I_n\cos\varphi_n}\right)$$

电流之和的瞬时值为

$$i = \sqrt{2}I\sin(\omega t + \varphi) \text{ (A)}$$

有兴趣的读者可尝试列出 n 个同频正弦交流电流的求差运算的计算公式。

提示：为了运算方便，正弦交流电量可以借助复数的形式来表示，但需要强调的是，正弦交流电量不是复数。

3. 极坐标表示法

正弦交流电量是相量，相量可以采用复数形式来表示，而一个复数又可以用极坐标的形式来表示。一个正弦交流电流 $i = \sqrt{2}I\sin(\omega t + \varphi)$，如采用极坐标表示，写为

$$\dot{I} = I\angle\varphi$$

式中：I 是交流电流的有效值；φ 是其初相位。极坐标表示法非常适合两个复数的积商运算。

两个复数求积运算的方法为：幅值相乘，幅角相加。

两个复数求商运算的方法为：幅值相除，幅角相减。

【例 3-1-5】 有一个电流 $i = 10\sqrt{2}\sin(314t + 30°)$ (A)，通过 $Z = (4+j4)\Omega$ 的复阻抗。试求该阻抗元件两端的电压为多少？

【解】 通过本例，学习两个复数相乘的计算方法。

根据欧姆定律，一个元件两端的电压为电流与阻抗的乘积。按照以下步骤进行计算。

(1) 把正弦交流电流 $i = 10\sqrt{2}\sin(314t + 30°)$ (A) 用极坐标式表示为

$$\dot{I} = 10\angle 30°$$

(2) 把复阻抗 $Z = (4+j4)\Omega$ 用极坐标式表示为

$$Z = 4\sqrt{2}\angle 45°$$

(3) 求阻抗两端的电压。

$$\dot{U} = \dot{I} \cdot Z$$
$$= 10\angle 30° \times 4\sqrt{2}\angle 45° = 40\sqrt{2}\angle(30°+45°)$$
$$= 40\sqrt{2}\angle 75°$$

(4) 把电压的极坐标式还原为瞬时值表达式。上式中,电压的幅值为 $\sqrt{2} \times 40\sqrt{2} = 80(V)$,初相位为 $75°$,角速度与电流一致,为 314rad/s,则电压瞬时值的表达式为

$$u = 80\sin(314t + 75°)(V)$$

从上例可以看出,相量的极坐标式表示法在进行积商运算时非常方便。

4. 相量图表示法

相量除了可以用复数、极坐标的形式表示外,还可以用相量图的形式表示。相量图实际上是复数表示法的简化。

在复平面中,去掉复坐标,设置一个初相位为 0 的参考相量(如图 3-1-10(b)中虚线所示)。在相量图表示法中,需要按比例画出相量的大小和相对于参考相量的初相位。

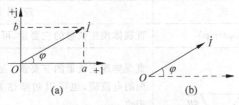

图 3-1-10 复数与相量图

相量图表示法主要用于观察多个相量的相对关系,进行相量的和差估算。

【例 3-1-6】 某电风扇电路的工作电压 $u = 311\sin\omega t(V)$,工作线圈电流 $i_1 = 0.57\sin(\omega t + 30°)(A)$,启动线圈电流 $i_2 = 0.42\sin(\omega t - 60°)(A)$。试用相量图标出各量之间的相对关系。

【解】 通过本例,学习用相量图表达正弦交流电量。

(1) 把三个正弦交流电量用极坐标式表示为

$$\dot{U} = 220\angle 0°\text{V}, \quad \dot{I}_1 = 0.4\angle 30°\text{A}, \quad \dot{I}_2 = 0.3\angle(-60°)\text{A}$$

(2) 在相量图上按长度比例和角度大小画出三个正弦交流电量,同一种物理量需要按统一比例画出,如图 3-1-11 所示。

【例 3-1-7】 两个电流分别为 $i_1 = 0.57\sin(\omega t + 30°)(A)$,$i_2 = 0.42\sin(\omega t - 60°)(A)$。试用相量图画出 $i_1 - i_2$。

【解】 通过本例,熟悉用相量图进行两个相量的和差运算。

(1) 把两个正弦交流电量分别用极坐标式表示为

$$\dot{I}_1 = 0.4\angle 30°\text{A}, \quad \dot{I}_2 = 0.3\angle(-60°)\text{A}$$

(2) 在相量图上按比例画出两个电流相量。$\dot{I}_1 - \dot{I}_2$ 也可表示为 $\dot{I}_1 + (-\dot{I}_2)$,即把 $\dot{I}_2$ 反向画出,如图 3-1-12 所示。

(3) 按平行四边形法则画出两个电流相量之和。

从上面两例可以看出,通过相量图能非常方便地观察两个相量之间的相对关系,并可定性地进行两个相量的和差估算。

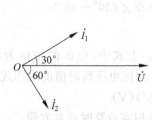

图 3-1-11 电压电流相量图

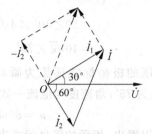

图 3-1-12 相量的和差运算

3.1.3 正弦交流电各种表示法的比较

正弦交流电各种表示法的比较如表 3-1-4 所示。

表 3-1-4 正弦交流电各种表示法的比较(以电流为例说明)

表示方法	形　式	应用场合
三角函数	$i=I_m\sin(\omega t+\varphi)$	直观体现正弦量的三要素,可求取任意时刻的电流值
波形图	(波形图)	直观体现正弦量的三要素。通过示波器可以观察任意时刻的电流值,也可以初步估算正弦量的幅值、频率和初相位
复数	(复数图)	$\dot{I}=a+jb=I\cos\varphi+jI\sin\varphi$ 适合正弦量的和差运算
相量图	(相量图)	观察多个正弦量的相对关系,进行正弦量的和差估算
极坐标	$\dot{I}=I\angle\varphi$	适合进行正弦量的积商运算

说明:

(1) 同样一个正弦交流电量可以有多种表示方法,每种方法各有所长。

(2) 复数、相量和极坐标表示方法可以互相转化,可根据运算的需要进行选择。

思考与练习

3.1.1 什么是正弦量的三要素?正弦量的幅值和有效值之间是什么关系?

3.1.2 什么是正弦量的角速度、频率和周期?三者之间是什么关系?

3.1.3 什么是正弦量的相位、初相位、相位差?

3.1.4 两个同频率正弦量之间相位的超前、滞后、同相、反相表示什么含义?

3.1.5 说明下列表达式的含义:

(1) $i=3$A   (2) $I=3$A   (3) $I_m=3$A   (4) $\dot{I}=3$A

3.2 单一参数电路的分析与计算

- 掌握纯电阻、纯电感、纯电容电路中,电压与电流的大小和相位关系。
- 掌握纯电阻、纯电感、纯电容电路中,元件功率的性质和计算方法。

实际中的电路多数由复合元件组成,如电风扇中的电机是由电阻和电感元件组成,到处可见的输电线路由分布式电阻、电感和电容元件组成。

复合元件电路的分析和计算建立在单一参数元件的基础之上,只要理解了各种单一参数元件的电压—电流—功率关系,复合元件的分析和计算就会迎刃而解。

3.2.1 纯电阻电路

纯电阻电路是指组成电路的元件只含有电阻元件,可以是一个,也可以由多个电阻元件组合而成。纯电阻电路通过等效变换,总可以用一个等效电阻替代。焊接用的电烙铁、烘干用的电阻炉、洗澡用的电热水器等都可看作是电阻性负载。

1. 电压与电流的关系

电阻元件的电压—电流关系可以用瞬时值、波形图、相量的形式表示。在图 3-2-1 中,电压和电流标注为关联方向。

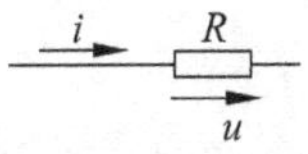

图 3-2-1 电压与电流的方向

交流电路中的纯电阻

(1) 瞬时值表示

设通过电阻 R 的电流为 $i=\sqrt{2}I\sin\omega t$,则其两端的电压为

$$u = Ri = \sqrt{2}RI\sin\omega t = \sqrt{2}U\sin\omega t \tag{3-2-1}$$

(2) 波形图表示

以波形图表示的电压—电流关系如图 3-2-2(a)所示。

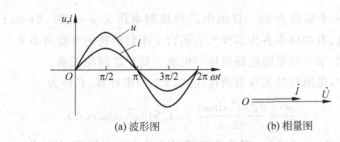

(a) 波形图　　(b) 相量图

图 3-2-2 电阻元件上的电流与电压

从式(3-2-1)和式(3-2-2)可以看出:

(1) 在纯电阻电路中,电压和电流的关系是同频率、同相位。

(2) 电阻元件上电压和电流的关系仍遵循欧姆定律,即

$$\begin{cases} U = RI \\ \dot{U} = R\dot{I} \end{cases}$$

(3) 相量表示

以相量表示的电压—电流关系如图 3-2-2(b)所示。在图中,

$$\left.\begin{array}{l}\dot{I}=I\angle 0°\\ \dot{U}=RI\angle 0°=U\angle 0°\end{array}\right\} \quad (3\text{-}2\text{-}2)$$

2. 电阻元件上的功率

交流电路的功率有瞬时功率和平均功率两种表示方法。通常,电路元件在交流电路中的功率是指平均功率。

(1) 瞬时功率

纯电阻元件的瞬时功率是电阻上瞬时电流和瞬时电压的乘积,它表示电阻元件的功率随时间变化的规律。

$$p=ui=\sqrt{2}I\sin\omega t\cdot\sqrt{2}U\sin\omega t=2UI\sin^2\omega t=UI-UI\cos2\omega t \quad (3\text{-}2\text{-}3)$$

电阻元件上功率的波形如图 3-2-3 所示。

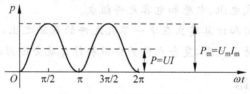

图 3-2-3 电阻元件的功率

> 从图 3-2-3 中可以得出以下结论。
> (1) 瞬时功率的变化频率是电压、电流变化频率的 2 倍。
> (2) 由于电压、电流同相位,瞬时功率的值总是大于零。
> 从式(3-2-4)可以看出,在交流电路中,纯电阻元件的平均功率是电压、电流有效值的乘积,与直流电路中功率的计算方法相同。电阻元件上吸收的功率最终通过做功变为热量。在交流电路中,实际做功的功率定义为有功功率,与直流电路一样,仍用 P 表示,单位为 W。

(2) 平均功率

纯电阻元件的平均功率是电阻元件瞬时功率在一个周期内的平均值,即

$$P=\frac{1}{2\pi}\int_0^{2\pi}p\,dt=\frac{1}{2\pi}\int_0^{2\pi}(UI-UI\cos2\omega t)dt$$

$$=UI=I^2R=\frac{U^2}{R} \quad (3\text{-}2\text{-}4)$$

(3) 消耗电能

一个纯电阻元件在电路中一直处于消耗电能的状态。消耗的电能除了与电压、电流相关外,还与运行时间有关,即

$$W=Pt=I^2Rt=\frac{U^2}{R}t \quad (3\text{-}2\text{-}5)$$

【例 3-2-1】 将一个阻值为 48.4Ω 的电阻丝接到电压为 $u=220\sqrt{2}\sin\omega t$ 的交流电路中。试求其工作电流、有功功率各为多少?它运行 1 小时消耗的电能为多少?

【解】 通过本例,学习纯电阻电路电压—电流—功率之间的关系。

在纯电阻电路中,电阻丝的工作电流可用式(3-2-1)来计算,具体为

$$i=\frac{u}{R}=\frac{220\sqrt{2}\sin\omega t}{48.4}\approx 4.545\sqrt{2}\sin\omega t\,(\text{A})$$

电流的有效值为 I=4.545A。有功功率可用式(3-2-4)来计算,具体为

$$P=UI=220\times 4.545\approx 1000\,(\text{W})$$

运行 1 小时消耗的电能可用式(3-2-5)来计算,具体为

$$W=Pt=1000\times 1=1000\,(\text{W}\cdot\text{h})=1\text{kW}\cdot\text{h}$$

即消耗了1度电。

3.2.2 纯电容电路

纯电容电路是指组成电路的元件只含有电容,如果电路由多个电容元件组成,可以通过等效变换用一个电容替代。电容器在电子电路和供配电系统中随处可见。

1. 电压与电流的关系

电容元件的电压—电流关系可以用瞬时值、波形图、相量的形式表示。在图 3-2-4 中,电压和电流标注为关联方向。

(1) 瞬时值表示

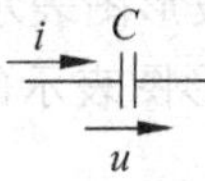

设电路的电容量为 C,加在电容两端的电压为 $u=\sqrt{2}U\sin\omega t$,电容电路中的电流为

图 3-2-4 电压与电流方向

交流电路中的纯电容

 电工故事会:电容器中的变量

图 A(a)中,圆柱形水箱的液位会随着水的流入而上升、流出而下降。水流会引起液位的变化,液位的变化率反映了水流量的大小。

水流速度是水箱中水体积对时间的导数。设水箱的底面积为 S,液位高度为 h,则水体积的表达式为 $V=Sh$,水流速度为

$$f=\frac{\mathrm{d}V}{\mathrm{d}t}=\frac{\mathrm{d}Sh}{\mathrm{d}t}=S\frac{\mathrm{d}h}{\mathrm{d}t}$$

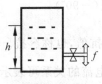

(a) 液位与水流

(b) 类似关系

(c) 电压与电流

图 A 电容电压与电流的关系

水箱中的液位和水流,与电容中的电压和电流关系类似,如图 A(b)所示。

图 A(c)中,当有电容电流流过时,能引起电容电压的变化,电容电流与电压的变化率成正比,二者关系如下:

$$i_C=C\frac{\mathrm{d}u}{\mathrm{d}t}$$

根据电容元件中电流电压的数学关系可知,电流的相位超前电压90°。

在交流电路中,电容、电感元件中的电压和电流相位相差90°容易记住,但是具体谁超前、谁滞后,则较难记忆。

为方便记忆,可做如下联想:电容器与水箱相似,水流之后才能看到液位的变化,所以以电容电流超前电压90°;前已述及,电感与电容是对偶元件,由此可以推出,电感电流滞后电压90°。

$$i = C\frac{du}{dt} = C\frac{d(\sqrt{2}U\sin\omega t)}{dt}$$
$$= \omega CU\sqrt{2}\cos\omega t$$
$$= \omega CU\sqrt{2}\sin(\omega t + 90°)$$
$$= \sqrt{2}I\sin(\omega t + 90°) \quad (3\text{-}2\text{-}6)$$

在交流电压的作用下,电容元件中的电流并未穿过电容器从一极到达另一极,而是通过连接电路在两个电容极板间来回进行充放电,形成电荷在极板间的积累与释放。

(2) 波形图表示

以波形图表示的电压—电流关系如图 3-2-5(a)所示。

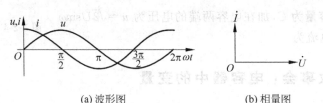

(a) 波形图　　　　　　(b) 相量图

图 3-2-5　电容元件上的电流与电压

从式(3-2-7)和式(3-2-8)可得出以下结论。

(1) 电容器的容抗 $X_C = \dfrac{1}{\omega C} = \dfrac{1}{2\pi fC}$,单位为 Ω。

(2) 由于 $X_C \propto \dfrac{1}{f}$,电容元件在交流电路中具有通高频、阻低频的作用。

(3) 在纯电容电路中,电压与电流的频率相同;在相位上,电压滞后电流 90°。

(4) 电容元件上电压和电流的关系遵循相量形式的欧姆定律。

(3) 相量表示

以相量表示的电压—电流关系如图 3-2-5(b)所示。在图中,

$$\left. \begin{aligned} \dot{U} &= U\angle 0° \\ \dot{I} &= I\angle 90° = \omega CU\angle 90° = \frac{U\angle 90°}{\dfrac{1}{\omega C}} = \frac{\dot{U}}{\dfrac{1}{\omega C}\angle(-90°)} \end{aligned} \right\} \quad (3\text{-}2\text{-}7)$$

以 $X_C = \dfrac{1}{\omega C}$ 表示电容对电流的阻碍作用,记为电容器的电抗值,也称容抗。在式(3-2-7)中引入旋转因子 $-j = 1\angle(-90°)$,记 $U = X_C I$。这样,电压和电流的关系可表示为

$$\left. \begin{aligned} \dot{I} &= \frac{\dot{U}}{-jX_C} = j\frac{\dot{U}}{X_C} \\ \dot{U} &= -jX_C \cdot \dot{I} \end{aligned} \right\} \quad (3\text{-}2\text{-}8)$$

2. 电容元件上的功率

电容器在交流电路中的功率有瞬时功率和平均功率两种表示方法。

(1) 瞬时功率

纯电容元件的瞬时功率表示电容元件的功率随时间变化的规律。设电容的电压 $u = \sqrt{2}U\sin\omega t$,电流 $i = \sqrt{2}I\sin(\omega t + 90°)$,则

$$p = ui = \sqrt{2}U\sin\omega t \cdot \sqrt{2}I\sin(\omega t + 90°)$$
$$= UI\sin 2\omega t \quad (3\text{-}2\text{-}9)$$

电容元件上功率的波形如图 3-2-6 所示。

从图 3-2-6 中可得出以下结论。

(1) 瞬时功率是一个按 2 倍电压或电流的频率、呈正弦规律变化的量。

(2) 在相位上,电压滞后电流 90°;瞬时功率的值在一个周期内,每 T/4 正、负交替一次,进行电能的存储和释放。

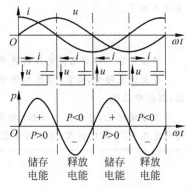

图 3-2-6　电容元件的功率

(2) 平均功率

纯电容元件的平均功率是电容元件瞬时功率在一个周期内的平均值，即

$$P = \frac{1}{2\pi}\int_0^{2\pi} p\,dt = \frac{1}{2\pi}\int_0^{2\pi} UI\sin2\omega t\,dt = 0 \qquad (3\text{-}2\text{-}10)$$

从式(3-2-10)可以看出，在交流电路中，纯电容元件的平均功率为0。在每个周期中，前半周期吸收的能量在后半周期释放出去，仅与电源进行能量交换，总体上不消耗功率。

(3) 无功功率

电容器作为储能元件，在电路中不消耗功率。为表征电容器与电源交换功率的大小，记电容器瞬时功率的最大值 UI 为无功功率，单位为 var(乏)，以 Q_C 表示，即

$$Q_C = UI = I^2 X_C = \frac{U^2}{X_C} \qquad (3\text{-}2\text{-}11)$$

电容器的无功功率不是无用功率，电容器工作时不消耗功率，但在电路中存储电场能量。

电工故事会：无功功率是无用功率吗

人们经常会做一些事后看来没有意义的事情，这时就会说做了无用功。图A中的对牛弹琴就是一个很好的例子。

电路中的电感和电容不做功，只与供电系统交换功率，交换功率的最大值记为无功功率。

既然不做功，电感与电容在电路中有什么意义？无功功率是无用功率吗？

电感与电容普遍存在于我们的生活中，凡是有电器设备的地方，几乎都有它们在发挥作用。图B中列出了生活和工作中能看得到的一些电器设备。

图A 对牛弹琴

图B 一些电器设备

感性功率不做功，但不是无用功率。我们在制造发电机和电动机时，需要电感元件建立磁场。只要有电感元件，就会产生感性无功功率。工矿企业中在大量使用电动机、变压器等电磁设备，产生了大量的感性功率。

如果电路中的感性无功功率过大，功率因数就会降低，造成电源容量的浪费，增加输电线路的电能损耗。在同一电路中，容性无功和感性无功相位相反，为提高电源的工作效率，工厂需要通过电容器进行无功补偿，减少电源的负担。

3. 电容元件的储能作用

电容元件中存储的电场能量取决于电容元件极板间电压的大小。在交流电路中，由于电容器极板间的电压按正弦规律变化，在任意时刻，电容器中存储的电场能量取决于该时刻极板间的电压值，即

$$W_C = \frac{1}{2}Cu^2 \tag{3-2-12}$$

由于电容器有存储电能的作用，当电容器断电后，电容器中依然存储有电能。再次使用时，应该做安全放电处理，否则会造成设备损坏，甚至危及人身安全。

【例3-2-2】 将一个电容量为$100\mu F$、额定电压为220V的电容器分别接到电压$u_1 = 100\sqrt{2}\sin100t(V)$，$u_2 = 100\sqrt{2}\sin1000t(V)$的交流电路中。试分别求其工作电流、无功功率各为多少？

【解】 通过本例，学习纯电容电路中的容抗、电流和功率之间的关系。

电容器工作电流采用相量计算比较方便，具体可用式(3-2-8)进行计算。

(1) $u_1 = 100\sqrt{2}\sin100t$ 时，电压u_1的相量可表示为

$$\dot{U}_1 = 100\angle 0°\text{V}$$

电容器此时的容抗为

$$X_{C1} = \frac{1}{\omega_1 C} = \frac{1}{100 \times 100 \times 10^{-6}} = 100(\Omega)$$

$$\dot{I}_1 = \frac{\dot{U}}{-jX_{C1}} = \frac{100\angle 0°}{100\angle(-90°)} = 1\angle(90°)(\text{A})$$

电路的工作电流为$i_1 = 1\sqrt{2}\sin(100t+90°)(\text{A})$，其有效值为$I_1 = 1\text{A}$。

无功功率可用式(3-2-11)进行计算，具体为

$$Q_1 = UI_1 = 100 \times 1 = 100(\text{var})$$

(2) $u_2 = 100\sqrt{2}\sin1000t$ 时，计算方法同上。

$$\dot{U}_2 = 100\angle 0°\text{V}$$

$$X_{C2} = \frac{1}{\omega_2 C} = \frac{1}{1000 \times 100 \times 10^{-6}} = 10(\Omega)$$

$$\dot{I}_2 = \frac{\dot{U}}{-jX_{C2}} = \frac{100\angle 0°}{10\angle(-90°)} = 10\angle 90°(\text{A})$$

$$Q_2 = UI_2 = 100 \times 10 = 1000(\text{var})$$

结论：同一个电容器在不同频率下的容抗不同。频率越高，电容器对电流的阻碍作用越小，产生的电流和无功功率就越大。

3.2.3 纯电感电路

纯电感电路是指组成电路的元件只含有电感。如果电路是多个电感元件组成，也可以通过等效变换，用一个等效电感替代。实际的电感元件由有一定阻值的导线绕制而成，所以纯电感元件极少单独存在。如果电感元件中的电阻值相对很小，可近似看作纯电感。荧光灯的镇流器、变压器的绕组、继电器的线圈可近似看作纯电感。

1. 电压与电流的关系

电感元件的电压—电流关系可以用瞬时值、波形图、相量的形式表示。在图 3-2-7 中，电压和电流标注为关联方向。

（1）瞬时值表示

设电路的电感为 L，通过电感的电流为 $i=\sqrt{2}I\sin\omega t$，则其两端的电压为

$$\begin{aligned} u &= L\frac{\mathrm{d}i}{\mathrm{d}t} = L\frac{\mathrm{d}(\sqrt{2}I\sin\omega t)}{\mathrm{d}t} \\ &= \omega L I\sqrt{2}\cos\omega t \\ &= \omega L I\sqrt{2}\sin(\omega t + 90°) \\ &= \sqrt{2}U\sin(\omega t + 90°) \end{aligned} \tag{3-2-13}$$

（2）波形图表示

以波形图表示的电压电流关系如图 3-2-8(a) 所示。

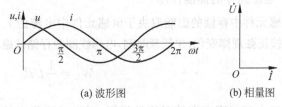

图 3-2-7 电压与电流方向　　图 3-2-8 电感元件上的电流与电压

（3）相量表示

以相量表示的电压—电流关系如图 3-2-8(b) 所示。在图中，

$$\left.\begin{aligned} \dot{I} &= I\angle 0° \\ \dot{U} &= U\angle 90° = \omega L I\angle 90° = \omega L\angle 90°\cdot\dot{I} \end{aligned}\right\} \tag{3-2-14}$$

以 $X_L=\omega L$ 表示电感线圈对电流的阻碍作用，记为电感线圈的电抗值，也称感抗。在式(3-2-14)中引入旋转因子 $j=1\angle 90°$，记 $U=X_L I$。这样，电压和电流的关系可表示为

$$\dot{U} = j\omega L\dot{I} = jX_L\dot{I} \tag{3-2-15}$$

2. 电感元件上的功率

电感线圈在交流电路中的功率有瞬时功率和平均功率两种表示方法。

（1）瞬时功率

纯电感元件的瞬时功率是其瞬时电流和瞬时电压的乘积，它表示电感元件的功率随时间变化的规律。设电感的电流 $i=\sqrt{2}I\sin\omega t$，电压 $u=\sqrt{2}U\sin(\omega t+90°)$，则

$$p = ui = \sqrt{2}U\sin(\omega t+90°)\cdot\sqrt{2}I\sin\omega t = UI\sin2\omega t \tag{3-2-16}$$

电感元件上功率的波形如图 3-2-9 所示。

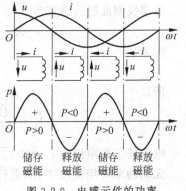

图 3-2-9 电感元件的功率

交流电路中的纯电感

从式(3-2-14)和式(3-2-15)可得出以下结论。

（1）电感元件的感抗 $X_L=\omega L=2\pi f L$，单位为 Ω。

（2）由于 $X_L\propto f$，电感元件在交流电路中具有通低频、阻高频的作用。

（3）在纯电感电路中，电压与电流的频率相同；在相位上，电压超前电流 $90°$。

（4）电感元件上电压和电流的关系遵循相量形式的欧姆定律。

从图 3-2-9 中可得出以下结论。

（1）瞬时功率是一个按 2 倍电压或电流的频率、呈正弦规律变化的量。

（2）在相位上，电压超前电流 $90°$；瞬时功率的值在一个周期内，每 $T/4$ 正、负交替一次，进行磁能的存储和释放。

（2）平均功率

纯电感元件的平均功率是电感元件瞬时功率在一个周期内的平均值，即

$$P = \frac{1}{2\pi}\int_0^{2\pi} p\,dt = \frac{1}{2\pi}\int_0^{2\pi} UI\sin 2\omega t\,dt = 0 \tag{3-2-17}$$

从式（3-2-17）可以看出，在交流电路中，纯电感元件的平均功率为 0。在每个功率周期中，前半周期吸收的能量在后半周期释放出去，仅与电源进行能量交换，总体上不消耗功率。

（3）无功功率

电感元件作为储能元件，在电路中不消耗功率。但在很多情况下，这个功率必不可少，如变压器、电动机等建立磁场需要电感线圈提供功率。为表征电感线圈与电源交换功率的大小，记电感线圈瞬时功率的最大值 UI 为无功功率，单位为 var（乏），以 Q_L 表示，即

$$Q_L = UI = I^2 X_L = \frac{U^2}{X_L} \tag{3-2-18}$$

无功功率不是无用功率，由于平均功率为 0，不消耗功率，但在电路中存储磁场能量。

3. 电感元件的储能作用

电感元件中存储的磁能取决于电感元件中电流的大小。在交流电路中，由于电感线圈中的电流按正弦规律变化，在任意时刻，电感线圈中存储的磁场能量仅取决于该时刻的电流值，即

$$W_L = \frac{1}{2}Li^2 \tag{3-2-19}$$

由于电感线圈有存储磁能的作用，当电感线圈突然失电时，根据 $u = L\dfrac{di}{dt}$ 可以判断，如果电路中的电流该时刻不为零，则在电感线圈两端会感应产生极大的端电压，处理不当会造成设备损坏，甚至危及人身安全。

【例 3-2-3】 将一个电感量为 0.1H、额定电压为 220V 的电感线圈分别接到电压 $u_1 = 100\sqrt{2}\sin 100t$(V)，$u_2 = 100\sqrt{2}\sin 1000t$(V) 的交流电路中。试分别求其工作电流、无功功率各为多少？

【解】 通过本例，学习纯电感电路中的感抗、电流和功率之间的关系。

电感线圈工作电流采用相量计算比较方便，具体可用式（3-2-15）进行计算。

（1）$u_1 = 100\sqrt{2}\sin 100t$ 时，电压 u_1 的相量可表示为

$$\dot{U}_1 = 100\angle 0°\,\text{V}$$

电感线圈此时的感抗为

$$X_{L1} = \omega_1 L = 100 \times 0.1 = 10(\Omega)$$

因为

$$\dot{U} = jX_L \dot{I}$$

所以

$$\dot{I}_1 = \frac{\dot{U}}{jX_{L1}} = \frac{100\angle 0°}{10\angle 90°} = 10\angle(-90°)(\text{A})$$

电路的工作电流为 $i_1 = 10\sqrt{2}\sin(100t - 90°)$(A)，其有效值为 $I_1 = 10$A。

无功功率可用式（3-2-18）进行计算，具体为

$$Q_1 = UI_1 = 100 \times 10 = 1000(\text{var})$$

(2) $u_2=100\sqrt{2}\sin1000t$ 时，计算方法同上。

$$\dot{U}_2=100\angle0°\text{V}$$
$$X_{L2}=\omega_2 L=1000\times0.1=100(\Omega)$$
$$\dot{I}_2=\frac{\dot{U}}{jX_{L2}}=\frac{100\angle0°}{100\angle90°}=1\angle(-90°)(\text{A})$$
$$i_2=1\sqrt{2}\sin(1000t-90°)(\text{A})$$
$$Q_2=UI_2=100\times1=100(\text{var})$$

结论：同一个电感线圈在不同频率下的感抗不同。频率越高，电感线圈对电流的阻碍作用越大，产生的电流和无功功率就越小。

思考与练习

3.2.1 在纯电阻电路中，下列表达式是否正确？如不正确，请改正。

(1) $i=\dfrac{u}{R}$　　(2) $I=\dfrac{\dot{U}}{R}$　　(3) $\dot{I}=\dfrac{\dot{U}}{R}$　　(4) $P=I^2R$

3.2.2 在纯电感电路中，下列表达式是否正确？如不正确，请改正。

(1) $i=\dfrac{u}{X_L}$　(2) $U=L\dfrac{di}{dt}$　(3) $\dot{I}=\dfrac{\dot{U}}{X_L}$　(4) $I=\dfrac{U}{\omega L}$　(5) $P=I^2X_L$

3.2.3 在纯电容电路中，下列表达式是否正确？如不正确，请改正。

(1) $u=iX_C$　(2) $I=C\dfrac{du}{dt}$　(3) $\dot{U}=\omega C\dot{I}$　(4) $I=\omega CU$　(5) $Q=I^2X_C$

3.2.4 将一个 $L=10\text{mH}$ 的电感线圈接在频率为 100Hz 和 1000Hz 的电路中，其感抗分别为多少？这个结论说明电感的何种性质？

3.2.5 将一个 $C=10\mu\text{F}$ 的电容器接在频率为 1000Hz 和 1MHz 的电路中，其容抗分别为多少？这个结论说明电容的何种性质？

3.2.6 一元件两端的电压 $u=311\sin(\omega t+60°)(\text{V})$，通过的电流 $i=31.1\sin(\omega t-30°)$ (V)，试确定该元件的性质，并计算其阻抗值。

3.3 复合参数电路的分析与计算

- 掌握复合参数电路中，阻抗性质的判断及阻抗的计算方法。
- 掌握复合参数电路中，相位关系的判断及电压与电流的计算方法。
- 能根据复合电路的参数判断元件的性质，计算电路的功率和功率因数。
- 能使用电工测量仪表测量电路参数。

实际的交流电路总是由多个元件组成，电路元件之间有串联、并联和混联的方式。不论连接方式如何，电路分析始终关注的是电路中各元件上的电流、电压、功率和电能及其关系。

复合元件的电压—电流—功率关系取决于电路阻抗的组成和性质。

具备了单一参数元件电压—电流—功率关系的基础知识之后,本节学习复合元件的电压—电流—功率关系。

3.3.1 RLC 串联电路

典型的 RLC 串联电路如图 3-3-1 所示,电路由三个单一参数的电路元件串联而成。由于是串联关系,电路中流过同一个电流 i,电路两端的电压为 u,下面通过对这个电路的分析和计算,学习使用相量法计算复合参数电路的方法。

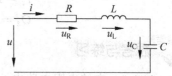

图 3-3-1 RLC 串联电路

1. 交流电路的基尔霍夫定律

在分析和计算交流电路时,由于各个元件上的电流和电压之间有相位差,需要设置一个参考相量。参考相量可以是电压,也可以是电流。为方便计算和比较,参考相量的相位角一般设为 0。一旦参考相量设定后,电路中其他元件的电压和电流的相位均以参考相量为基准来定义。

如图 3-3-1 所示,设电路中的电流 $i=\sqrt{2}I\sin\omega t$,即电流为参考相量:

$$\dot{I}=I\angle 0°$$

当电流 i 通过该串联电路时,分别在电阻 R、电感 L、电容 C 上产生电压 u_R、u_L、u_C。根据能量守恒定律,交流电路中的基尔霍夫电压定律表述如下:在任一瞬间,任何回路中各段电压瞬时值的代数和等于零,即

$$u-u_R-u_L-u_C=0$$

或

$$\sum u=0$$

在正弦交流电路中,各段电压都是同频率的正弦量,如果各段电压用相量表示,则基尔霍夫电压定律的相量形式表示为

$$\sum \dot{U}=0 \tag{3-3-1}$$

设电感元件的感抗为 $X_L=\omega L$,电容器的容抗为 $X_C=\dfrac{1}{\omega C}$,则各元件上电压的相量分别表示为

$$\dot{U}_R=R\dot{I}$$

$$\dot{U}_L=jX_L\dot{I}$$

$$\dot{U}_C=-jX_C\dot{I}$$

根据基尔霍夫电压定律,串联电路中的总电压为各个电压之和,即

$$\dot{U}=\dot{U}_R+\dot{U}_L+\dot{U}_C$$

$$=R\dot{I}+jX_L\dot{I}-jX_C\dot{I}$$

$$=(R+jX_L-jX_C)\dot{I} \tag{3-3-2}$$

RLC 串联电路的分析计算(1)

RLC 串联电路的分析计算(2)

2. 复阻抗

在式(3-3-2)中,根据电路的性质可判断,$R+jX_L-jX_C$ 在电路中相当于一个电阻,单位为 Ω。在交流电路中,把电阻、感抗、容抗的复数形式定义为复阻抗,符号记为 Z,则

$$\begin{aligned} Z &= R + jX_L - jX_C \\ &= R + j(X_L - X_C) \\ &= R + jX \end{aligned} \tag{3-3-3}$$

(1) 复阻抗的计算

复阻抗的实部 R 是电路中的电阻部分,如果是多个电阻串联,则 R 为串联电路的等效电阻。复阻抗的虚部 X 是感抗和容抗的代数和,运算时,感抗取正,容抗取负。需要注意的是,如果电路中有多个电感和多个电容,需要对电感和电容分别进行等效计算。

复阻抗除了用复数形式表示外,还可以用极坐标的形式表示,即

$$\left. \begin{aligned} Z &= R + jX = |Z| \angle \varphi \\ |Z| &= \sqrt{R^2 + X^2} = \sqrt{R^2 + (X_L - X_C)^2} \\ \varphi &= \arc\left(\cos \frac{R}{\sqrt{R^2 + X^2}}\right) \end{aligned} \right\} \tag{3-3-4}$$

式(3-3-4)中,$|Z|$ 表示复阻抗的复模,φ 表示复阻抗的复角。

(2) 复阻抗特性

电抗 X 由感抗 X_L 和容抗 X_C 综合而成,X 的大小决定了阻抗的性质。

① $X = X_L - X_C > 0$,电路中的 $X_L > X_C$,电路总体呈感性。
② $X = X_L - X_C < 0$,电路中的 $X_L < X_C$,电路总体呈容性。
③ $X = X_L - X_C = 0$,电路中的 $X_L = X_C$,$Z = R$,电路总体呈纯阻性。

3. 电压—电流的计算

在串联电路中,通常已知电路的结构和各元件的参数。如果已知电源电压,需要求取电路中的电流、各元件上的电压,分析功率平衡关系;如果已知电路的电流,需要求取电路中各元件上的电压和电路的总电压,分析功率平衡关系。不论计算何种电量参数,关键是正确求出电路的阻抗参数。

在图 3-3-1 中,假设电路的电流为 $\dot{I} = I\angle 0°$,电路阻抗为 $Z = R + jX = |Z|\angle \varphi$,则电路的总电压和各元件上的电压分别为

$$\dot{U} = \dot{I}Z = I\angle 0° \cdot |Z|\angle \varphi = I|Z|\angle \varphi$$

$$\dot{U}_R = R\dot{I} = RI\angle 0°$$

$$\dot{U}_L = jX_L\dot{I} = X_L I\angle 90°$$

$$\dot{U}_C = -jX_C\dot{I} = X_C I\angle(-90°)$$

以电流为参考相量,绘制出电路中各元件电压的相量。图 3-3-2(a)所示为串联电路的阻抗图,图 3-3-2(b)所示为电压—电流的相量关系图。图中,$\dot{U}_X = \dot{U}_L - \dot{U}_C$。

以瞬时值表示的总电压和各元件上的电压分别为

$$u = \sqrt{2}I|Z|\sin(\omega t + \varphi)$$

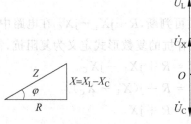

(a) 阻抗关系　　　　(b) 电压—电流相量图

图 3-3-2　串联电路阻抗关系与电压—电流相量图

$$u_R = \sqrt{2}RI\sin\omega t$$
$$u_L = \sqrt{2}X_L I\sin(\omega t + 90°)$$
$$u_C = \sqrt{2}X_C I\sin(\omega t - 90°)$$

4. 功率的计算

交流电路中的功率包含有功功率和无功功率。电阻元件上产生的是有功功率，电感和电容元件上产生的是无功功率。

（1）有功功率

$$P = I^2 R = IU_R$$

（2）无功功率

$$Q_L = I^2 X_L$$
$$Q_C = I^2 X_C$$
$$Q = I^2 X = I^2 (X_L - X_C) = Q_L - Q_C$$

由于电感上的电压和电容上的电压在相位上相差180°，二者产生的无功功率在实际电路中起着互相抵消的作用。

（3）视在功率

交流电路工作时，电源提供的工作电压为 U，产生的工作电流为 I，电源提供的功率为 IU。电源提供的功率中只有有功功率 P 做了功，无功功率 Q 只与电源进行能量交换。交流电路专门使用视在功率 S 表示电源提供的功率，记为

$$S = IU \tag{3-3-5}$$

视在功率的单位定义为伏安(V·A)。有功功率 P、无功功率 Q、视在功率 S 之间的关系如下：

$$S = \sqrt{P^2 + Q^2} \tag{3-3-6}$$

（4）功率因数

为体现有功功率在视在功率中的权重，把有功功率与视在功率的比值定义为功率因数，用 $\cos\varphi$ 表示，即

$$\cos\varphi = \frac{P}{S} \tag{3-3-7}$$

实际上，功率因数决定于电路的结构和电路参数的组成，这一结论从图 3-3-2(a) 所示的

阻抗图中可以得出。为方便后续计算,在获知一个电路等效的 R、X、Z 或 P、Q、S 后,可采用下面两个常用公式计算:

$$\cos\varphi = \frac{P}{S} = \frac{P}{\sqrt{P^2+Q^2}}$$

$$\cos\varphi = \frac{R}{|Z|} = \frac{R}{\sqrt{R^2+X^2}}$$

$$= \frac{R}{\sqrt{R^2+(X_L-X_C)^2}}$$

5. 电能的计算

交流电路中仅有电阻元件消耗电能,电能按下式计算:

$$W = Pt = I^2Rt$$

【**例 3-3-1**】 电路如图 3-3-1 所示。已知电阻 $R=8\Omega$,电感线圈的电感量 $L=31.85\text{mH}$,电容器的电容量 $C=800\mu\text{F}$。该电路外加电压为 $u=311\sin314t(\text{V})$。试求:电路中的电流;各元件上的电压;各元件的功率;电路的功率因数。

【**解**】 通过本例,学习串联电路中各参数的计算方法。

(1) 设参考相量

设电路的总电压为参考相量,即

$$\dot{U} = 220\angle 0°\text{V}$$

(2) 计算电路阻抗

电路参数是电阻 R、感抗 X_L 和容抗 X_C,即

$$R = 8\Omega$$

$$X_L = \omega L = 314 \times 31.85 \times 10^{-3} \approx 10(\Omega)$$

$$X_C = \frac{1}{\omega C} = \frac{1}{314 \times 800 \times 10^{-6}} \approx 4(\Omega)$$

$$Z = R + \text{j}(X_L - X_C) = 8 + \text{j}(10-4) = 10\angle 36.9°(\Omega)$$

(3) 计算电路中的电流及各元件上的电压

① 计算电路中的电流

因为

$$\dot{U} = \dot{I}Z$$

所以

$$\dot{I} = \frac{\dot{U}}{Z} = \frac{220\angle 0°}{10\angle 36.9°} = 22\angle(-36.9°)(\text{A})$$

电流的瞬时值可表示为

$$i = 31.1\sin(314t - 36.9)(\text{A})$$

② 根据电路中的电流,计算各元件上的电压

各元件上电压的相量为

$$\dot{U}_R = R\dot{I} = 8 \times 22\angle(-36.9°) = 176\angle(-36.9°)(\text{V})$$

$$\dot{U}_L = \text{j}X_L\dot{I} = 10 \times 22\angle(90°-36.9°) = 220\angle 53.1°(\text{V})$$

$$\dot{U}_C = -jX_C \dot{I} = 4 \times 22 \angle(-90° - 36.9°) = 88\angle(-126.9°)(\text{V})$$

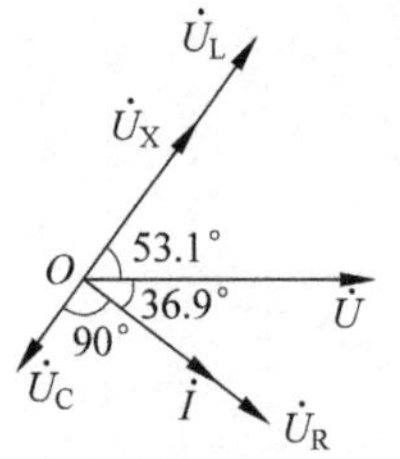

电压、电流相量图如图 3-3-3 所示,各元件上电压的瞬时值为

$$u_R = 176\sqrt{2}\sin(\omega t - 36.9°)(\text{V})$$
$$u_L = 220\sqrt{2}\sin(\omega t + 53.1°)(\text{V})$$
$$u_C = 88\sqrt{2}\sin(\omega t - 126.9°)(\text{V})$$

(4) 计算各元件功率及电路功率因数

① 有功功率

$$P = I^2 R = 484 \times 8 = 3872(\text{W})$$

图 3-3-3 电压、电流相量图

② 无功功率

$$Q_L = I^2 X_L = 484 \times 10 = 4840(\text{var})$$
$$Q_C = I^2 X_C = 484 \times 4 = 1936(\text{var})$$
$$Q = I^2 X = Q_L - Q_C = 4840 - 1936 = 2904(\text{var})$$

③ 视在功率

$$S = UI = 220 \times 22 = 4840(\text{V·A})$$

④ 功率因数

功率因数可使用阻抗角直接计算,也可使用功率关系来计算,即

$$\cos\varphi = \cos 36.9° \approx 0.8$$
$$\cos\varphi = \frac{P}{S} = \frac{3782}{4840} \approx 0.8$$

阻抗、电压、功率三角形如图 3-3-4 所示。

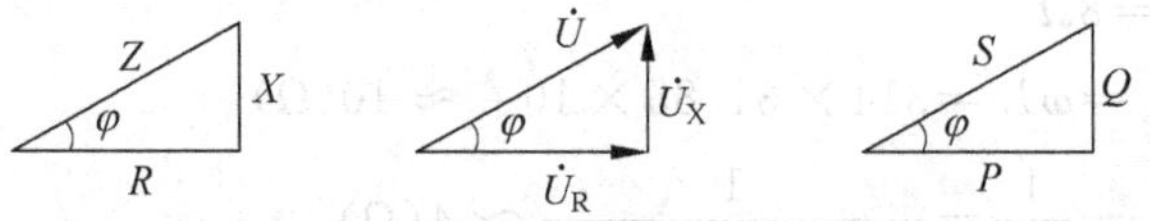

(a) 阻抗三角形　　(b) 电压三角形　　(c) 功率三角形

图 3-3-4 阻抗、电压、功率三角形

提示:
(1) 串联电路中的关键问题是求取电路的阻抗。阻抗关系厘清后,其他问题都会迎刃而解。
(2) 在同一个串联电路中,所取参考相量不同,计算结果仅影响电路中电压和电流的相位,对其大小没有影响。
(3) 电路的阻抗关系、电压相量关系、功率关系源于电路的结构和元件参数,三者可以用图 3-3-4 所示的阻抗三角形、电压三角形、功率三角形描述。

3.3.2 RLC 并联电路

典型的并联电路如图 3-3-5 所示。由于并联电路具有相同的电压,每个回路单独进行计算是一种简便而又有效的分析计算方法。

1. 交流电路的基尔霍夫定律

对于并联电路,选取电路电压作为参考相量比较方便。设 $u = \sqrt{2}U\sin\omega t$,其相量形式为

$$\dot{U} = U\angle 0°$$

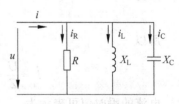

图 3-3-5 RLC 并联电路

当电压 u 加在电路两端时,分别在电阻 R、电感 L、电容 C 支路上产生电流 i_R、i_L、i_C。根据电流连续性原理,交流电路中的基尔霍夫电流定律表述如下:在任一瞬间,任何结点(或闭合面)的各电流瞬时值的代数和等于零,即

RLC 并联电路的分析计算

或
$$\sum i = 0$$
$$i = i_R + i_L + i_C$$

基尔霍夫电流定律的相量形式表示为
$$\sum \dot{I} = 0$$

或
$$\dot{I} = \dot{I}_R + \dot{I}_L + \dot{I}_C \tag{3-3-8}$$

2. 电流的计算

在已知电路电压和各支路阻抗的情况下,各支路电流相量可根据式(3-3-9)求出。

$$\left. \begin{array}{l} \dot{I}_R = \dfrac{\dot{U}}{R} \\ \dot{I}_L = \dfrac{\dot{U}}{jX_L} \\ \dot{I}_C = \dfrac{\dot{U}}{-jX_C} \end{array} \right\} \tag{3-3-9}$$

电路的总电流可根据式(3-3-10)求出:

$$\dot{I} = \dot{I}_R + \dot{I}_L + \dot{I}_C = \frac{\dot{U}}{R} + \frac{\dot{U}}{jX_L} + \frac{\dot{U}}{-jX_C} \tag{3-3-10}$$

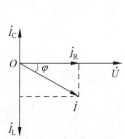

图 3-3-6 各支路电流相量图

各支路电流相量图如图 3-3-6 所示。

3. 复阻抗

并联电路的复阻抗可按照并联电阻的形式进行计算。如果是两个阻抗并联,按照两个电阻并联的形式求总阻抗,即

$$Z = \frac{Z_1 \cdot Z_2}{Z_1 + Z_2} \tag{3-3-11}$$

如果是多个阻抗并联,按下式计算:

$$\frac{1}{Z} = \frac{1}{Z_1} + \frac{1}{Z_2} + \cdots + \frac{1}{Z_n} \tag{3-3-12}$$

在实际计算中,已知电路电压、获得电路总电流后,根据式(3-3-13)计算更为简单。

$$Z = \frac{\dot{U}}{\dot{I}} \tag{3-3-13}$$

复阻抗的性质可根据电路中总电压的相位 φ_u 和总电流的相位 φ_i 之间的相对关系来判断,即

(1) 电压的相位 φ_u 超前电流的相位 φ_i,即 $\varphi = \varphi_u - \varphi_i > 0$,电路对外呈感性。
(2) 电压的相位 φ_u 滞后电流的相位 φ_i,即 $\varphi = \varphi_u - \varphi_i < 0$,电路对外呈容性。
(3) 电压的相位 φ_u 等于电流的相位 φ_i,即 $\varphi = \varphi_u - \varphi_i = 0$,电路对外呈纯阻性。

复阻抗的性质也可以根据阻抗角进行判断,即

(1) 阻抗角大于 0,即 $\varphi > 0$,电路对外呈感性。

(2) 阻抗角小于 0，即 $\varphi<0$，电路对外呈容性。

(3) 阻抗角等于 0，即 $\varphi=0$，电路对外呈纯阻性。

4. 功率的计算

(1) 有功功率

仅产生于电阻元件，即

$$P = I_R^2 R = I_R U$$

(2) 无功功率

无功功率产生于电感元件和电容元件。由于电感上的电流和电容上的电流在相位上相差 $180°$，二者产生的无功功率在实际电路中起着互相抵消的作用，即

$$Q_L = I_L^2 X_L$$
$$Q_C = I_C^2 X_C$$
$$Q = Q_L - Q_C$$

(3) 视在功率

以下两式根据情况择一计算，结果相同。

$$S = IU$$

或

$$S = \sqrt{P^2 + Q^2}$$

(4) 功率因数

$$\cos\varphi = \frac{P}{S}$$

电能计算与串联电路方法相同，此处不再赘述。

【**例 3-3-2**】 如图 3-3-5 所示电路，$R=27.5\Omega$，$X_L=22\Omega$，$X_C=55\Omega$，$u=311\sin314t$(V)。试求：电路中的总电流和各支路的电流；电路的复阻抗；各元件的功率；电路的功率因数。

【**解**】 通过本例，学习并联电路各种参数的基本计算方法。

(1) 设参考相量

设电路的总电压为参考相量，即

$$\dot{U} = 220\angle 0°\text{V}$$

(2) 计算电路中的电流

支路电流按式(3-3-9)计算，总电流按式(3-3-10)计算，即

$$\dot{I}_R = \frac{\dot{U}}{R} = \frac{220\angle 0°}{27.5} = 8\angle 0° = 8(\text{A})$$

$$\dot{I}_L = \frac{\dot{U}}{jX_L} = \frac{220\angle 0°}{22\angle 90°} = 10\angle(-90°) = -j10(\text{A})$$

$$\dot{I}_C = \frac{\dot{U}}{-jX_C} = \frac{220\angle 0°}{55\angle(-90°)} = 4\angle 90° = j4(\text{A})$$

$$\dot{I} = \dot{I}_R + \dot{I}_L + \dot{I}_C = 8 - j10 + j4 = 8 - j6 = 10\angle(-36.9°)(\text{A})$$

电流相量图如图 3-3-7 所示，电流瞬时值为

$$i_R = 8\sqrt{2}\sin\omega t \,(\text{A})$$
$$i_L = 10\sqrt{2}\sin(\omega t - 90°) \,(\text{A})$$
$$i_C = 4\sqrt{2}\sin(\omega t + 90°) \,(\text{A})$$
$$i = 10\sqrt{2}\sin(\omega t - 36.9°) \,(\text{A})$$

（3）计算电路的复阻抗

在求得电路的总电流后，并联电路的复阻抗可根据式（3-3-11）求出：

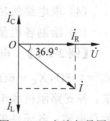

图 3-3-7　电流相量图

$$Z = \frac{\dot{U}}{\dot{I}} = \frac{220\angle 0°}{10\angle(-36.9°)} = 22\angle 36.9°\,(\Omega)$$

$$|Z| = 22$$
$$\varphi = 36.9°$$

（4）计算各元件功率、电路功率因数

① 有功功率
$$P = I_R^2 R = 64 \times 27.5 = 1760\,(\text{W})$$

② 无功功率
$$Q_L = I_L^2 X_L = 100 \times 22 = 2200\,(\text{var})$$
$$Q_C = I_C^2 X_C = 16 \times 55 = 880\,(\text{var})$$
$$Q = Q_L - Q_C = 2200 - 880 = 1320\,(\text{var})$$

③ 视在功率
$$S = UI = 220 \times 10 = 2200\,(\text{V·A})$$

或
$$S = \sqrt{P^2 + Q^2} = \sqrt{1760^2 + 1320^2} = 2200\,(\text{V·A})$$

④ 功率因数

功率因数可使用阻抗角直接计算，也可使用功率关系进行计算：
$$\cos\varphi = \cos 36.9° \approx 0.8$$
$$\cos\varphi = \frac{P}{S} = \frac{3782}{4840} \approx 0.8$$

3.3.3　RLC 混联电路

实际中更常见的是电路混联。求解前首先要厘清混联电路的结构，再根据电路结构确定合适的计算方法。下面通过一个实例学习混联电路的分析和计算方法。

图 3-3-8 所示是一个典型的混联电路，并联的两条支路接在同一个电源电压中，各支路内部由两个不同性质的电路元件串联而成。在求解电路时，需要用到串、并联电路的综合知识和解题技能，具体步骤如下。

（1）确定电路的参考相量。对于并联电路，一般选择总电压为参考相量。

（2）求各支路的阻抗以及电路的总阻抗。

（3）求各支路电流以及电路的总电流。

提示：在电压已知的并联电路中，简单而有效的方法是根据各支路的结构和参数逐一计算各支路的电流。在求得电路总电流的条件下，求取电路的阻抗参数。

RLC混联电路的分析计算

(4) 求电路的功率、功率因数等其他参数。

(5) 绘制各电量之间的相对关系(相量图)。

【例 3-3-3】 电路如图 3-3-8 所示,电路参数 $R_1 = 8\Omega$, $R_2 = 4.8\Omega$, $X_C = 6\Omega$, $X_L = 6.4\Omega$, $u = 100\sqrt{2}\sin 314t$ (V)。试求:各支路阻抗和电路总阻抗;电路中各支路的电流和电路的总电流;各元件的功率和电路的总功率;各支路的功率因数和电路的总功率因数;绘制各支路电压和电流相量图,以及电路总电压和总电流的相量图。

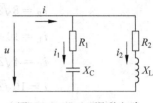

图 3-3-8 RLC 混联电路

【解】 通过本例,学习混联电路各种参数的计算方法。

按照上述 5 个步骤进行电路的计算。

(1) 设参考相量

由于电路总体上呈并联结构,设电压 u 为参考相量,则

$$\dot{U} = 100\angle 0° \text{V}$$

(2) 求各支路阻抗及总阻抗

$$Z_1 = R_1 - jX_C = 8 - j6 = 10\angle(-36.9°)(\Omega)$$

$$Z_2 = R_2 + jX_L = 4.8 + j6.4 = 8\angle 53.1°(\Omega)$$

Z_1 和 Z_2 是并联关系,可按式(3-3-11)求总阻抗:

$$Z = \frac{Z_1 Z_2}{Z_1 + Z_2} = \frac{10\angle(-36.9°) \times 8\angle 53.1°}{(8-j6)+(4.8+j6.4)} = \frac{80\angle 16.2°}{12.8+j0.4} = \frac{80\angle 16.2°}{12.8\angle 1.8°}$$

$$= 6.25\angle 14.4°(\Omega)$$

(3) 求各支路电流及电路总电流

$$\dot{I}_1 = \frac{\dot{U}}{Z_1} = \frac{100\angle 0°}{10\angle(-36.9°)} = 10\angle 36.9°(\text{A})$$

$$\dot{I}_2 = \frac{\dot{U}}{Z_2} = \frac{100\angle 0°}{8\angle 53.1°} = 12.5\angle(-53.1°)(\text{A})$$

$$\dot{I} = \dot{I}_1 + \dot{I}_2 = 10\angle 36.9° + 12.5\angle(-53.1°)$$

$$= 8 + j6 + 7.5 - j10 = 15.5 - j4$$

$$= 16\angle(-14.4°)(\text{A})$$

(4) 求电路的功率、功率因数

① 有功功率

$$P_1 = I_1^2 R_1 = 10 \times 10 \times 8 = 800(\text{W})$$

$$P_2 = I_2^2 R_2 = 12.5 \times 12.5 \times 4.8 = 750(\text{W})$$

$$P = P_1 + P_2 = 800 + 750 = 1550(\text{W})$$

② 无功功率

$$Q_1 = Q_C = I_1^2 X_C = 10 \times 10 \times 6 = 600(\text{var})$$

$$Q_2 = Q_L = I_2^2 X_L = 12.5 \times 12.5 \times 6.4 = 1000(\text{var})$$

$$Q = Q_L - Q_C = 1000 - 600 = 400(\text{var})$$

③ 视在功率

$$S_1 = UI_1 = 100 \times 10 = 1000(\text{V} \cdot \text{A})$$
$$S_2 = UI_2 = 100 \times 12.5 = 1250(\text{V} \cdot \text{A})$$
$$S = \sqrt{P^2 + Q^2} = \sqrt{1550^2 + 400^2} = 1600(\text{V} \cdot \text{A})$$

由上式可知，$S \neq S_1 + S_2$。视在功率的计算不能简单相加，要按照电路的结构和参数，分别计算有功功率和无功功率，最后按照功率三角形的关系进行计算。

④ 功率因数

电路中有三个支路，可分别计算各支路的功率因数：

$$\cos\varphi_1 = \cos(-36.9°) = 0.8$$
$$\cos\varphi_2 = \cos 53.1° = 0.6$$
$$\cos\varphi = \cos 14.4° = 0.97$$

（5）绘制相量图

绘制电压、电流相量图如图 3-3-9 所示。

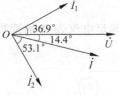

图 3-3-9　电压、电流相量图

3.3.4　电路参数的测量

在实际工作中，电气工程人员常用三表法测量感性元件的电路参数，测量电路如图 3-3-10 所示。图中使用三个测量表分别测量电路电流、电路两端的电压和电路中的有功功率，并根据测量数据计算电路参数。图中的电压表和电流表测量的是有效值，功率表测量的是平均值。

【例 3-3-4】　在图 3-3-10 所示的工频交流电路中，阻抗 Z 由电阻 R 和电感 L 组成。已知电压表的读数为 220V，电流表的读数为 10A，功率表的读数为 1000W。试确定电路的参数。

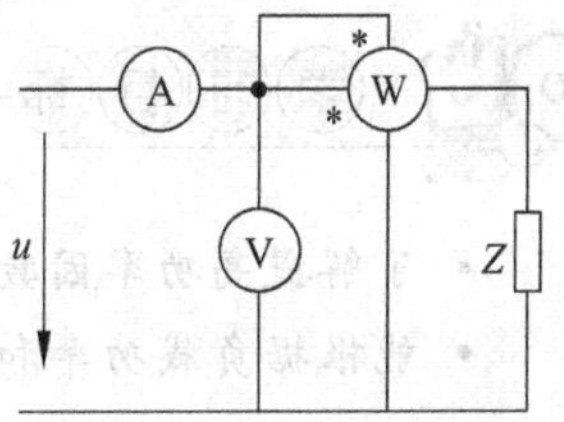

【解】　通过本例，学习一般感性元件参数的测量方法。

已知阻抗 Z 由电阻 R 和电感 L 组成，则电阻与电感的确定方法如下所述。

图 3-3-10　电路参数测量

（1）电阻的确定

$$R = \frac{P}{I^2} = \frac{1000}{10^2} = 10(\Omega)$$

（2）电感的确定

电路的阻抗为

$$|Z| = \frac{U}{I} = \frac{220}{10} = 22(\Omega)$$

电路的感抗为

$$X_L = \sqrt{|Z|^2 - R^2} = \sqrt{22^2 - 10^2} = 19.6(\Omega)$$

电感量为

$$L = \frac{X_L}{\omega} = \frac{19.6}{314} = 62.4(\text{mH})$$

RL 电路参数的测量

思考与练习

3.3.1 在 RLC 串联电路中,下列电压关系的表达式是否正确?请说明理由。

(1) $u=u_R+u_L+u_C$ (2) $U=U_R+U_L+U_C$ (3) $\dot{U}=\dot{U}_R+\dot{U}_L+\dot{U}_C$

3.3.2 在 RLC 串联电路中,下列阻抗关系的表达式是否正确?请说明理由。

(1) $Z=R+X_L-X_C$ (2) $Z=R+\mathrm{j}(X_L-X_C)$ (3) $|Z|=\sqrt{R^2+X_L^2+X_C^2}$

3.3.3 图 3-3-11 中,电压表 V_1 读数为 8V,V_2 读数为 9V,V_3 读数为 3V。试确定 V 的读数。

3.3.4 图 3-3-12 中,电流表 A_1 读数为 6A,A_2 读数为 3A。试确定电流表 A 的读数。

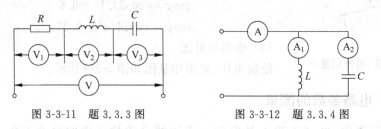

图 3-3-11 题 3.3.3 图   图 3-3-12 题 3.3.4 图

3.4 电路功率因数的提高

学习目标

- 了解提高功率因数的意义,熟悉并联电容提高功率因数的原理。
- 能根据负载功率和电力部门的功率要求选择并联电容器的容量和连接方式。

学习指导

由于电力用户大量使用电机、变压器以及其他含有储能元件的用电设备,使得电力用户的电功率中包含大量的无功功率,降低了功率因数。过低的功率因数会造成电源容量浪费,增加输电线路的电能损耗。如何有效提高功率因数,是供电部门和电力用户共同关注的问题。

电力系统以电容补偿的方式提高功率因数,所关注的三个问题是:①以何种方式进行电容补偿;②补偿电容量多少合适;③补偿电容如何接入电路。

3.4.1 提高功率因数的意义

电力部门向电力用户提供的电功率中,包含有功功率和无功功率。根据前面的知识可知,只有有功功率消耗电能,无功功率只起着与电源交换功率的作用,不消耗电能。尽管无功功率不消耗能量,但在保证一定有功功率的前提下,如果电力用户的无功功率较大,功率因数过低,会产生以下两方面不利影响。

(1) 电源的容量不能充分发挥,浪费资源。

功率因数的表达式为

$$\cos\varphi = \frac{P}{S}$$

一个交流电源的容量是一定的,如发电机、变压器都有额定容量。如果 $\cos\varphi$ 较低,在提供相同有功功率 P 的情况下,必然要求提高电源容量 S;在电源容量 S 相同的情况下,必然导致输出有功功率 P 的降低。

(2) 加大供配电线路电能的浪费。

所有的电功率都是通过输电线路传输的,输电线路中的电流计算公式为

$$I = \frac{S}{U}$$

在传输相同有功功率 P 的情况下,较低的功率因数势必导致视在功率 S 提高,从而引起输电电流 I 增大。由于输电线路中存在分布电阻 r,输电电流在输电线路中会产生较大的电能损耗 $W = I^2 rt$。供电线路上的损耗长期存在,产生的各种费用由各级供电部门承担。

鉴于以上两个原因,各级供电部门要求生产性电力用户的功率因数应大于 0.85,并在收取电费时有一定的奖惩措施。对于生产性的电力用户而言,如果功率因数过低,需要采取措施提高功率因数。

3.4.2 提高功率因数的方法

从电气的角度看,一台交流电机、一个拥有交流电动机的机床、一个有大量感性负荷的工厂,在电路上都可等效为一个电阻 R 与感抗 X_L 的串联,如图 3-4-1 所示。

在复合参数组成的电路中,在同一电源供电的情况下,由于电压和电流之间的相位差,电感元件和电容元件上产生的无功功率总是处于互补状态。这说明,感性负荷的电力用户可以使用电容器进行无功补偿,来提高功率因数。

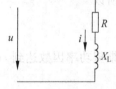

图 3-4-1 感性负荷等效电路

感性电路功率因数的提高

1. 方案选择

电容器接入电路的方式有串联和并联两种,如图 3-4-2 所示。串联接入电容尽管能提高功率因数,但改变了原电路的电路结构和电气参数,使得原电路的有功功率和工作电流都发生变化,实际中不采用。并联接入电容后,由于两个支路互相独立,在提高电路功率因数的同时,仅改变了电路的总电流和对外功率因数,没有改变原电路的电路结构,保证了原电路的正常运行。

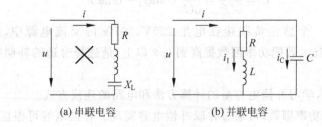

(a) 串联电容　　(b) 并联电容

图 3-4-2 方案选择

2. 补偿原理

在图 3-4-2(b) 所示的电路中，串联支路表示一个感性负载，C 表示用于提高功率因数的补偿电容。下面通过相量图的形式说明补偿原理。

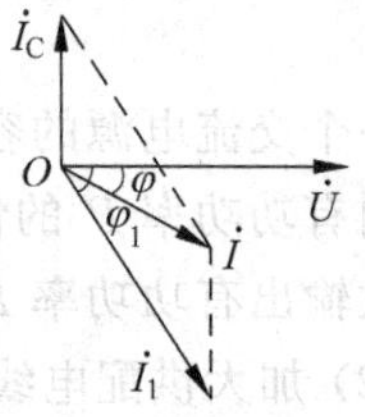

以电源电压 $\dot{U}$ 为参考相量，感性负载 R、L 的电流 $\dot{I}_1$ 滞后于电源电压 $\dot{U}$ 一个相位角 φ_1。并联电容后，在不改变原有支路电流大小和方向的前提下，由于电容支路的电流 $\dot{I}_C$ 超前电源电压 90°，电路的总电流 $\dot{I}$ 由原来的 $\dot{I}_1$ 变为 $\dot{I} = \dot{I}_1 + \dot{I}_C$。从图 3-4-3 中可以看出，总电流变小了，总电流与电压的相位差由原来的 φ_1 减小为 φ。因为 $\cos\varphi > \cos\varphi_1$，功率因数得到提高。

图 3-4-3 并联电容补偿原理

从电容补偿提高功率因数的原理可以看出，补偿电容后，只是提高了电源或供电网的功率因数，并未改变原来支路的功率因数。

3. 补偿电容的计算

在实际的补偿电路中，总是根据电源电压 U、有功功率 P、现有功率因数 $\cos\varphi_1$ 及补偿后期望达到的功率因数 $\cos\varphi$ 确定补偿电容的容量。下面推导补偿电容的计算公式。

原电路在有功功率 P、现有功率因数 $\cos\varphi_1$ 时对应的无功功率的计算如下。

因为

$$\cos\varphi_1 = \frac{P}{S_1}, \quad \sin\varphi_1 = \frac{Q_1}{S_1}$$

所以

$$\tan\varphi_1 = \frac{Q_1}{P}, \quad Q_1 = P\tan\varphi_1$$

期望功率因数达到 $\cos\varphi$ 时所对应的无功功率为

$$Q = P\tan\varphi$$

两个无功功率之间的差值通过补偿电容提供，即

$$\Delta Q = Q_C = Q_1 - Q = P(\tan\varphi_1 - \tan\varphi)$$

补偿电容与补偿无功功率之间的关系为

因为

$$Q_C = \frac{U^2}{X_C} = \omega C U^2$$

所以

$$C = \frac{Q_C}{\omega U^2} = \frac{P}{\omega U^2}(\tan\varphi_1 - \tan\varphi) \tag{3-4-1}$$

提示：选择补偿电容需要注意以下问题。

(1) 电容器的额定电压应大于电路电压的最大值，即 $U_{CN} > \sqrt{2} U_N$。

(2) 为满足补偿需要，在选择时，实际电容器的电容量应大于计算电容量。

【**例 3-4-1**】 将一个感性负载接在电压 220V、50Hz 的交流电源中，其额定功率为 5kW，功率因数为 0.75。若把功率因数提高到 0.9 以上，请选择合适的补偿电容，并进行正确的电路连接。

【**解**】 通过本例，学习补偿电容量的计算方法和电路的连接方式。

提高感性电路的功率因数，可通过并联补偿电容实现。补偿电容可根据式(3-4-1)直接求出。

当 $\cos\varphi_1=0.75$ 时，$\tan\varphi_1=0.882$；当 $\cos\varphi=0.9$ 时，$\tan\varphi=0.484$，所以

$$C=\frac{P}{\omega U^2}(\tan\varphi_1-\tan\varphi)=\frac{5000}{2\times3.14\times50\times220^2}\times(0.882-0.484)$$
$$=130(\mu F)$$

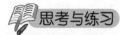

3.4.1 为什么功率因数过低会浪费资源和加大电能的损耗？

3.4.2 可否通过串联电容来提高功率因数？

*3.5 电路的谐振

- 了解电路谐振产生的原因，了解发生串联谐振和并联谐振时的电路特点。
- 了解电路谐振的危害和利用价值。
- 了解谐振电路品质因数的物理意义，掌握谐振电路品质因数的计算方法。

在 RLC 电路中，如果电路对外呈纯阻性，电路就处于谐振状态。电子设备利用谐振进行选频，而电力系统为避免损坏设备甚至危及人身安全，需要采取措施防止谐振。

谐振是交流电路的一种特殊形态，我们要从谐振的特征出发，了解谐振的作用与危害。

3.5.1 串联谐振电路

1. 谐振的产生与特性

在图 3-5-1 所示的 RLC 串联电路中，如果电路的阻抗 $Z=R+j(X_L-X_C)$ 的电抗为 0，电路即处于谐振状态。谐振时：

$$X_L=X_C \Rightarrow \omega L=\frac{1}{\omega C}\Rightarrow 2\pi fL=\frac{1}{2\pi fC}$$

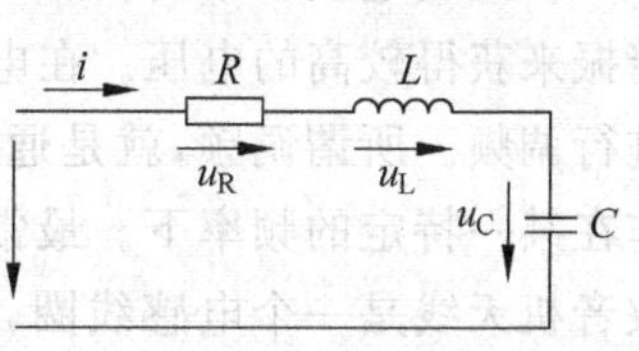

谐振频率 ω_0 或 f_0 可表示为

$$\omega_0=\frac{1}{\sqrt{LC}} \quad \text{或} \quad f_0=\frac{1}{2\pi\sqrt{LC}} \quad (3-5-1)$$

图 3-5-1 RLC 串联谐振电路

从式(3-5-1)看出，实现电路的谐振有以下 3 种方式。

(1) 调频调谐：保持电感 L 和电容 C 不变，调节电源频率 f。

(2) 调感调谐：保持电源频率 f 和电容 C 不变，调节电感 L。

(3) 调容调谐：保持电源频率 f 和电感 L 不变，调节电容 C。

谐振时的电流

串联谐振电路

$$\dot{I}_0 = \frac{\dot{U}}{Z} = \frac{\dot{U}}{R}$$

谐振时,电感、电容元件上的电压:

因为

$$\dot{U}_L = jX_L \dot{I} = j\frac{X_L}{R}\dot{U}, \quad \dot{U}_C = -jX_C \dot{I} = -j\frac{X_C}{R}\dot{U}$$

所以

$$U_L = U_C = U\frac{X_L}{R}$$

谐振时,电路中感抗(容抗)吸收的无功功率与电阻吸收的有功功率之比称为电路的品质因数,记作 Q_0,即

$$Q_0 = \frac{Q_L}{P_R} = \frac{I_0^2 X_L}{I_0^2 R} = \frac{\omega_0 L}{R} = \frac{1}{\omega_0 CR} = \frac{1}{R}\sqrt{\frac{L}{C}} \tag{3-5-2}$$

式(3-5-2)表明,电路的品质因数仅与电路的结构和参数有关。以 U_s 表示谐振电源的电压,在串联谐振电路中,上式还可表示为

$$Q_0 = \frac{I_0^2 X_L}{I_0^2 R} = \frac{I_0 U_L}{I_0 U_s} = \frac{U_L}{U_s} = \frac{U_C}{U_s} \tag{3-5-3}$$

在串联谐振电路中,由于电压更便于测量,Q_0 值的大小常用电感电压 U_L(电容电压 U_C)与电源电压 U_s 的比值来表示。

串联谐振电路有以下特性。

(1) 谐振频率 f_0 仅由电路参数决定,可以通过调节电路参数,使电路达到谐振状态。
(2) 谐振时,电路的阻抗 Z 最小,$Z_0 = R$,对外呈纯阻性。
(3) 谐振时,电路中的电流 I_0 最大,且相位与电路外加电压同相位。
(4) 谐振时,电感和电容上的电压大小相等,方向相反,且可能远大于电路的总电压。
(5) 谐振时,$Q_L = Q_C$,电路总的无功功率 $Q = 0$。

2. 串联谐振的利用

在无线电技术中,传输和接收到的信号很微弱,需要通过谐振来获得较高的电压。在电子设备中,常常利用电路的谐振进行调频。所谓调频,就是通过调节电路参数,使电子设备工作在某一特定的频率下。最常见的例子是收音机的调台装置。收音机天线是一个电感线圈,调台旋钮是一个可调电容器,选台电路如图 3-5-2 所示。

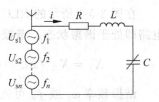

图 3-5-2 RLC 串联谐振电路

每个电台都有其特定的频率 f,调节电容器的电容量,使电路的固有频率 f_0 与所选电台频率重合。只有该频率在电容器上的电压信号最强,这个信号被拾取放大,在收音机的输出端才会得到放大了的电台广播信号。收音机选台回路的等效电路如图 3-5-2 所示。

【例 3-5-1】 在图 3-5-2 所示的 RLC 串联电路中,信号源电压 $U_{s1} = 1\text{mV}$,频率 $f_1 = 2\text{MHz}$,回路电感 $L = 30\mu\text{H}$,电路的品质因数 $Q_0 = 40$。采用调容调谐的方式使电路产生谐振,试求谐振时的电容量 C、回路电流 I_0 和电容电压 U_C。

【解】 通过本例,学习串联谐振电路的基本计算。

谐振时,根据式(3-5-1)可求得电容量 C 为

$$C = \frac{1}{(2\pi f_1)^2 L} = \frac{1}{(2\pi \times 2 \times 10^6)^2 \times 30 \times 10^{-6}}(\text{F}) = 212(\text{pF})$$

回路中的电阻为

$$R = \frac{X_L}{Q_0} = \frac{2\pi f_1 L}{Q_0} = \frac{2\pi \times 2 \times 10^6 \times 30 \times 10^{-6}}{40} = 9.43(\Omega)$$

回路电流为

$$I_0 = \frac{U_s}{R} = \frac{1 \times 10^{-3}}{9.43} = 0.106(\text{mA})$$

电容上的电压为

$$U_C = Q_0 U_s = 40 \times 1 = 40(\text{mV})$$

电子电路发生串联谐振时,在电容或电感两端获取的电压信号远高于信号源电压。

3. 串联谐振的危害

从例 3-5-1 可以看出,谐振时,电容两端的电压远高于电源电压。电力系统中如果发生谐振,可能使电容和电感两端的电压高于电源电压。如果这个电压大于元件的额定电压,会造成设备损坏,甚至威胁工作人员的安全。电力系统中的电源频率通常是固定的,为避免谐振的产生,应根据需要对电路参数进行必要的调整。

3.5.2 并联谐振电路

1. 谐振的产生与特性

典型的 RLC 并联谐振电路如图 3-5-3 所示。并联谐振的条件与串联谐振相同,都是其总阻抗 $Z = R + jX$ 的电抗部分 $X = 0$,电路对外呈纯阻性。由于并联电路和串联电路的结构不同,它们的特性表现就不一样。

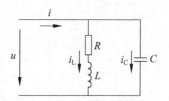

图 3-5-3 并联谐振电路

并联谐振电路

并联电路的总阻抗为

$$Z = \frac{Z_1 Z_2}{Z_1 + Z_2} = \frac{(R + jX_L) \cdot jX_C}{R + jX_L - jX_C} = \frac{(R + j\omega L) \cdot \left(-j\dfrac{1}{\omega C}\right)}{R + j\left(\omega L - \dfrac{1}{\omega C}\right)}$$

$$= \frac{\dfrac{R}{\omega^2 C^2} - j\dfrac{1}{\omega C}\left(R^2 + \omega^2 L^2 - \dfrac{L}{C}\right)}{R^2 + \left(\omega L - \dfrac{1}{\omega C}\right)^2} = \frac{R - j\omega C\left(R^2 + \omega^2 L^2 - \dfrac{L}{C}\right)}{(\omega C R)^2 + (\omega^2 LC - 1)^2}$$

谐振时,电路对外呈纯阻性,要求阻抗的虚部为 0,即

$$R^2 + \omega^2 L^2 - \frac{L}{C} = 0$$

谐振频率

$$\omega_0 = \frac{1}{\sqrt{LC}} \sqrt{1 - \frac{CR^2}{L}} \quad 或 \quad f_0 = \frac{1}{2\pi\sqrt{LC}} \sqrt{1 - \frac{CR^2}{L}} \tag{3-5-4}$$

实际电路中能否发生谐振,要根据电路参数而定,具体如下。

(1) 如果 $1-\dfrac{CR^2}{L}>0$,即 $R<\sqrt{\dfrac{L}{C}}$,则 ω_0 为实数,电路能够产生谐振。

(2) 如果 $1-\dfrac{CR^2}{L}<0$,即 $R>\sqrt{\dfrac{L}{C}}$,则 ω_0 为虚数,电路不能产生谐振。

在实际的高频电路中,由于电感线圈本身的电阻 R 很小,为实现电路的谐振,可通过参数配置,使得 $R\ll\sqrt{\dfrac{L}{C}}$,即 $\dfrac{CR^2}{L}\ll 1$,谐振频率为

$$\omega_0 \approx \dfrac{1}{\sqrt{LC}} \quad \text{或} \quad f_0 \approx \dfrac{1}{2\pi\sqrt{LC}} \tag{3-5-5}$$

谐振时,电路的阻抗为

$$Z_0=\dfrac{R-\mathrm{j}\omega_0 C\left(R^2+\omega_0^2 L^2-\dfrac{L}{C}\right)}{(\omega_0 CR)^2+(\omega_0^2 LC-1)^2}=\dfrac{1}{(\omega C)^2 R}=\dfrac{1}{\omega C\dfrac{1}{\omega L}\cdot R}=\dfrac{L}{RC} \tag{3-5-6}$$

谐振时,电路的总电流为

$$\dot{I}_0=\dfrac{\dot{U}}{Z}=\dfrac{RC}{L}\dot{U} \tag{3-5-7}$$

谐振时,电感支路、电容支路的电流分别为

$$\dot{I}_L=\dfrac{\dot{U}}{R+\mathrm{j}\omega L}\approx -\mathrm{j}\dfrac{\dot{U}}{\omega L}$$

$$\dot{I}_C=\dfrac{\dot{U}}{-\mathrm{j}\dfrac{1}{\omega C}}=\mathrm{j}\omega C\dot{U}$$

并联谐振电路的品质因数与串联谐振电路的品质因数物理意义相同,Q_0 表示电路中感抗(或容抗)吸收的无功功率与电阻吸收的有功功率之比,即

$$Q_0=\dfrac{Q_L}{P_R}=\dfrac{I_L^2 X_L}{I_L^2 R}=\dfrac{\omega_0 L}{R}=\dfrac{1}{\omega_0 CR}=\dfrac{1}{R}\sqrt{\dfrac{L}{C}} \tag{3-5-8}$$

谐振时,电路呈纯阻性,电路吸收的有功功率 $P=I_0 U_s$,所以在并联谐振电路中,式(3-5-8)也可表示为

$$Q_0=\dfrac{Q_L}{P_R}=\dfrac{I_L U}{I_0 U}=\dfrac{I_L}{I_0}=\dfrac{I_C}{I_0} \tag{3-5-9}$$

在并联谐振电路中,由于支路电流更便于测量,故 Q_0 值的大小常用电感支路电流 I_L(或电容电流 I_C)与电路总电流 I_0 的比值来表示。

结合图 3-5-4 所示的并联谐振相量图,说明并联谐振电路特性如下。

(1) 谐振频率 f_0 由电路参数决定,可以通过调节电路参数,使电路达到谐振状态。

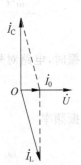

图 3-5-4 并联谐振相量图

(2) 由于谐振时电路的阻抗 Z 最大,对外呈纯阻性。
(3) 谐振时,电路中的总电流 I_0 最小,相位与电路外加电压同相位。
(4) 谐振时,电感或电容支路的电流远大于电路的总电流。
(5) 谐振时,电容和电感之间达到无功功率全补偿,电路的无功功率为 0。

2. 并联谐振的利用

串联谐振电路的选频特性要求电路的内阻($Z_0 = R$)相对较小,如果电路的内阻相对较大,要采用并联谐振的方式。下面通过一个例题说明并联谐振的应用。

【**例 3-5-2**】 在图 3-5-3 所示的 RLC 并联电路中,电感线圈的电阻 $R = 10\Omega$,线圈电感 $L = 200\mu H$,电容 $C = 200 pF$,谐振总电流为 $0.1 mA$。试求:谐振回路的品质因数、谐振频率、谐振阻抗、电感支路和电容支路的电流。

【**解**】 通过本例,学习并联谐振电路的基本计算。

谐振回路的品质因数可根据式(3-5-9)计算,即

$$Q_0 = \frac{1}{R}\sqrt{\frac{L}{C}} = \frac{1}{10}\sqrt{\frac{200\times 10^{-6}}{200\times 10^{-12}}} = 100$$

因为 $R = 10 \ll \sqrt{\frac{C}{L}} = 1000$,所以谐振频率为

$$f_0 \approx \frac{1}{2\pi\sqrt{200\times 10^{-6}\times 200\times 10^{-12}}} \approx 795(kHz)$$

谐振阻抗为

$$Z_0 = \frac{L}{RC} = \frac{200\times 10^{-6}}{10\times 200\times 10^{-12}} = 100(k\Omega)$$

电感或电容支路的电流为

$$I_L \approx I_C = Q_0 I_0 = 100\times 0.1 = 10(mA)$$

3.5.1 在电子电路中,谐振有什么作用?
3.5.2 电力系统中的谐振有什么危害?

*3.6 非正弦周期电路的分析

- 了解非正弦周期电量的波形图和数学表达式。
- 了解非正弦周期电路的分析方法。
- 熟悉非正弦周期电路电压、电流、功率的计算方法。
- 了解非正弦周期电路电压、电流测量仪表的选择与测量方法。

提示:串联谐振和并联谐振都可用于电子电路的选频。串联谐振适合内阻较小的电压型信号源,并联谐振适合内阻较大的电流型信号源。

在实际电路中,除了正弦周期电流(电压)外,还有一些非正弦周期电流(电压)。电气从业人员还需要了解非正弦周期电量的分析、计算和测量方法。

学习非正弦周期电路的计算要掌握两点:①将一个非正弦周期函数分解为直流分量和无限多个不同频率的高次谐波分量之和(可查表);②采用叠加定理,分别计算各次谐波的电压、电流,进而计算总电压、总电流和总功率。

3.6.1 常见的非正弦周期电量

常见的非正弦周期电量有方波、锯齿波、脉冲波、正弦半波等。图 3-6-1 给出了部分非正弦周期电量的波形图。可以发现,这些非正弦周期电量有两个特点:非正弦性和周期性。

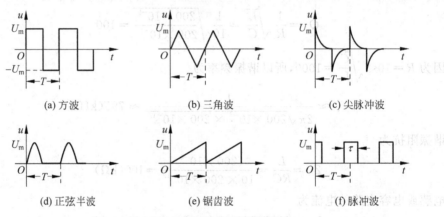

图 3-6-1 典型的非正弦周期波

非正弦周期电量产生的原因有如下两个。

(1) 电源电压为非正弦电压。例如,一些电子信号源可输出方波、锯齿波或脉冲信号,如图 3-6-1 所示。在图 3-6-2(a)所示的三极管放大电路中,电源提供的是直流电压,电路的输入信号为正弦信号,而输出信号是一个合成的非正弦信号。

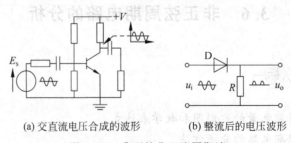

图 3-6-2 典型的非正弦周期波

(2) 电路中存在非线性元件。例如,在图 3-6-2(b)所示的整流电路中,电源信号是正弦波,由于二极管的单相导电性,经过半波整流电路后的电压信号变为正弦半波信号。

电气电子工程上常见的非正弦周期函数都可以分解为傅里叶级数,即一系列正弦周期函数。或者说,工程上常见的非正弦周期函数都可由一系列按一定规律排列的正弦函数合成,这种分解方法为分析和求解非正弦周期电路提供了理论基础。

3.6.2 非正弦周期电量的分解

将一个非正弦周期函数按傅里叶级数分解为直流分量和无限多个不同频率的高次谐波分量之和,称为谐波分解。通过谐波分解,可以使用前述的单相正弦交流电路的分析和计算方法解决电路问题。表 3-6-1 列出了电气电子工程中常见的典型非正弦周期量的傅里叶级数展开式,实际工程中也可直接通过查表的方式得到所需的非正弦周期量的展开式。

表 3-6-1 常见非正弦周期信号的傅里叶级数展开式

非正弦周期函数波形	傅里叶级数展开式	有效值	平均值
正弦波	$f(t)=A_m\sin\omega t$	$\dfrac{A_m}{\sqrt{2}}$	$\dfrac{2A_m}{\pi}$
方波	$f(t)=\dfrac{4A_m}{\pi}\left(\sin\omega t+\dfrac{1}{3}\sin3\omega t+\dfrac{1}{5}\sin5\omega t\right.$ $\left.+\cdots+\dfrac{1}{n}\sin n\omega t\right),\quad n=1,3,5,\cdots$	A_m	A_m
锯齿波	$f(t)=\dfrac{A_m}{2}-\dfrac{A_m}{\pi}\left(\sin\omega t+\dfrac{1}{2}\sin2\omega t+\dfrac{1}{3}\sin3\omega t\right.$ $\left.+\cdots+\dfrac{1}{n}\sin n\omega t\right),\quad n=1,2,3,\cdots$	$\dfrac{A_m}{\sqrt{3}}$	$\dfrac{A_m}{2}$
半波整流	$f(t)=\dfrac{2A_m}{\pi}\left(\dfrac{1}{2}+\dfrac{\pi}{4}\cos\omega t+\dfrac{1}{3}\cos2\omega t-\dfrac{1}{15}\cos4\omega t\right.$ $\left.+\cdots-\dfrac{\cos\frac{n\pi}{2}}{n^2-1}\cos n\omega t\right),\quad n=2,4,6,\cdots$	$\dfrac{A_m}{2}$	$\dfrac{A_m}{\pi}$
全波整流	$f(t)=\dfrac{4A_m}{\pi}\left(\dfrac{1}{2}+\dfrac{1}{3}\cos2\omega t-\dfrac{1}{15}\cos4\omega t\right.$ $\left.+\cdots-\dfrac{\cos\frac{n\pi}{2}}{n^2-1}\cos n\omega t\right),\quad n=2,4,6,\cdots$	$\dfrac{A_m}{\sqrt{2}}$	$\dfrac{2A_m}{\pi}$
三角波	$f(t)=\dfrac{8A_m}{\pi^2}\left[\sin\omega t-\dfrac{1}{9}\sin3\omega t+\dfrac{1}{25}\sin5\omega t\right.$ $\left.-\cdots+\dfrac{(-1)^{\frac{n-1}{2}}}{n^2}\sin n\omega t\right],\quad n=1,3,5,\cdots$	$\dfrac{A_m}{\sqrt{3}}$	$\dfrac{A_m}{2}$

续表

非正弦周期函数波形	傅里叶级数展开式	有效值	平均值
梯形波	$f(t)=\dfrac{4A_m}{\omega t_0 \pi}\left(\sin\omega t_0 \sin\omega t + \dfrac{1}{9}\sin3\omega t_0 \sin3\omega t \right.$ $\left. +\dfrac{1}{25}\sin5\omega t_0 \sin5\omega t + \cdots \right.$ $\left. +\dfrac{1}{n^2}\sin n\omega t_0 \sin n\omega t \right),\ n=1,3,5,\cdots$	$A_m\sqrt{1-\dfrac{4\omega t_0}{3\pi}}$	$A_m\left(1-\dfrac{\omega t_0}{\pi}\right)$
脉冲波	$f(t)=\dfrac{\tau A_m}{T}+\dfrac{2A_m}{\pi}\left(\sin\omega\dfrac{\tau}{2}\cos\omega t + \dfrac{\sin2\omega\dfrac{\tau}{2}}{2}\cos2\omega t\right.$ $\left. +\cdots+\dfrac{\sin n\omega\dfrac{\tau}{2}}{n}\cos n\omega t\right),\ n=1,2,3,\cdots$	$A_m\sqrt{\dfrac{\tau}{T}}$	$A_m\dfrac{\tau}{T}$

非正弦周期电量
的计算与测量

3.6.3 非正弦周期电量的计算

对于线性元件组成的电路，在进行非正弦周期电量的分析和计算时，可按以下两个步骤操作。

（1）对非正弦周期电量按傅里叶级数进行谐波分解，得到一系列正弦函数。
（2）按照叠加定理，分别进行直流分量和主要谐波分量的分析与计算。

非正弦周期电量的计算主要包含各量的有效值、平均值以及平均功率的计算。

1. 非正弦周期电压（电流）的有效值

非正弦周期电压和电流的有效值为

$$\left.\begin{array}{l}U=\sqrt{\dfrac{1}{T}\int_0^T [u(t)]^2 \mathrm{d}t}=\sqrt{U_0^2+U_1^2+U_2^2+\cdots+U_n^2}\\ I=\sqrt{\dfrac{1}{T}\int_0^T [i(t)]^2 \mathrm{d}t}=\sqrt{I_0^2+I_1^2+I_2^2+\cdots+I_n^2}\end{array}\right\} \quad (3\text{-}6\text{-}1)$$

式(3-6-1)中的各个量分别为直流分量、基波函数以及各高次谐波的有效值。

2. 非正弦周期电压（电流）的平均值

在实际电路中，非正弦周期函数的有效值体现了直流分量和各次谐波分量在整个非周期函数中的比重，平均值体现了非正弦周期函数的整体对外表现。在电气工程上，非正弦周期函数有两种平均值表示法：一种是非正弦周期函数在一个周期内的平均值，其表达式为

$$\left.\begin{array}{l}U_{av}=\dfrac{1}{T}\int_0^T u(t)\mathrm{d}t=U_0\\ I_{av}=\dfrac{1}{T}\int_0^T i(t)\mathrm{d}t=I_0\end{array}\right\} \quad (3\text{-}6\text{-}2)$$

另一种是非正弦周期函数的绝对值在一个周期内的平均值，其表达式为

$$|U|_{av} = \frac{1}{T}\int_0^T |u(t)| \, dt$$
$$|I|_{av} = \frac{1}{T}\int_0^T |i(t)| \, dt \quad \quad (3\text{-}6\text{-}3)$$

3. 非正弦周期电量的平均功率

非正弦周期电路的瞬时功率与正弦电路定义相同，电压和电流的参考方向关联时，有

$$p = ui$$

在一个周期内的平均功率为

$$P = \frac{1}{T}\int_0^T p \, dt = \frac{1}{T}\int_0^T ui \, dt \quad \quad (3\text{-}6\text{-}4)$$

略去推导过程，非正弦周期电路中有功功率、视在功率的平均值分别为

$$P = U_0 I_0 + U_1 I_1 \cos\varphi_1 + U_2 I_2 \cos\varphi_2 + \cdots + U_n I_n \cos\varphi_n \quad \quad (3\text{-}6\text{-}5)$$

$$S = UI = \sqrt{U_0^2 + U_1^2 + U_2^2 + \cdots + U_n^2} \times \sqrt{I_0^2 + I_1^2 + I_2^2 + \cdots + I_n^2} \quad \quad (3\text{-}6\text{-}6)$$

电路的平均功率是直流分量的功率与各次谐波有功功率之和；电路的视在功率是电路元件上的电压有效值和电流有效值之积。

【例 3-6-1】 将一个感性负载的电阻 $R = 10\Omega$，电感 $L = 31.8\text{mH}$ 加在电源信号为 $u = 100\sqrt{2}\sin 314t + 33\sqrt{2}\sin 942t + 20\sqrt{2}\sin 1570t(\text{V})$ 的系统中。试计算电路元件上的电流有效值和平均消耗的功率。

【解】 通过本例，了解非正弦周期电路的计算方法。

本例的目的是学习非正弦周期函数的分析方法，具体可按以下步骤操作。

（1）把信号源分解为不同频率的电源信号

本例中的信号源由如下三部分组成。

① 基波分量： $u_1 = 100\sqrt{2}\sin 314t(\text{V})$

② 3次谐波分量： $u_2 = 33\sqrt{2}\sin 942t(\text{V})$

③ 5次谐波分量： $u_3 = 20\sqrt{2}\sin 1570t(\text{V})$

（2）分别计算不同频率下电路元件的参数

① $f_1 = 50\text{Hz}, \omega_1 = 314\text{rad/s}$ 时

$$R = 10\Omega$$
$$X_{L1} = 31.8 \times 314 \times 10^{-3} \approx 10(\Omega)$$
$$Z_1 = \sqrt{10^2 + 10^2} \approx 14\angle 45°(\Omega)$$

② $f_2 = 150\text{Hz}, \omega_2 = 942\text{rad/s}$ 时

$$R = 10\Omega$$
$$X_{L2} = 31.8 \times 942 \times 10^{-3} \approx 30(\Omega)$$
$$Z_2 = \sqrt{10^2 + 30^2} \approx 32\angle 72°(\Omega)$$

③ $f_3 = 250\text{Hz}, \omega_3 = 1570\text{rad/s}$ 时

$$R = 10\Omega$$
$$X_{L3} = 31.8 \times 1570 \times 10^{-3} \approx 50(\Omega)$$

$$Z_3 = \sqrt{10^2 + 50^2} \approx 51\angle 79°(\Omega)$$

(3) 分别计算在不同信号源作用下的电流

① 基波分量：$\dot{I}_1 = \dfrac{\dot{U}_1}{Z_1} = \dfrac{100\angle 0°}{14.14\angle 45°} \approx 7.07\angle(-45)°(A)$

② 3次谐波分量：$\dot{I}_2 = \dfrac{\dot{U}_2}{Z_2} = \dfrac{33\angle 0°}{32\angle 72°} \approx 1.03\angle(-72)°(A)$

③ 5次谐波分量：$\dot{I}_3 = \dfrac{\dot{U}_3}{Z_3} = \dfrac{20\angle 0°}{51\angle 79°} \approx 0.392\angle(-79)°(A)$

(4) 计算电路元件总的电压、电流和功率

① 电流的有效值：

$$I = \sqrt{I_1^2 + I_2^2 + I_3^2} = \sqrt{7.07^2 + 1.03^2 + 0.392^2} \approx 7.16(A)$$

② 电路的平均有功功率和视在功率分别为

$$\begin{aligned}P &= U_1 I_1 \cos\varphi_1 + U_2 I_2 \cos\varphi_2 + U_3 I_3 \cos\varphi_3 \\ &= 100 \times 7.07 \times \cos 45° + 33 \times 1.03 \times \cos 72° + 20 \times 0.392 \times \cos 79° \\ &\approx 512(W)\end{aligned}$$

$$\begin{aligned}S &= \sqrt{U_1^2 + U_2^2 + U_3^2} \times \sqrt{I_1^2 + I_2^2 + I_3^2} \\ &= \sqrt{100^2 + 33^2 + 20^2} \times \sqrt{7.07^2 + 1.03^2 + 0.392^2} \\ &\approx 767.6(V \cdot A)\end{aligned}$$

提示：非正弦周期量的计算过程尽管烦琐，但通过傅里叶级数分解后，可简化为在叠加定理的框架下，对各次谐波进行单相正弦交流电路的分析和计算。

3.6.4 非正弦周期电量的测量

在实际工程中，测量电压和电流的仪表主要有磁电式、电磁式和整流系磁电式仪表。

磁电式仪表是根据通电导线在永久磁场中受力的原理制作而成，其指针的偏转角与 $\dfrac{1}{T}\int_0^T u(t)\mathrm{d}t = U_0$ 或 $\dfrac{1}{T}\int_0^T i(t)\mathrm{d}t = I_0$ 成正比，可测量非正弦周期电量的直流分量，即周期平均值。

电磁式仪表是根据动、静两个铁片被磁化后产生吸力（或斥力）的原理制作而成，其指针的偏转角与 $\dfrac{1}{T}\int_0^T u(t)^2 \mathrm{d}t = U$ 或 $\dfrac{1}{T}\int_0^T i(t)^2 \mathrm{d}t = I$ 成正比，可测量非正弦周期电量的有效值。

全波整流系磁电式仪表是根据对整流后的电量进行测量的原理制作而成，其指针的偏转角与 $\dfrac{1}{T}\int_0^T |u(t)|\mathrm{d}t = |U|_{\mathrm{av}}$ 或 $\dfrac{1}{T}\int_0^T |i(t)|\mathrm{d}t = |I|_{\mathrm{av}}$ 成正比，可测量非正弦周期电量绝对值的平均值。

在测量非正弦周期电压或电流时，要根据测量的目标选择合适的测量仪表。

本节部分内容仅给出结论，有兴趣的读者可参看有关非正弦周期函数的分析和计算方面的专业著作。另外，还有一些非正弦非周期信号，这些信号缺乏一定的规律性，需要的专业知识专而深，限于篇幅，本书不涉及此类内容。

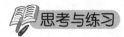

3.6.1 非正弦周期电量的傅里叶级数分解有什么意义？

3.6.2 在非正弦周期电量的计算中，下列表达式是否正确？请说明原因。

(1) $u = U_0 + u_1 + u_2 + \cdots + u_n$ (2) $\dot{U} = \dot{U}_0 + \dot{U}_1 + \dot{U}_2 + \cdots + \dot{U}_n$

(3) $p = U_0 I_0 + u_1 i_1 + u_2 i_2 + \cdots + u_n i_n$ (4) $S = U_0 I_0 + U_1 I_1 + U_2 U_2 + \cdots + U_n I_n$

细语润心田：合理配电，服务民生

随着越来越多的家用电器涌入千百万家庭，我国居民家庭的年用电量节节攀升。国家统计局发布的 2017—2020 年用电量数据如下表所示。

年份	中国全社会用电量/(kW·h)	同比增长	居民用电量/(kW·h)	同比增长
2017	63077 亿	6.6%	8695 亿	7.8%
2018	68449 亿	8.5%	9685 亿	10.4%
2019	72255 亿	4.5%	10250 亿	5.7%
2020	75110 亿	3.1%	10949 亿	6.9%

从表中数据可以看出，满足居民用电量在今后一个较长的时期都将是国家电网十分重要的工作任务。居民用电量除了逐年增加外，还有一个突出的问题是季节的不平衡性，即每年的寒冬和酷暑用电需求量剧增。

党的十九大报告中明确指出，中国特色社会主义进入新时代，我国社会主要矛盾已经转化为人民日益增长的美好生活需要和不平衡不充分的发展之间的矛盾。这个主要矛盾将贯穿于我国社会主义初级阶段的整个过程和社会生活各个方面。只有牢牢抓住这个主要矛盾，才能清醒地观察和把握社会矛盾的全局，有效地促进各种社会矛盾的解决。

人民群众的用电权利和质量受到电力行业和电力企业的高度重视。从国家电网的角度出发，就是在电力发展的过程中，尤其是电力供应不足的情况下，如何在"企业与百姓"之间取得平衡，在严冬和酷暑来临、居民家庭急需电力保障的情况下，保障民生，让百姓获得幸福感。

合理配电，保障民生

为确保电力供应平稳有序，国家发改委于 2011 年 4 月 21 日发布《有序用电管理办法》。2011 年 5 月 19 日，国家电监会在《关于加强电力监管切实维护电力安全和有序用电的通知》中明确要求，各派出电力监管机构和有关电力企业加强电力供需预测预警、电力安全管理和电力应急管理、电力调度等工作，维护电力市场秩序，最大限度满足社会用电需求。

国家电网公司也郑重承诺，将全力保障电力有序供应，确保电网安全稳定运行，确保重点城市、重要用户可靠供电，确保城乡居民生活用电，最大限度满足全社会用电需求。

本 章 小 结

1. 正弦交流电的三要素及其表示（以电流为例说明）

正弦交流电流瞬时值的表达式为

$$i = I_m \sin(\omega t + \varphi_i) = I\sqrt{2}\sin(\omega t + \varphi_i)$$

(1) 幅值：I_m
(2) 相位角：φ_i
(3) 角速度：$\omega = 2\pi f$

2. 单一参数交流电路中电压、电流及功率的关系对比

电路元件	电阻 R	电感 L	电容 C
参数定义	$R = \dfrac{U}{I}$	$L = \dfrac{\psi}{i}$	$C = \dfrac{q}{u}$
阻抗值	$R = \rho\dfrac{l}{s}$	$X_L = \omega L$	$X_C = \dfrac{1}{\omega C}$
电压—电流瞬时值关系	$u = Ri$	$u = L\dfrac{di}{dt}$	$u = \dfrac{1}{C}\int i\,dt$ 或 $i = C\dfrac{du}{dt}$
电压—电流有效值关系	$U = RI$	$U = X_L I$	$U = X_C I$
电压—电流相量关系	$\dot{U} = R\dot{I}$	$\dot{U} = jX_L\dot{I}$	$\dot{U} = -jX_C\dot{I}$
电压—电流相位差	$\varphi_{u-i} = 0°$	$\varphi_{u-i} = 90°$	$\varphi_{u-i} = -90°$
电压—电流波形图			
电压—电流相量图			
功率关系	$P = UI = I^2R = \dfrac{U^2}{R}$	$Q_L = I^2 X_L = \dfrac{U^2}{X_L}$	$Q_C = I^2 X_C = \dfrac{U^2}{X_C}$

3. 电路的复阻抗

任何一个交流电路，其参数总可以通过等效变换的方式等效为

$$Z = R + jX = R + j(X_L - X_C) = |Z|\angle\varphi$$

式中：$|Z|$ 为复阻抗的模，$|Z| = \sqrt{R^2 + X^2} = \sqrt{R^2 + (X_L - X_C)^2}$；$\varphi$ 为阻抗的复角，$\varphi = \arccos\left(\dfrac{R}{\sqrt{R^2+X^2}}\right)$；$\cos\varphi$ 为电路的功率因数。

4. 相量法在交流电路计算中的应用

相量法是借用复数的形式来表示正弦量的一种数学方法。正弦交流电量采用相量表示后，可借助复数计算的各种方法计算电路参数。相量法入门难，但是掌握后，计算电路参数简单、方便。

（1）正弦交流电的相量表示法

除了波形图外，为计算方便，用相量表示正弦交流电量是最简洁的一种表示法。在同一

个线性电路系统中,各元件的电压、电流均为同一频率的正弦量。所以在以相量表示正弦交流电流时,仅以幅值(有效值)和相位角两个要素来表示。例如:

$$u = \sqrt{2}U\sin(\omega t + \varphi_u)$$
$$i = \sqrt{2}I\sin(\omega t + \varphi_i)$$

可分别表示为

$$\dot{U} = U\angle\varphi_u$$
$$\dot{I} = I\angle\varphi_i$$

(2) 基尔霍夫定律的相量表示

KCL: $$\sum \dot{I} = 0$$

KVL: $$\sum \dot{U} = 0$$

5. 交流电路的功率

交流电路的功率分为有功功率、无功功率和视在功率,其表达式分别为

$$P = UI\cos\varphi$$
$$Q = UI\sin\varphi$$
$$S = UI = \sqrt{P^2 + Q^2}$$

6. 感性电路功率因数的提高

为减小输电线路损耗,提高供电效率,当感性用户的功率因数过低时,通过并联适量的电容,可以有效提高电路的功率因数。在实际补偿中,根据电源电压 U、有功功率 P、现有功率因数 $\cos\varphi_1$ 及补偿后期望达到的功率因数 $\cos\varphi$ 确定补偿电容的容量为

$$Q_C = P(\tan\varphi_1 - \tan\varphi)$$
$$C = \frac{Q_C}{\omega U^2} = \frac{P}{\omega U^2}(\tan\varphi_1 - \tan\varphi)$$

7. 电路的谐振

不论是在串联谐振还是并联谐振电路中,电感、电容和频率之间的关系为

$$\omega_0 = \frac{1}{\sqrt{LC}} \quad 或 \quad f_0 = \frac{1}{2\pi\sqrt{LC}}$$

(1) 串联谐振的主要特点与应用

① 谐振时,电路阻抗 Z 最小,$Z_0 = R$,对外呈纯阻性。

② 电路的品质因数 $Q_0 = \dfrac{Q_L}{P_R} = \dfrac{U_L}{U_R}$。

③ 串联谐振适合内阻较小的电压型信号源。

④ 电力系统中应尽可能避免发生串联谐振。

(2) 并联谐振的主要特点与应用

① 谐振时,电路阻抗 Z 最大,对外呈纯阻性。

② 电路的品质因数 $Q_0 = \dfrac{Q_L}{P_R} = \dfrac{I_L}{I_0}$。

③ 串联谐振适合内阻较大的电流型信号源。

8. 非正弦周期电路

工程上常见的非正弦周期函数可通过傅里叶级数分解为直流分量和无限多个不同频率的高次谐波分量之和。对于线性元件组成的电路,按照叠加定理分别进行直流分量和主要谐波分量的分析与计算。

非正弦周期电压和电流有效值为

$$U = \sqrt{\frac{1}{T}\int_0^T [u(t)]^2 \mathrm{d}t} = \sqrt{U_0^2 + U_1^2 + U_2^2 + \cdots + U_n^2}$$

$$I = \sqrt{\frac{1}{T}\int_0^T [i(t)]^2 \mathrm{d}t} = \sqrt{I_0^2 + I_1^2 + I_2^2 + \cdots + I_n^2}$$

在非正弦周期电路中,有功功率、视在功率的平均值分别为

$$P = U_0 I_0 + U_1 I_1 \cos\varphi_1 + U_2 I_2 \cos\varphi_2 + \cdots + U_n I_n \cos\varphi_n$$

$$S = UI = \sqrt{U_0^2 + U_1^2 + U_2^2 + \cdots + U_n^2} \times \sqrt{I_0^2 + I_1^2 + I_2^2 + \cdots + I_n^2}$$

实验 3-1 单相交流电路基本参数的测量

1. 实验目的

(1) 了解日光灯电路的工作原理。
(2) 了解交流电路中,阻抗元件电压、电流的相位关系。
(3) 掌握电路元件参数的测量与计算方法。

2. 实验原理

(1) 纯电阻电路

在交流电压的作用下,纯电阻电路中的电压、电流相位相同。电阻元件上消耗的功率为

$$P_1 = UI_1 = I_1^2 R_1$$

本实验使用普通的白炽灯近似作为电阻元件使用。在测得灯泡两端电压和电流后,灯泡的电阻为

$$R_1 = U/I_1$$

(2) RL 阻抗电路

R 与 L 组成的电路在交流电压的作用下,电压相位超前于电流。电路中仅有电阻元件消耗功率,其大小为

$$P_2 = I_2^2 R_2$$

本实验中普通的日光灯是一个阻抗元件。日光灯管近似看作电阻元件,日光灯的附件镇流器近似看作电感元件。

在测得灯管两端电压 U_1、镇流器两端电压 U_2、电流 I_2 后,灯管的等效参数为

$$R_2 = U_2/I_2$$
$$X_L = U_1/I_2$$
$$L = X_L/(2\pi f) = X_L/314$$

3. 实验电路图(实验图 3-1-1)

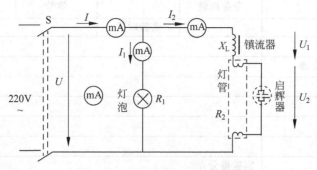

实验图 3-1-1 电路基本参数测量电路

4. 实验设备与仪器(实验表 3-1-1)

实验表 3-1-1 实验设备与仪器

序号	设备与仪器	数量
1	40W/250V 白炽灯	1 只
2	40W/250V 日光灯,包含灯管、镇流器、启辉器	1 套
3	220V 交流电源	1 套
4	万用表	1 块
5	交流毫安表(量程 500mA)	3 块

5. 实验步骤

(1) 数据测量

按实验图 3-1-1 所示电路接线,使用毫安表、万用表逐一测量电路中 U、U_1、U_2、I_1、I_2 的值,将数据填入实验表 3-1-2 中。

实验表 3-1-2 日光灯电路的参数测量与计算

项目	U/V	U_1/V	U_2/V	I_1/A	I_2/A	R_1	R_2	X_L
测量计算参数								

(2) 数据处理与结论

① 根据实验表 3-1-2 中的测量值,计算 R_1、R_2、X_L 的近似值。

② 通过计算说明,U 与 U_1、U_2 之间的关系。

③ 通过计算说明,I 与 I_1、I_2 之间的关系。

6. 实验报告(参考格式与内容)

姓名		专业班级		学号	
实验地点			实验时间		
1. 实验目的					
2. 实验原理					

续表

姓名		专业班级		学号	
实验地点			实验时间		
3. 实验电路图					
4. 实验设备与仪器					
5. 数据测量					
6. 数据处理					
7. 实验结论					
8. 体会与收获					
9. 教师评阅		实验得分：			

年　月　日

7. 实验准备和预习

(1) 注意事项

① 实验前应做充分的准备：预习实验内容，写出预习报告。

② 本实验使用220V动力线路供电，在进行电路接线操作时，严禁带电操作。

③ 实验电路接线正确，接通电源后日光灯不亮，可转动启辉器点亮日光灯。

④ 实验完毕，拆线时用力不要过猛，以防拔断导线。

⑤ 实验完成后做好工位整理，经实验指导老师检查并签字后才可离开实验室。

(2) 预习与思考

当日光灯电路中缺少了启辉器时，人们常用一根导线将启辉器的两端短接一下，然后迅速断开，这样也能使日光灯点亮；或用一只启辉器点亮多只同类型的日光灯，为什么？

附：日光灯电路的工作原理(实验图3-1-2)

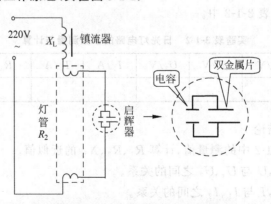

实验图3-1-2　日光灯电路的工作原理

当日光灯电路接到220V交流电源时，电源电压通过镇流器和灯管灯丝加到启辉器的两极。

220V电压立即使启辉器中的惰性气体电离，产生辉光放电。

辉光放电的热量使双金属片受热膨胀,两极接触。电流通过镇流器、启辉器触极和两端灯丝构成通路。灯丝很快被电流加热,发射出大量电子。这时,由于启辉器两极闭合,两极间电压为零,辉光放电消失,管内温度降低;双金属片自动复位,两极断开。

在两极断开的瞬间,电路电流突然切断,镇流器两端产生很大的自感电动势,与电源电压叠加后作用于灯管两端。灯丝受热时发射出来的大量电子在灯管两端高电压作用下,以极大的速度由低电势端向高电势端运动。在加速运动的过程中,碰撞管内氩气分子,使之迅速电离。氩气电离生热,热量使水银产生蒸气,随之水银蒸气也被电离,并发出强烈的紫外线。在紫外线的激发下,管壁内的荧光粉发出近乎白色的可见光。

日光灯正常发光后,由于交流电不断通过镇流器的线圈,线圈中产生自感电动势,自感电动势阻碍线圈中的电流变化,这时镇流器起降压限流的作用,使电流稳定在灯管的额定电流范围内,灯管两端电压也稳定在额定工作电压范围内。由于这个电压低于启辉器的电离电压,所以在正常工作后,并联在两端的启辉器就不再起作用了。

实验 3-2 感性电路功率因数的提高

1. 实验目的

(1) 熟悉日光灯电路的工作原理。
(2) 掌握电路元件参数的测量与计算方法。
(3) 了解提高功率因数的意义,掌握提高功率因数的方法。

2. 实验原理

交流电路中功率因数的高低关系到交流电源的输出功率和电力设备能否得到充分利用。为了提高电源的利用率,减少线路的能量损耗,可采取在感性负载两端并联适当容量的补偿电容,以改善电路的功率因数。

并联补偿电容器 C 以后,原来的感性负载取用的无功功率中的一部分,将由补偿电容提供,这样由电源提供的无功功率就减少了,电路的总电流 $\dot{I}$ 也会减小,从而使感性电路的功率因数 $\cos\varphi$ 得到提高。

从实验图 3-2-1 也可以看出,并联电容器后,电路的总电流 I 下降,电路的阻抗角减小,$\cos\varphi$ 提高了。

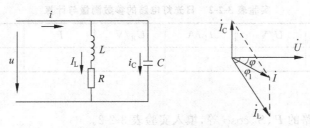

实验图 3-2-1 功率因数提高的原理

3. 实验电路图（实验图 3-2-2）

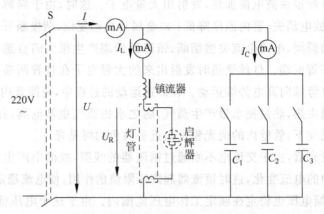

实验图 3-2-2　功率因数的提高实验电路

4. 实验设备与仪器（实验表 3-2-1）

实验表 3-2-1　实验设备与仪器

序号	设备与仪器	数量
1	220V 交流电源	1个
2	40W/220V 日光灯，包含灯管、镇流器、启辉器	1套
3	400V/1μF 电容器	1个
	400V/2.2μF 电容器	1个
	400V/4.7μF 电容器	1个
4	万用表	1块
5	交流毫安表（量程500mA）	3块

5. 实验步骤

1) 日光灯电路参数测量

（1）数据测量。

按实验图 3-2-2 所示电路接线，电容支路未接入。

使用毫安表、万用表测量电路中 U、I_L、U_R 的值，数据填入实验表 3-2-2 中。

实验表 3-2-2　日光灯电路的参数测量与计算

项　目	U/V	I_L/A	U_R/V	P	S	$\cos\varphi$
测量计算参数						

（2）数据处理。

计算日光灯电路的 P、S、$\cos\varphi$ 等，填入实验表 3-2-2。

提示：$P = U_R I_L$；$S = U I_L$；$\cos\varphi = P/S$。

2）功率因数提高参数测量

（1）数据测量。

按实验图 3-2-2 所示电路接线，电容支路分别接入。

使用毫安表、万用表测量电路中 U、I、I_L、I_C 的值，数据填入实验表 3-2-3 中。

实验表 3-2-3　并联电容提高功率因数

电容值/μF	项　　目						
	U/V	I/mA	I_L/mA	I_C/mA	P	S	$\cos\varphi$
1							
2.2							
4.7							

（2）数据处理。

① 计算电容补偿后，电路总的 P、S、$\cos\varphi$ 等，填入实验表 3-2-3。

② 对比 I、I_L、I_C 三个值的变化，能得出什么结论？

提示：$P = U_R I_L$；$S = UI$；$\cos\varphi = P/S$。

6．实验报告（参考格式与内容）

姓名		专业班级		学号	
实验地点			实验时间		
1．实验目的					
2．实验原理					
3．实验电路图					
4．实验设备与仪器					
5．数据测量					
6．数据处理					
7．实验结论					
8．体会与收获					
9．教师评阅		实验得分：			
					年　月　日

7．实验准备和预习

（1）注意事项

① 实验前应做充分的准备：预习实验内容，写出预习报告。

② 本实验使用 220V 动力线路供电，在进行电路的接线操作时，严禁带电操作。

③ 实验电路接线正确，接通电源后日光灯不亮，可转动启辉器点亮日光灯。

④ 实验完毕，拆线时用力不要过猛，以防拔断导线。

⑤ 实验完成后做好工位整理，经实验指导老师检查并签字后才可离开实验室。

(2) 预习与思考

实际中,常通过在感性负载两端并联电容器提高电路的功率因数,增加电容支路后,电路的总电流是增大还是减小?此时感性元件上的电流和功率是否改变?

习 题 3

3-1 一个正弦交流电压的瞬时值表达式为 $u=311\sin(628t+45°)$ (V)。试写出该电压的幅值、初相位、角速度、频率,并画出波形图。

3-2 一个工频正弦交流电流的幅值为 14.14A,初始值为 7.07A。试确定该电流的初相位,并写出电流瞬时值的表达式。

3-3 两个同频率正弦交流电的波形如习题 3-3 图所示,试确定 u 和 i 的初相位各为多少? 相位差为多少? 哪个相位超前?

3-4 复阻抗 $Z_1=8+j6, Z_2=10\angle 30°$,分别求两个复阻抗的串联值和并联值。

3-5 写出下列各正弦量对应的有效值相量表达式,并在同一复平面画出对应的相量图。

(1) $i=10\sqrt{2}\sin\omega t$ (A)   (2) $i=6\sqrt{2}\sin(\omega t+60°)$ (A)

(3) $u=220\sqrt{2}\sin(\omega t-45°)$ (V)   (4) $u=141.4\sin(\omega t+120°)$ (V)

3-6 写出下列相量对应的正弦量瞬时值表达式($\omega=314$ rad/s)。

(1) $\dot{U}=220\angle 0°$ V   (2) $\dot{U}=110\angle\dfrac{\pi}{6}$ V   (3) $\dot{I}=(5-j5)$ A   (4) $\dot{I}=-j8$ A

3-7 两个同频率正弦交流电流 i_1 和 i_2 的有效值分别为 8A 和 6A,请使用相量图说明:(1)在什么情况下,i_1+i_2 的有效值为 10A;(2)在什么情况下,i_1+i_2 的有效值为 2A;(3)在什么情况下,i_1+i_2 的有效值为 14A。

3-8 电压 $u=220\sqrt{2}\sin(314t+30°)$ (V) 加在 22Ω 的电阻上,试求:(1)电流的瞬时值;(2)电流的有效值;(3)电阻消耗的功率;(4)画出电流与电压的相量图。

3-9 电压 $u=100\sqrt{2}\sin(314t+45°)$ (V) 加在 10Ω 的电感元件上,试求:(1)电流的瞬时值;(2)电流的有效值;(3)感抗吸收的最大无功功率;(4)画出电流与电压的相量图。

3-10 电流 $i=7.07\sin(314t-60°)$ (A) 通过 5Ω 的电容元件,试求:(1)电容两端电压的瞬时值;(2)电压的有效值;(3)电容吸收的最大无功功率;(4)画出电流与电压的相量图。

3-11 $U=220$V 的工频交流电压供电给习题 3-11 图所示的 RLC 串联电路。电路参数 $R=16Ω, X_L=22Ω, X_C=10Ω$。试求:(1)电路中电流的相量表达式;(2)R、L、C 两端的电压;(3)各元件消耗的功率;(4)电路的视在功率和功率因数;(5)画出电路电流、各元件电压和总电压的相量图。

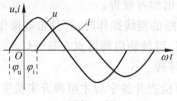

习题 3-3 图

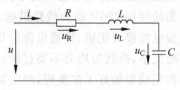

习题 3-11 图

3-12 $U=220\text{V}$ 的工频交流电压供电给习题 3-12 图所示的 R、L 与 C 并联的电路。电路参数 $R=8\Omega, X_L=6\Omega, X_C=10\Omega$。试求：(1)各支路电流和电路的总电流，并画出相量图；(2)各元件消耗的功率；(3)电路的总功率和功率因数。

3-13 220V 的工频交流电供电给如习题 3-13 图所示的串联电路，图中虚线框内是一个电感线圈。已知 $R=8\Omega$，电压表读数为 220V，电路电流读数为 11A，功率表读数为 1936W。试确定电感线圈的参数，并画出电路电流、电阻 R 上的电压 u_1、电感线圈上电压 u_2 的相量关系。

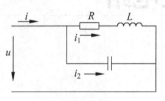

习题 3-12 图

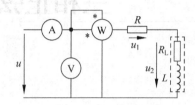

习题 3-13 图

3-14 为确定一个感性元件的参数，进行如下测试：给元件两端加 30V 的直流电压，用直流电流表测得电路电流为 1A；给元件两端加 50V 的工频交流电压，用交流电流表测得电路电流仍为 1A。根据以上测试数据，确定元件的电阻 R 和电感量 L。

3-15 电路如习题 3-15 图所示，已知电源电压为 $\dot{U}=50\angle 0°\text{V}$，$R_1=4\Omega$，$R_2=6\Omega$，$X_L=3\Omega$，$X_C=8\Omega$。试求：(1)各支路的电流和电路总电流；(2)电路的有功功率、无功功率和功率因数；(3)画出各支路电流和电路总电流的相量图。

3-16 将一个感性负载接在 220V，50Hz 的工频交流电源上，$\cos\varphi=0.7$，$P=10\text{kW}$。现要将功率因数提高到 0.9 以上，请给出方案并设计元件参数。

3-17 $U=100\text{V}$ 的工频交流电压供电给一个 RLC 串联电路。电路参数 $R=10\Omega$，$X_L=30\Omega$，$X_C=30\Omega$。试求：电路中的电流为多少？电感两端的电压为多少？计算结果能说明什么问题？

3-18 将电压为 10mV 的交流信号源接入 RLC 串联电路，其中 $R=10\Omega$，$L=1\text{mH}$，$C=1000\text{pF}$。调节频率，使电路发生谐振。试求：(1)谐振时，信号源的频率和电路的品质因数；(2)谐振时，回路的电流和电感(或电容)上的电压。

3-19 RLC 串联电路如习题 3-19 图所示。已知信号源电压 $U=10\text{mV}$，角频率 $\omega=10^6\text{rad/s}$。调节电容 C，使电路发生谐振。测得谐振时的电流为 $I_0=1\text{mA}$，电容两端电压 $U_C=1\text{V}$。试求：(1)电路的品质因数；(2)电路参数 R、L、C。

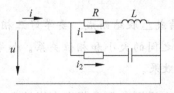

习题 3-15 图

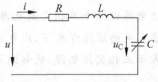

习题 3-19 图

3-20 一个感性负载的电阻 $R=10\Omega$，电感 $L=10\text{mH}$，加在电源信号为 $u=50+20\sqrt{2}\sin 1000t$(V) 的系统中。试计算负载上电流的瞬时值、有效值和平均消耗的功率。

第4章

三相正弦交流电路

与单相交流电相比,三相交流电的效率高、成本低、波动性小。工农业生产中使用的大多是三相机电设备,如农用抽水泵、生产加工使用的机床等,都需要三相交流电源供电。家庭使用的单相用电设备,如风扇、冰箱、空调、照明灯等,其供电电源均来自三相供电设备。如何根据三相负载的工作要求选择合适的电源,进行正确接线,保证电器设备正常运行,是电气人员的必备技能。

4.1 三相交流电源的联结

- 熟悉三相交流电源的组成与接线方式。
- 掌握对称三相交流电源星形接线与三角形接线时线、相电压之间的对应关系。
- 能根据三相负载的工作要求选择合适的电源联结。
- 能借助电工测量仪表排除配电线路的简单故障。

三相交流电源由三个单相交流电源按照Y联结或△联结而成。要学好三相交流电源,关键是掌握在不同的联结方式下,线电压与相电压之间的大小和相位关系。如果试着用相量和相量图表示三相交流电源,能起到事半功倍的效果。

三相交流电应用广泛,工农业生产用电和居民生活用电几乎都来自当地电力部门提供的三相交流电源。三相交流电源可以直接来自三相交流发电机,但由于电力用户远离发电厂,大多数情况下由三相交流变压器提供。电力部门提供的三相电源通常是三相对称交流电源。

4.1.1 三相对称交流电源

三相对称交流电源是由三个频率相同、振幅相同、相位互差120°的电压源构成的电源组,简称三相交流电源。在供电系统中,以 U、V、W 表示三相交流电源的三个电源相电压。如果以 U 相作为参考相,则三相电压可表示为

$$\left.\begin{array}{l} u_U = U\sqrt{2}\sin\omega t \\ u_V = U\sqrt{2}\sin(\omega t - 120°) \\ u_W = U\sqrt{2}\sin(\omega t + 120°) \end{array}\right\} \quad (4\text{-}1\text{-}1)$$

三相交流电压的相量形式为

$$\left.\begin{array}{l} \dot{U}_U = U\angle 0° \\ \dot{U}_V = U\angle(-120°) \\ \dot{U}_W = U\angle 120° \end{array}\right\} \quad (4\text{-}1\text{-}2)$$

图 4-1-1 分别给出了组成三相交流电源的单相电源组及其波形图和相量图。

每相电压源都有首、尾两端,首端依次标记为 U_1、V_1、W_1,末端依次标记为 U_2、V_2、W_2。本书规定参考正极性标在首端,负极性标在末端,如图 4-1-1(a)所示。

电工故事会:三头驴与三相电

假设三头驴共同拉动一个大磨盘旋转。三头驴在空间的位置按对称排列:朝同一方向,位置互差120°。由于驴被固定在拉杆上,所以它们之间沿着磨盘的旋转角速度相同,相对位置恒定不变。

设第一头驴的起点在 X 轴上,三头驴拉动大磨盘以 ω 为角速度作逆时针旋转,如图 A 所示,则任意时刻三个拉杆与 X 轴的动态夹角分别为 ωt、$\omega t + 120°$、$\omega t - 120°$。

设三个拉杆的长度为 U_m,三个拉杆顶点在纵坐标上的投影分别为 u_U、u_V、u_W,则任意时刻三个拉杆的顶点在 Y 轴上的动态投影分别为

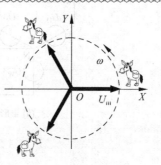

图 A 三头拉磨的驴

$$u_U = U_m \sin\omega t$$
$$u_V = U_m \sin(\omega t + 120°)$$
$$u_W = U_m \sin(\omega t - 120°)$$

三相电是三相对称交流电源的简称。工厂的动力用电都是三相电,三相电源的产生、相互之间的关系类似于图 A 中三个拉杆之间的关系,即频率(角速度)相同;振幅(拉杆长度)相同;相位互差120°。

了解这种关系后,学习三相电路的知识就比较容易了。

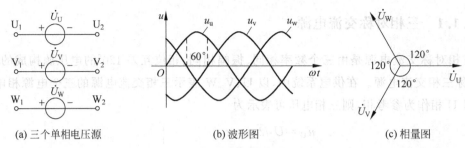

(a) 三个单相电压源　　　　(b) 波形图　　　　(c) 相量图

图 4-1-1　三相交流电源的波形图和相量图

三相电压源根据依次出现零值(或最大值)的顺序称为相序。在图 4-1-1(b)中,三相交流电的正序是 U—V—W,负序(逆序)是 U—W—V。在图 4-1-1(c)中,三相交流电的正序是顺时针方向,负序是逆时针方向。

我国电力部门提供的三相交流电源的频率为 50Hz。三相交流电源有两种联结方式,一种是星形(Y)联结,另一种是三角形(△)联结。不同的联结方式可满足不同的用户需求。

4.1.2　三相电源的星形(Y)联结

把图 4-1-1(a)中三个对称交流电源的首端引出,末端连接在一起,形成图 4-1-2(a)所示的星形联结,由于形似"Y",也称Y联结。为方便书面表示,在不改变电源属性的情况下,更多用图 4-1-2(b)所示的形式绘制。

三相交流电源
的Y形联结

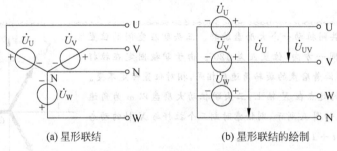

(a) 星形联结　　　　　　　(b) 星形联结的绘制

图 4-1-2　三相交流电源的星形联结

在图 4-1-2 中,将三相电源首端的引出导线定义为电源的相线或火线(Phase Line),记为 U、V、W;将三相电源公用末端的引出导线定义为中线或零线(Neutral Line),记为 N。每相电压与中线之间的电压差为相电压(Phase Voltage),用符号 U_P 表示;任意两相之间的电压差为线电压(Line Voltage),用符号 U_L 表示,也可用双下标表示,如 U_{UV} 表示 U—V 之间的线电压。下面讨论在星形(Y)联结下,相电压与线电压之间的大小与相位关系。

1. 星形(Y)联结时的相线关系

由于三相电源之间的对称关系,要搞清楚 $\dot{U}_P$ 和 $\dot{U}_L$ 之间的关系,只要分析 $\dot{U}_U$ 和 $\dot{U}_{UV}$ 之间的关系,其他各相线之间的关系便可对应列出。各线电压与各相电压之间的对应关系为

$$\left.\begin{array}{l}\dot{U}_{UV} = \dot{U}_U - \dot{U}_V \\ \dot{U}_{VW} = \dot{U}_V - \dot{U}_W \\ \dot{U}_{WU} = \dot{U}_W - \dot{U}_U\end{array}\right\} \quad (4\text{-}1\text{-}3)$$

式中：$\dot{U}_{UV}$ 是 U 相和 V 相之间的电压差。结合式(4-1-2)，计算出其相量差为

$$\begin{aligned}\dot{U}_{UV} = \dot{U}_U - \dot{U}_V &= U\angle 0° - U\angle(-120°) \\ &= (U + j0) - (-0.5U - j0.866U) \\ &= 1.5U + j0.866U = \sqrt{3}U\angle 30° \\ &= \sqrt{3}\dot{U}_U\angle 30°\end{aligned}$$

根据对称三相电路的特点，列出各相电压与线电压之间的对应关系为

$$\left.\begin{array}{l}\dot{U}_{UV} = \dot{U}_U - \dot{U}_V = \sqrt{3}\dot{U}_U\angle 30° \\ \dot{U}_{VW} = \dot{U}_V - \dot{U}_W = \sqrt{3}\dot{U}_V\angle 30° \\ \dot{U}_{WU} = \dot{U}_W - \dot{U}_U = \sqrt{3}\dot{U}_W\angle 30°\end{array}\right\} \quad (4\text{-}1\text{-}4)$$

三相电源星形联结时，有以下对应关系。

(1) 在数值上，线电压 U_L 是相电压 U_P 的 $\sqrt{3}$ 倍。

(2) 在相位上，线电压超前相应的相电压 30°。

式(4-1-4)展示的相、线电压之间的关系还可用相量图如图 4-1-3 所示。尽管以上两式所示的相、线电压关系是根据电源电压之间的关系推导得出的，但同样适应于三相负载星形联结时的相、线电压对应关系。

由于三相电压对称，三相电压之间、三线电压之间还有如下关系：

$$\left.\begin{array}{l}\dot{U}_U + \dot{U}_V + \dot{U}_W = 0 \\ \dot{U}_{UV} + \dot{U}_{VW} + \dot{U}_{WU} = 0\end{array}\right\} \quad (4\text{-}1\text{-}5)$$

有兴趣的读者可自行验证。

2. 星形联结的中线

由于星形联结时引出一根中线，三相交流电变为四线

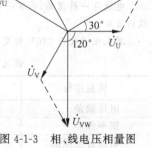

图 4-1-3 相、线电压相量图

供电。有时为了安全，需要专门增加一根地线，变为五线供电。实际中存在以下三种供电方式。

(1) 三相三线制：适合完全对称的三相负载供电。

(2) 三相四线制：适合不对称的三相负载，或需要单相电源的负载供电。

(3) 三相五线制：适合需要保护接地的单相或三相负载供电。

以上供电方式会在后面逐一介绍。

4.1.3 三相电源的三角形(△)联结

把图 4-1-1(a)中三个对称交流电源的首、末端依次顺序联结，从首端引出三根导线，形成如图 4-1-4(a)所示的三角形(△)联结。为方便表示，在不改变电源属性的情况下，有时也

三相交流电源的 △联结

用图 4-1-4(b)所示的形式绘制。下面讨论在△联结下,相电压与线电压之间的大小与相位关系。

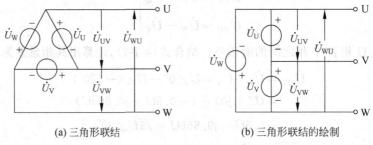

(a) 三角形联结　　　　　　　　(b) 三角形联结的绘制

图 4-1-4　三相交流电源的三角形联结

从图 4-1-4 可以看出,三角形联结时,电源的相电压与电路的线电压对应相等,即

$$\left.\begin{array}{l}\dot{U}_\mathrm{U}=\dot{U}_\mathrm{UV}\\ \dot{U}_\mathrm{V}=\dot{U}_\mathrm{VW}\\ \dot{U}_\mathrm{W}=\dot{U}_\mathrm{WU}\end{array}\right\} \quad (4\text{-}1\text{-}6)$$

三相电压之间仍存在 $\dot{U}_\mathrm{U}+\dot{U}_\mathrm{V}+\dot{U}_\mathrm{W}=0$,有兴趣的读者可自行验证。

提示:在三相交流供电系统中,如无特殊说明,凡提到电源、线路、负载的电压时,一般均指线电压。

电工故事会：电能的质量

质量是商品的生命。任何一种商品都有质量指标,用户根据质量指标进行商品的选择。

电能是一种商品,也有一定的质量指标,只有当送到用户的电能符合质量指标时,它才能发挥最佳的效益。

居民生活使用 220V 的交流电,其主要质量指标如表 A 所示。

表 A　居民生活使用 220V 的交流电主要质量指标

质量指标	偏差范围	值	执行标准
电压偏差	−10%,+7%	235～198V	GB/T 12325—2003
频率偏差	±2%	49～51Hz	GB/T 15945—1995
谐波分量限值	≤5%		GB/T 14549—1993

工业生产中使用 380V 的三相交流电,其主要质量指标如表 B 所示。

表 B　工业生产中使用 380V 的三相交流电主要质量指标

质量指标	偏差范围	值	执行标准
电压偏差	±5%	400～360V	GB/T 12325—2003
频率偏差	±2%	49～51Hz	GB/T 15945—1995
谐波分量限值	≤5%		GB/T 14549—1993

4.1.4 三相电源与负载的正确联结

为了满足负载用电的要求,需要根据负载的工作电压调整电源接线方式。三相电源在连接时,需要特别注意电源引线的极性。实际中,可能会发生某一相或两相电源从末端(负极性)引出的情况。此时,尽管三个单相电压的测量值显示正确,但实际上存在极大的安全隐患。作为电气技术人员,在设备运行前,一定要用合适的仪表检查三相电源电压的大小,判断相位是否正确,否则会引起严重的后果。下面通过一个实例来说明电源的正确联结,并分析联结错误的情况。

【例 4-1-1】 有一组三相对称的交流电源,每相电压为 220V,电源频率为 50Hz。现有两组三相对称负载,一组负载的工作线电压为 220V,另一组负载的工作线电压为 380V。问如何连接,可使得该交流电源能分别为两组负载正常供电?

【解】 电源的联结方式要根据负载的工作电压进行适当的调整。

(1) 负载工作电压为 220V。

要保证线电压为 220V 的负载正常工作,需要提供线电压为 220V 的交流电。根据式(4-1-6),三角形联结时,$U_L = U_P$,三相电源接线如图 4-1-5(a)所示。

(2) 负载工作电压为 380V。

要保证线电压为 380V 的负载正常工作,需要提供线电压为 380V 的交流电。根据式(4-1-5),Y联结时,$U_L = \sqrt{3} U_P$,所以三相电源接线如图 4-1-5(b)所示。

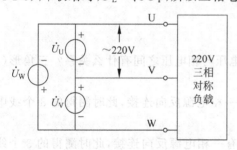 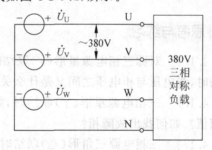

(a) 线电压为220V的△联结　　　　(b) 线电压为380V的Y联结

图 4-1-5　三相交流电源的联结

【例 4-1-2】 在例 4-1-1 中,如果某一相电源的首、末端标号错误,导致三相电源中一相接反,会产生何种后果? 请分别对星形和三角形联结进行分析。

【解】 通过本例,学习判断电源异常的方法。

(1) 三角形联结电源异常的处理。

下面以 W 相接反为例进行分析。如果 W 相接反,则三相电压之和为

$$\dot{U}_U + \dot{U}_V + \dot{U}_W = U\angle 0° + U\angle(-120°) - U\angle 120° = 2U\angle(-60°)$$

即三相电源电压之和为 2 倍的相电压。利用这个原理,按以下步骤排除故障。

① 用万用电表测量各相电压。万用表测量交流电压时无正、负极之分,表盘显示值为电压的有效值。如果各相电源电压正常,则万用表的测量值应为 220V。

② 在电源联结为三角形之前,测量开口处电压,如图 4-1-6(a)所示。如果开口处电压测量值接近零,说明联结正确;如果测量值接近 440V,可通过逐一反接的方法找出接反相。

(2) 星形联结电源异常的处理。

仍以 W 相接反为例进行分析。如果 W 相接反,则与 W 相有关的两个线电压为

$$\dot{U}_{VW} = \dot{U}_V + \dot{U}_W = U\angle(-120°) + U\angle 120° = U\angle 180°(V)$$

$$\dot{U}_{WU} = -\dot{U}_W - \dot{U}_U = -U\angle 120° - U\angle 0° = U\angle(-120°)(V)$$

上式表明,与接错相有关的两个线电压的大小与相电压相同。利用这个原理,可按以下步骤排除故障。

① 用万用电表测量各相电压。各相电源电压正常时,电压测量值应为 220V。

② 测量各个线电压,如图 4-1-6(b)所示。如果每个线电压值都为 380V,说明联结正确;如果有两个线电压值接近 220V,说明公共相即为接反相。

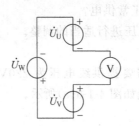 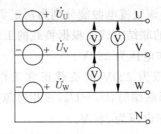

(a) △联结开口处电压的测量　　(b) Y联结线电压的测量

图 4-1-6　电源故障的判断

思考与练习

4.1.1　对称三相电源星形(Y)联结时,线电压与相电压之间有什么关系？三角形(△)联结时,线电压与相电压之间又是什么关系？

4.1.2　三相电源星形(Y)联结时,如果有一相电源反向连接,此时测得的 3 个线电压为何值？如何找出故障相？

4.1.3　三相电源三角形(△)联结时,如果有一相电源反向连接,此时测得的 3 个线电压为何值？如何找出故障相？

4.2　三相负载的联结

- 熟悉三相负载的组成与接线方式。
- 掌握对称三相负载星形接线与三角形接线时,线、相电流之间的对应关系。
- 能根据三相电源条件确定三相负载的联结方式。

三相负载由三个单相负载按照Y联结或△联结而成。要进行三相电路的计算,首

先要判断三相负载是否对称。如果负载不对称,就按照单相电路的方法分别计算每相电路;如果三相负载对称,只需计算一相即可,其余两相参数根据电源对称关系推导得出。

对称负载电路计算的关键是掌握在不同的联结方式下,线电流与相电流之间的大小和相位关系。能够用相量和相量图表示三相负载电流,这是最有效的学习方法。

与三相交流电源相同,三相负载也有星形、三角形两种联结方式。

4.2.1 三相负载的星形(Y)联结

三相负载星形联结的电路如图 4-2-1(a)所示。为方便绘制电路,在已知电源电压的情况下,常采用如图 4-2-1(b)所示的简化方式。

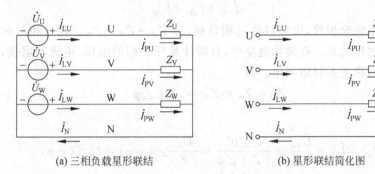

(a) 三相负载星形联结   (b) 星形联结简化图

图 4-2-1 三相负载的星形联结

三相负载的Y形联结

电源供电线路上的电流为线电流(Line Current),用符号 I_L 表示,如 I_{LU} 表示 U 线的线电流;流过每相负载的电流为相电流(Phase Current),用符号 I_P 表示,如 I_{PU} 表示 U 相的相电流。下面讨论在Y联结下,负载上的线电压与相电压、线电流与相电流之间的大小与相位关系。

1. 负载相、线电压之间的关系

三相负载 Z_U、Z_V、Z_W 上的电压分别为 U_U、U_V、U_W,与电源的相电压相等;由于负载为星形接法,每两相负载之间的电压等于电源的线电压 U_{UV}、U_{VW}、U_{WU}。电源相、线之间的电压关系完全适用于负载相、线之间的电压关系,此处不再赘述。

2. 负载相、线电流之间的关系

从负载端看,供电线路上的线电流与每相负载的相电流相等,即

$$\left.\begin{array}{l}\dot{I}_{LU}=\dot{I}_{PU}\\ \dot{I}_{LV}=\dot{I}_{PV}\\ \dot{I}_{LW}=\dot{I}_{PW}\end{array}\right\} \qquad (4\text{-}2\text{-}1)$$

3. 负载电流计算

由于三相电源对称,电路的相电流(线电流)可分别计算为

$$\left.\begin{array}{l}\dot{I}_{LU}=\dot{I}_{PU}=\dfrac{\dot{U}_{PU}}{Z_U}\\[4pt]\dot{I}_{LV}=\dot{I}_{PV}=\dfrac{\dot{U}_{PV}}{Z_V}\\[4pt]\dot{I}_{LW}=\dot{I}_{PW}=\dfrac{\dot{U}_{PW}}{Z_W}\end{array}\right\} \quad (4\text{-}2\text{-}2)$$

根据式(4-2-2),三相负载的电流可由各相电压和各相负载分别计算得出。根据基尔霍夫电流定律,中线电流为

$$\begin{aligned}\dot{I}_N &= \dot{I}_{PU}+\dot{I}_{PV}+\dot{I}_{PW}\\ &= \dot{I}_{LU}+\dot{I}_{LV}+\dot{I}_{LW}\end{aligned} \quad (4\text{-}2\text{-}3)$$

如果三相负载完全相等,也称对称三相负载,即 $Z_U=Z_V=Z_W$。在三相对称电压下的负载电流也具有对称关系。在对称电路中,只需计算任一相的电压、电流和阻抗,其余相的相应参数可根据对称关系对应列出。设

$$Z_U=Z_V=Z_W=|Z|\angle\varphi$$

则

$$\dot{I}_{PU}=\dot{I}_{LU}=\dfrac{\dot{U}_{PU}}{Z}=\dfrac{U\angle 0°}{|Z|\angle\varphi}=\dfrac{U_P}{|Z|}\angle(-\varphi)=I_P\angle(-\varphi)$$

其余两相电流可根据对应关系列出

$$\dot{I}_{PV}=\dot{I}_{LV}=I_P\angle(-120°-\varphi)$$
$$\dot{I}_{PW}=\dot{I}_{LW}=I_P\angle(120°-\varphi)$$

由于三相电路对称,三相电流之和 $\dot{I}_{PU}+\dot{I}_{PV}+\dot{I}_{PW}=0$,中线电流也等于0,即

$$\dot{I}_N=\dot{I}_{PU}+\dot{I}_{PV}+\dot{I}_{PW}=0 \quad (4\text{-}2\text{-}4)$$

式(4-2-4)表明,在三相电源对称、三相负载相等的情况下,中线电流为零。在实际的供电系统中,为节省投资,可去掉中线,形成三相三线制电路。工业生产中大量使用的三相电机都采用三相三线制电路。

在380V/220V低压供配电系统中,由于大量存在单相负荷,正常情况下中线电流并不为零,所以采用三相四线制系统。在采用三相四线制的供电系统中,中线的作用不可或缺。为确保中线的正常运行,规定中线不允许装设开关和熔断器。

【例4-2-1】 一组三相对称负载采用星形联结接在线电压380V、频率50Hz的三相四线制交流电源上,其阻值 $Z=20\angle 30°\Omega$。试根据下列情况计算各相负载的相电压、负载的相电流及电路的线电流。(1)正常运行;(2)W相断线,其余正常;(3)W相和中线断线,其余正常。通过本例,说明中线的作用。

【解】 通过本例,学习负载在星形接线方式下电路参数的计算。

对于线电压为380V的三相四线制交流电源,其联结方式为星形联结,每相电压为220V。设 $u_{PU}=220\sqrt{2}\sin 314t\,(V)$。

(1) 正常运行时,电路如图 4-2-2(a)所示。

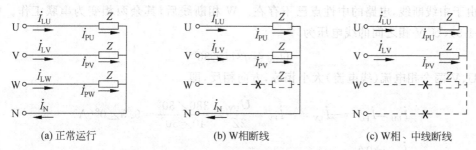

(a) 正常运行　　　　(b) W相断线　　　　(c) W相、中线断线

图 4-2-2　例 4-2-1 中各种情况下的电路图

各相负载相电压的相量形式为

$$\dot{U}_{PU}=U\angle 0°(V)$$

$$\dot{U}_{PV}=U\angle(-120°)(V)$$

$$\dot{U}_{PW}=U\angle 120°(V)$$

各相负载的相电流与线电流相等。以 U 相为例进行计算:

$$\dot{I}_{LU}=\dot{I}_{PU}=\frac{\dot{U}_{PU}}{Z}=\frac{220\angle 0°}{20\angle 30°}=11\angle(-30°)(A)$$

其他两相和中线电流为

$$\dot{I}_{LV}=\dot{I}_{PV}=11\angle(-150°)A$$

$$\dot{I}_{LW}=\dot{I}_{PW}=11\angle 90°A$$

$$\dot{I}_{N}=0A$$

(2) W 相断线,其余正常,电路如图 4-2-2(b)所示。

由于中线的存在,W 相断线后,其余两相仍可正常工作。各相负载相电压的相量形式为

$$\dot{U}_{PU}=U\angle 0°(V)$$

$$\dot{U}_{PV}=U\angle(-120°)(V)$$

$$\dot{U}_{PW}=0V$$

各相负载的相电流与线电流相等,相电流、中线电流分别计算如下:

$$\dot{I}_{LU}=\dot{I}_{PU}=\frac{\dot{U}_{PU}}{Z}=\frac{220\angle 0°}{20\angle 30°}=11\angle(-30°)(A)$$

$$\dot{I}_{LV}=\dot{I}_{PV}=\frac{\dot{U}_{PV}}{Z}=\frac{220\angle(-120°)}{20\angle 30°}=11\angle(-150°)(A)$$

$$\dot{I}_{LW}=\dot{I}_{PW}=\frac{\dot{U}_{PW}}{Z}=0(A)$$

$$\dot{I}_{N}=\dot{I}_{LU}+\dot{I}_{LV}=11\angle(-30°)+11\angle(-150°)=11\angle(-90°)(A)$$

（3）W相和中线断线，其余正常，电路如图4-2-2(c)所示。

由于中线断线，电路的中性点已不存在。W相断线后，其余两相变为串联工作。根据式(4-1-5)，U、V相之间的线电压为

$$\dot{U}_{UV}=\sqrt{3}U\angle 30°$$

U、V两个相电流（线电流）大小相等，方向相反，即

$$\dot{I}_{LU}=\dot{I}_{PU}=-\dot{I}_{LV}=-\dot{I}_{PV}=\frac{\dot{U}_{UV}}{2Z}=\frac{380\angle 30°}{40\angle 30°}=9.5\angle 0°(\text{A})$$

$$\dot{I}_{LW}=0\text{A}$$

$$\dot{I}_{N}=0\text{A}$$

三相负载的△联结

结论：在三相对称电源作用下，如果三相负载对称，可以省去中线；如果负载不对称（如一相断线），在有中线的情况下，非故障相可以正常工作；如果负载不对称（如一相断线），且无中线，非故障相也不能正常工作。

4.2.2 三相负载的三角形（△）联结

三相负载三角形（△）联结的电路如图4-2-3(a)所示。为方便绘制电路，也常采用如图4-2-3(b)所示的方式。

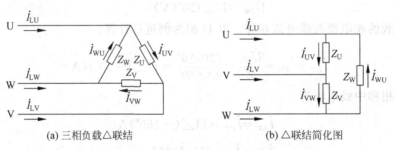

(a) 三相负载△联结　　　　　　(b) △联结简化图

图4-2-3　三相负载的三角形联结

三角形接线时，线电流和相电流的定义与星形接线相同。下面讨论在△联结下，负载上的线电压与相电压、线电流与相电流之间的大小与相位关系。

1. 负载相、线电压之间的关系

三角形联结时，三相负载 Z_U、Z_V、Z_W 上的电压分别为 U_{UV}、U_{VW}、U_{WU}，即三相负载的相电压与电源的线电压相等。相量表示为

$$\left.\begin{aligned}\dot{U}_{PU}&=\dot{U}_{UV}\\ \dot{U}_{PV}&=\dot{U}_{VW}\\ \dot{U}_{PW}&=\dot{U}_{WU}\end{aligned}\right\} \quad (4\text{-}2\text{-}5)$$

2. 负载相、线电流之间的关系

三角形联结时，三相供电线路上的线电流与通过负载的相电流关系如下：

$$\left.\begin{aligned}\dot{I}_{LU}&=\dot{I}_{UV}-\dot{I}_{WU}\\ \dot{I}_{LV}&=\dot{I}_{VW}-\dot{I}_{UV}\\ \dot{I}_{LW}&=\dot{I}_{WU}-\dot{I}_{VW}\end{aligned}\right\} \quad (4\text{-}2\text{-}6)$$

各相负载电流取决于电源的线电压和每相负载的阻抗，即

$$\left.\begin{aligned}\dot{I}_{UV}&=\frac{\dot{U}_{UV}}{Z_U}\\ \dot{I}_{VW}&=\frac{\dot{U}_{VW}}{Z_V}\\ \dot{I}_{WU}&=\frac{\dot{U}_{WU}}{Z_W}\end{aligned}\right\} \tag{4-2-7}$$

如果三相负载对称，即 $Z_U=Z_V=Z_W=|Z|\angle\varphi$，在三相对称电压下的负载电流也具有对称关系。下面以 U 线为例进行计算，设 $\dot{U}_{LU}=U\angle 0°$，则 U 相电流为

$$\dot{I}_{UV}=\frac{\dot{U}_{UV}}{Z_U}=\frac{U\angle 0°}{|Z|\angle\varphi}=\frac{U}{|Z|}\angle(-\varphi)=I_P\angle(-\varphi)$$

根据三相电路的对称性，另外两相的电流为

$$\dot{I}_{VW}=I_P\angle(-120°-\varphi)$$

$$\dot{I}_{WU}=I_P\angle(120°-\varphi)$$

可得 U 线电流为

$$\dot{I}_{LU}=\dot{I}_{UV}-\dot{I}_{WU}=I_P\angle(-\varphi)-I_P\angle(120°-\varphi)$$
$$=\sqrt{3}I_P\angle(-30°-\varphi)=\sqrt{3}\dot{I}_{UV}\angle(-30°)$$

根据对称三相电路的特点，列出各线电流与相电流之间的对应关系为

$$\left.\begin{aligned}\dot{I}_{LU}&=\dot{I}_{UV}-\dot{I}_{WU}=\sqrt{3}\dot{I}_{UV}\angle(-30°)\\ \dot{I}_{LV}&=\dot{I}_{VW}-\dot{I}_{UV}=\sqrt{3}\dot{I}_{VW}\angle(-30°)\\ \dot{I}_{LW}&=\dot{I}_{WU}-\dot{I}_{VW}=\sqrt{3}\dot{I}_{WU}\angle(-30°)\end{aligned}\right\} \tag{4-2-8}$$

三相对称负载三角形联结时，有以下对应关系。

(1) 在数值上，线电流 I_L 是相电流 I_P 的 $\sqrt{3}$ 倍。

(2) 在相位上，线电流滞后相应的相电流 30°。

根据基尔霍夫电流定律，三相电流之间、三线电流之间还有如下关系：

$$\left.\begin{aligned}\dot{I}_{UV}+\dot{I}_{VW}+\dot{I}_{WU}&=0\\ \dot{I}_{LU}+\dot{I}_{LV}+\dot{I}_{LW}&=0\end{aligned}\right\} \tag{4-2-9}$$

图 4-2-4 以 U 相电流为参考相量，绘制了相、线电流关系图，有兴趣的读者可自行验证。

【例 4-2-2】 将一组三角形联结的对称负载 $Z=22\angle 45°\Omega$ 接在线电压为 380V 的三相对称工频交流电源上。试根据下列情况计算各相负载的相电流以及电路的线电流：(1)电路正常运行；(2)W 相负载断开，其他正常；(3)W 相电源线断开，其他正常。

【解】 通过本例，学习负载 △ 接线方式下电路参数的

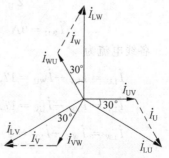

图 4-2-4 相、线电流相量关系

计算。

为计算方便,根据电路条件绘制如图 4-2-5 所示的各种情况电路图。设 U 相线电压为电路的参考相量,即 $\dot{U}_{LU}=\dot{U}_{UV}=380\angle 0°\text{V}$。

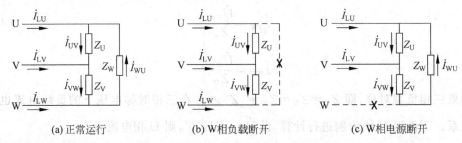

(a) 正常运行　　　(b) W 相负载断开　　　(c) W 相电源断开

图 4-2-5　例 4-2-2 中各种情况的电路图

(1) 电路正常运行。

三相负载三角形联结时,电路对称,仅需计算 U 相参数,其余两相的参数可根据对应关系求出。各相电流为

$$\dot{I}_{UV}=\frac{\dot{U}_{UV}}{Z_U}=\frac{380\angle 0°}{22\angle 45°}\approx 17.3\angle(-45°)(\text{A})$$

$$\dot{I}_{VW}\approx 17.3\angle(-165°)\text{A}$$

$$\dot{I}_{WU}\approx 17.3\angle 75°\text{A}$$

各线电流为

$$\dot{I}_{LU}=\dot{I}_{UV}-\dot{I}_{WU}=\sqrt{3}\dot{I}_{UV}\angle(-30°)=\sqrt{3}\times 17.3\angle(-45°-30°)$$
$$\approx 30\angle(-75°)(\text{A})$$

$$\dot{I}_{LV}=\dot{I}_{VW}-\dot{I}_{UV}\approx 30\angle(-195°)(\text{A})$$

$$\dot{I}_{LW}=\dot{I}_{WU}-\dot{I}_{VW}\approx 30\angle 45°(\text{A})$$

(2) W 相负载断开,其他正常。

由于负载不对称,需要单独计算各相电流和各线电流。各相电流为

$$\dot{I}_{UV}=\frac{\dot{U}_{UV}}{Z_U}=\frac{380\angle 0°}{22\angle 45°}\approx 17.3\angle(-45°)(\text{A})$$

$$\dot{I}_{VW}=\frac{\dot{U}_{VW}}{Z_U}=\frac{380\angle(-120°)}{22\angle 45°}\approx 17.3\angle(-165°)(\text{A})$$

$$\dot{I}_{WU}=0\text{A}$$

各线电流为

$$\dot{I}_{LU}=\dot{I}_{UV}-\dot{I}_{WU}=17.3\angle(-45°)-0\approx 17.3\angle(-45°)(\text{A})$$

$$\dot{I}_{LV}=\dot{I}_{VW}-\dot{I}_{UV}=17.3\angle(-165°)-17.3\angle(-45°)=30\angle(-195°)(\text{A})$$

$$\dot{I}_{LW}=\dot{I}_{WU}-\dot{I}_{VW}=0-17.3\angle(-165°)\approx 17.3\angle 15°(\text{A})$$

(3) W 相电源断开,其他正常。

此时,电路仍有两相电源 $\dot{U}_{LU}$ 和 $\dot{U}_{LV}$,但仅有 $\dot{U}_{UV}$ 正常,V、W 两相负载实际变为串联关系。Z_V、Z_W 串联之后再与 Z_U 并联,接在 U—V 线之间。

$$\dot{I}_{UV}=\frac{\dot{U}_{UV}}{Z_U}=\frac{380\angle 0°}{22\angle 45°}\approx 17.32\angle(-45°)(A)$$

$$\dot{I}_{VW}=\dot{I}_{WU}=\frac{-\dot{U}_{UV}}{Z_V+Z_W}=\frac{380\angle 180°}{44\angle 45°}\approx 8.66\angle 135°(A)$$

U、V 线电流大小相等,方向相反,结果为

$$\begin{aligned}\dot{I}_{LU}&=\dot{I}_{UV}-\dot{I}_{WU}=17.32\angle(-45°)-8.66\angle 135°\\&=17.32\angle(-45°)+8.66\angle(-45°)\\&=25.98\angle(-45°)(A)\end{aligned}$$

$$\dot{I}_{LV}=-\dot{I}_{LU}=25.98\angle 135°(A)$$

$$\dot{I}_{LW}=0A$$

 电工故事会:电器设备的工作条件

人吃饱饭才能正常工作。吃多了撑得慌,工作起来不舒服;吃少了饿得慌,干活有气无力(图A)。

电器设备也一样,满足供电条件才能正常工作(图B)。电器设备工作的首要条件是提供额定电压。由于供电电压一直处于动态调节的过程中,一般设备的工作电压在额定电压 100%±5% 的范围内浮动,设备可以正常工作。

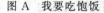

图 A 我要吃饱饭　　　　　图 B 我要用好电

中国和大部分欧洲国家家用电器设备的额定电压是 220V,日本和美国等国家用电器的额定电压是 110V。如果把一个中国的电器设备带到日本使用,只能是出功不出力,打不起精神,甚至导致设备损坏;把一个 110V 的日本电器带到中国使用,直接加到 220V 电源上,就会立即烧毁。

家用电器是单相用电设备,只要设备的工作电压与电源电压相匹配,就可以工作。在使用中,为保证每个设备都能正常工作,需要并联接入电路中。

三相电器设备有三角形(△)和星形(Y)两种接法,负载也有△和Y两种接法。不论电源和设备如何连接,只要保证电源的线电压与负载的线电压相等,设备就能正常工作。

【例 4-2-3】 有三组分时段工作的三相对称负载,工作参数分别为:(1)$Z_1=20\angle 26.9°\Omega$,工作电压 220V;(2)$Z_2=22\angle 30°\Omega$,工作电压 380V;(3)$Z_3=33\angle 45°\Omega$,工作电压 660V。目前的工作场所仅能提供一组相电压为 380V 的三相工频电源,电路元件、单相电源组如

图 4-2-6 所示。为满足三组负载在不同时段的供电要求,请画出电源和负载的电路联结图,并求出各组负载的相、线电流。

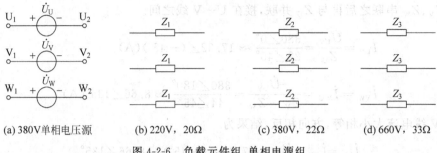

(a) 380V 单相电压源　　(b) 220V,20Ω　　(c) 380V,22Ω　　(d) 660V,33Ω

图 4-2-6　负载元件组、单相电源组

【解】　通过本例,学习电源和负载的正确联结方式。

电源和负载的联结方式要根据负载的工作要求合理调整。

(1) 工作电压 220V 负载组的运行。

根据 4.1.2 小节所述有关负载接线方式可知,当负载接成星形时,供电线路的线电压是负载相电压的 $\sqrt{3}$ 倍。电源采用三角形联结,负载采用星形联结,可满足该负载组的供电要求。此时,电源线电压为 380V,负载每相电压为 220V,电路如图 4-2-7(a) 所示。

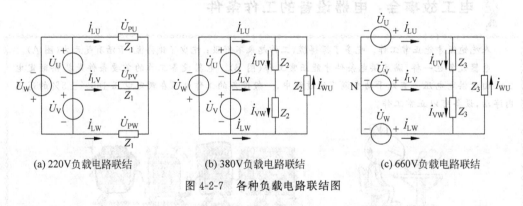

(a) 220V 负载电路联结　　(b) 380V 负载电路联结　　(c) 660V 负载电路联结

图 4-2-7　各种负载电路联结图

以 U 相负载电压为参考相量,即 $\dot{U}_{PU}=220\angle 0°\mathrm{V}$,则各相、线电流为

$$\dot{I}_{LU}=\dot{I}_{PU}=\frac{\dot{U}_{PU}}{Z_1}=\frac{220\angle 0°}{20\angle 26.9°}=11\angle(-26.9°)(\mathrm{A})$$

$$\dot{I}_{LV}=\dot{I}_{PV}=11\angle(-146.9°)\mathrm{A}$$

$$\dot{I}_{LW}=\dot{I}_{PW}=11\angle 93.1°\mathrm{A}$$

(2) 工作电压 380V 负载组的运行。

由于负载相电压和电源相电压相等,电源的联结方式只要和负载的联结方式一致,即可正常运行。在本例中,采用两种接线方式都可保证负载正常运行,此处以电源三角形联结、负载三角形联结为例进行计算,电路如图 4-2-7(b) 所示。

以 U、V 相负载电压为参考相量，即 $\dot{U}_{UV}=380\angle 0°V$，则各相电流为

$$\dot{I}_{UV}=\frac{\dot{U}_{UV}}{Z_2}=\frac{380\angle 0°}{22\angle 30°}\approx 17.3\angle(-30°)(\text{A})$$

$$\dot{I}_{VW}\approx 17.3\angle(-150°)\text{A}$$

$$\dot{I}_{WU}\approx 17.3\angle 90°\text{A}$$

根据负载三角形接线方式下相、线电流之间的关系，求出各线电流为

$$\dot{I}_{LU}=\sqrt{3}\dot{I}_{UV}\angle(-30°)\approx 30\angle(-60°)(\text{A})$$

$$\dot{I}_{LV}\approx 30\angle(-180°)\text{A}$$

$$\dot{I}_{LW}\approx 30\angle 60°\text{A}$$

电源和负载接线方式均为星形的，请读者自己完成计算。有兴趣的读者还可研究电源和负载接线不同时会有什么不同的结果。

(3) 工作电压 660V 负载组的运行。

电源每相电压为 380V，负载工作电压要求 660V，根据 4.1.1 小节所述电源星形接线方式可知，当电源联结方式为星形时，供电线路的线电压是每相电源电压的 $\sqrt{3}$ 倍。电源采用星形接线方式，负载采用三角形接线方式，可满足该负载组的供电要求。此时，电源线电压为 660V，负载每相电压也为 660V，电路如图 4-2-7(c)所示。

以 U、V 相负载电压为参考相量，即 $\dot{U}_{UV}=660\angle 0°V$，则各相电流为

$$\dot{I}_{UV}=\frac{\dot{U}_{UV}}{Z_3}=\frac{660\angle 0°}{33\angle 45°}=20\angle(-45°)(\text{A})$$

$$\dot{I}_{VW}=20\angle(-165°)\text{A}$$

$$\dot{I}_{WU}=20\angle 75°\text{A}$$

根据负载三角形联结方式下相、线电流之间的关系，求出各线电流为

$$\dot{I}_{LU}=\sqrt{3}\dot{I}_{UV}\angle(-30°)=20\sqrt{3}\angle(-75°)(\text{A})$$

$$\dot{I}_{LV}=20\sqrt{3}\angle 165°\text{A}$$

$$\dot{I}_{LW}=20\sqrt{3}\angle 45°\text{A}$$

结论：三相交流电路与单相交流电路的计算方法相同。重点是熟悉三相电路的接法，掌握采用不同接法时，相、线电压及相、线电流之间的关系，然后利用对应关系求解。

思考与练习

4.2.1 对称负载星形(Y)联结时，线电流与相电流是什么关系？对称负载三角形(△)联结时，线电流与相电流又是什么关系？

4.2.2 三相不对称负载星形(Y)联结时，中线起何作用？

4.2.3 三相不对称负载三角形(△)联结时，如果一相断线，其他两相是否可以正常工作？

4.2.4 三相电路测量的电流值相等，是否可以说明三相负载对称？

4.3 三相电路功率的计算与测量

- 掌握不对称三相交流电路、三相对称交流电路功率的计算方法。
- 掌握采用三表法测量三相四线制电路功率的接线方法。
- 掌握采用两表法测量三相三线制电路功率的接线方法。

三相电路功率的计算分两种情况：负载对称和负载不对称。不对称负载功率的计算仍按照单相电路的方法分别对每相电路进行计算，结果求和即可；如果三相负载对称，只需计算一相功率，总功率是任意一相的3倍。对三相对称负载而言，要牢记功率的简便计算公式：

$$P = 3U_P I_P \cos\varphi_P = \sqrt{3} U_L I_L \cos\varphi_P$$

对于三相电路功率的测量，需要根据供电方式确定测量方法。三相三线制采取两表法进行测量，三相四线制采取三表法进行测量。实际测量时，需要按照功率表的说明书正确地接线。这部分内容要真正掌握，最好是完成一次三相功率表的实际接线。

三相电路的供电方式有三相三线制和三相四线制之分，三相负载又有对称与不对称的区别，因此三相电路功率的计算和测量有不同的方法。

4.3.1 三相电路功率的计算

三相电路功率的计算

三相电路不论其联结方式是星形还是三角形，其三相总有功功率（无功功率）都是各相有功功率（无功功率）之和，即

$$\left. \begin{array}{l} P = P_U + P_V + P_W = U_U I_U \cos\varphi_U + U_V I_V \cos\varphi_V + U_W I_W \cos\varphi_W \\ Q = Q_U + Q_V + Q_W = U_U I_U \sin\varphi_U + U_V I_V \sin\varphi_V + U_W I_W \sin\varphi_W \end{array} \right\} \quad (4\text{-}3\text{-}1)$$

视在功率的计算并非各相视在功率之和，而是电路总有功功率和总无功功率的平方和根值，即

$$S = \sqrt{P^2 + Q^2} \quad (4\text{-}3\text{-}2)$$

在负载相等的三相对称电路中，以 U_P、I_P、φ_P、P_P、Q_P 分别表示每相阻抗元件上的电压、电流、阻抗角、有功功率和无功功率，式(4-3-1)和式(4-3-2)可简化为

$$\left. \begin{array}{l} P = 3P_P = 3U_P I_P \cos\varphi_P \\ Q = 3Q_P = 3U_P I_P \sin\varphi_P \\ S = 3U_P I_P \end{array} \right\} \quad (4\text{-}3\text{-}3)$$

当对称负载星形(Y)联结时，有

$$U_L = \sqrt{3} U_P, \quad I_L = I_P$$

当对称负载三角形（△）联结时，有
$$U_L = U_P, \quad I_L = \sqrt{3} I_P$$
不论对称负载如何连接，其功率的计算公式还可以表示为

$$\left. \begin{array}{l} P = \sqrt{3} U_L I_L \cos\varphi_P \\ Q = \sqrt{3} U_L I_L \sin\varphi_P \\ S = \sqrt{3} U_L I_L \end{array} \right\} \tag{4-3-4}$$

式(4-3-3)和式(4-3-4)仅适合三相对称电路（电源对称、负载相等）的功率计算。特别注意，两式中的 φ_P 均指相电压与相电流的相位差，即负载阻抗角。由于电路的线电压和线电流更易于测量，并且三相电气设备标示的技术参数都是线电压和线电流，在工程上，式(4-3-4)使用更普遍一些。

【**例 4-3-1**】 有一个对称三相负载，其阻值 $Z = (8+\mathrm{j}6)\Omega$，接在线电压为 380V 的三相对称工频电源上。试分别计算负载为星形联结和三角形联结时电路的功率，并分析计算结果。

【**解**】 通过本例，了解不同接线方式对负载消耗功率的影响。

三相对称负载阻抗值为
$$Z = (8+\mathrm{j}6)\Omega = 10\angle 36.9°\,\Omega$$

(1) 负载星形联结。

在线电压为 380V 的三相交流电源上，负载的线电压、相电压、线电流分别为
$$U_L = 380\mathrm{V}$$
$$U_P = \frac{U_L}{\sqrt{3}} = \frac{380}{\sqrt{3}} \approx 220(\mathrm{V})$$
$$I_L = I_P = \frac{U_P}{|Z|} = \frac{220}{10} = 22(\mathrm{A})$$

负载的功率为
$$P = \sqrt{3} U_L I_L \cos\varphi_P = \sqrt{3} \times 380 \times 22 \times 0.8 \approx 11.584(\mathrm{kW})$$
$$Q = \sqrt{3} U_L I_L \sin\varphi_P = \sqrt{3} \times 380 \times 22 \times 0.6 \approx 8.688(\mathrm{kvar})$$
$$S = \sqrt{3} U_L I_L = \sqrt{3} \times 380 \times 22 \approx 14.48(\mathrm{kV \cdot A})$$

(2) 负载三角形联结。

在线电压为 380V 的三相交流电源上，负载的线电压、相电压、线电流分别为
$$U_L = U_P = 380\mathrm{V}$$
$$I_P = \frac{U_P}{|Z|} = \frac{380}{10} = 38(\mathrm{A})$$
$$I_L = \sqrt{3} I_P = \sqrt{3} \times 38 \approx 65.8(\mathrm{A})$$

负载的功率为
$$P = \sqrt{3} U_L I_L \cos\varphi_P = \sqrt{3} \times 380 \times 65.8 \times 0.8 \approx 34.646(\mathrm{kW})$$
$$Q = \sqrt{3} U_L I_L \sin\varphi_P = \sqrt{3} \times 380 \times 65.8 \times 0.6 \approx 25.984(\mathrm{kvar})$$
$$S = \sqrt{3} U_L I_L = \sqrt{3} \times 380 \times 65.8 \approx 43.31(\mathrm{kV \cdot A})$$

(3) 结果分析。

从两种接法的计算结果看,有以下对比关系。

① 三角形联结的线电流是星形联结线电流的 3 倍,即 $I_{L\triangle}=3I_{LY}$。

② 三角形联结的功率是星形联结功率的 3 倍,即 $P_{\triangle}=3P_Y$。

对于同样的电源,同样的负载,因为联结方式不同,线路的电流和功率相差 2 倍。这就要求电气工作人员在进行三相电路接线时,注意搞清负载的工作电压和接线方式。如果负载正常工作要求△联结而误接为Y联结,会造成输出功率过小,无法正常工作;如果负载正常工作要求Y联结而误接为△联结,会造成负载承受过高电压,引起输出功率过大,烧毁设备。

实际中,为降低一些大型三相交流电机的启动电流,把正常运行△联结的三相交流电机启动时接为Y联结,启动完成后再改为△联结运行,称为电机的Y-△降压启动。

4.3.2 三相电路功率的测量

测量三相交流电路的功率,要根据电路的供电方式选择测量方法。

1. 三相四线制

三相电路功率的测量

三相四线制供电线路的负载为星形接法,适用于需要中线的三相负载或单相负载。由于有中性线的存在,可以测量出每相负载的电流和电压,也可测量每相负载的功率。三相四线制供电线路通常采用三表法(三元件)法。三表法是指三相功率表的内部有三套测量功率的元件,测量的功率是三相功率之和,外部的一个装置显示三相电路的总功率。

三表法的接线如图 4-3-1 所示。功率表在接线时需要注意电压线与电流线的同名端,图中以"＊"符号做了标注。

对三相四线制线路而言,如果所接负载对称,可以用一个功率表的测量值乘以 3 表示三相电路的总功率,由于只有一个功率测量元件,又称"一表法"。表盘显示数据时,可通过改变比值的方法显示三相电路的总功率。

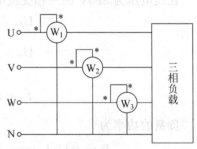

图 4-3-1 测量功率的三表法接线图

2. 三相三线制

对于三相三线制供电线路来说,由于没有公共端,无法测量每相电路的功率,因而适合于三相四线制的一表法和三表法都无法正确测量三相三线制电路的总功率。三相电路功率瞬时值的计算公式为

$$p=p_U+p_V+p_W=u_Ui_U+u_Vi_V+u_Wi_W$$

在三相三线制电路中,三相电流满足基尔霍夫电流定律,即 $i_U+i_V+i_W=0$,因而有

$$i_W=-(i_U+i_V)$$

代入功率瞬时值计算公式,则有

$$p=u_Ui_U+u_Vi_V-u_W(i_U+i_V)=u_{UW}i_U+u_{VW}i_V \tag{4-3-5}$$

根据式(4-3-5),求出三相电路的平均功率为

$$P=\frac{1}{T}\int_0^T p\,dt=\frac{1}{T}\int_0^T (u_{UW}i_U+u_{VW}i_V)dt$$

$$= U_{UW} I_U \cos\varphi_1 + U_{VW} I_V \cos\varphi_2 \tag{4-3-6}$$

式(4-3-6)表明,三相三线制电路的功率可通过线电压和线电流结合的方式进行测量。由于该方法使用了两个测量功率元件,因而又称为二表法。二表法接线时首先需要确定一个公共相,之后选择与公共相有关的两个线电压和对应的非公共相的线电流作为测量参数。下面以 W 相为公共相,说明功率接线组合的选择方法。

(1) 选择 W 相作为公共相。

(2) 选择与公共相有关的两个线电压:U_{UW} 和 U_{VW}。

(3) 选择非公共相的两个线电流:I_U 和 I_V。

(4) 分配功率测量组合:$(U_{UW}、I_U)$ 和 $(U_{VW}、I_V)$。

特别需要说明的是,二表法中的两个相位角有特别的含义:φ_1 表示线电压 $\dot{U}_{UW}$ 与线电流 $\dot{I}_U$ 之间的相位差,φ_2 表示线电压 $\dot{U}_{VW}$ 与线电流 $\dot{I}_V$ 之间的相位差。图 4-3-2 给出了二表法测量三相电路功率的电路图。

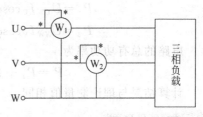

图 4-3-2 测量功率的二表法接线图

在实际测量中,可能发生 $\varphi_1 > 90°$ 或 $\varphi_2 > 90°$ 的情况,此时相应功率表的读数为负值,求总功率时应以负值代入。另需说明,二表法中任意一个功率表的读数没有物理意义。

尽管二表法是根据三相三线制电路推导得出的,但也适用于对称的三相四线制电路。对于不对称的三相四线制电路则不适用,因为此时 $i_U + i_V + i_W \neq 0$。

二表法还有两种计算公式和接线方式,有兴趣的读者可尝试自行推导并画出接线方式。

【例 4-3-2】 一组三相对称感性负载的阻抗角为 30°,接在线电压为 380V 的三相对称交流电源上,供电线路为三相三线制,负载星形(Y)联结,测得线电流为 10A。请画出二表法测量负载有功功率的接线图,并求两个功率表的读数和负载的总有功功率。

【解】 通过本例的计算,验证二表法测量三相三线制电路功率的正确性。

(1) 本例中,电路线电压 $U_L = 380$V,线电流 $I_L = 10$A,负载阻抗角 $\varphi_P = 30°$。根据式(4-3-4),三相对称电路的有功功率为

$$P = \sqrt{3} U_L I_L \cos\varphi_P = \sqrt{3} \times 380 \times 10 \times 0.866 \approx 5700(\text{W})$$

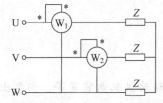

图 4-3-3 例 4-3-2 的二表法接线图

(2) 供电线路为三相三线制星形接法,可采用图 4-3-3 所示的二表法测量功率。设电压 U_{UV} 为参考相量,则

$$\dot{U}_{UV} = 380\angle 0°\text{V}$$

$$\dot{U}_{VW} = 380\angle(-120°)\text{V}$$

$$\dot{U}_{UW} = -\dot{U}_{WU} = 380\angle(-60°)(\text{V})$$

根据式(4-1-4),U、V 两相电压为

$$\dot{U}_U = 220\angle(-30°)\text{V}$$

$$\dot{U}_V = 220\angle(-150°)\text{V}$$

由于阻抗角为30°，所以 U、V 两相电流相应滞后 U、V 两相电压30°，具体为

$$\dot{I}_U = 10\angle(-30°-30°) = 10\angle(-60°)(A)$$

$$\dot{I}_V = 10\angle(-150°-30°) = 10\angle(-180°)(A)$$

第一、二个功率表中的 φ_1 和 φ_2 分别为

$$\varphi_1 = \varphi_{\dot{U}_{UW}} - \varphi_{\dot{I}_U} = -60° - (-60°) = 0°$$

$$\varphi_2 = \varphi_{\dot{U}_{VW}} - \varphi_{\dot{I}_V} = -120° - (-180°) = 60°$$

第一、二个功率表的读数分别为

$$P_1 = U_{UW} I_U \cos\varphi_1 = 380 \times 10 \times \cos 0° = 3800(W)$$

$$P_2 = U_{VW} I_V \cos\varphi_2 = 380 \times 10 \times \cos 60° = 1900(W)$$

电路的总有功功率为

$$P = P_1 + P_2 = 3800 + 1900 = 5700(W)$$

计算结果与理论测量值相同。

结论：本例列举了一个对称的星形联结的三相负载。实际上，不论三相负载是否对称，二表法都可正确测量三相三线制（星形或三角形联结）电路的功率。

思考与练习

4.3.1 有人说，在公式 $P = 3P_P = 3U_P I_P \cos\varphi$ 中，功率因数角是指相电压与相电流之间的夹角；而在公式 $P = \sqrt{3} U_L I_L \cos\varphi$ 中，功率因数角是指线电压与线电流之间的夹角。你的意见如何？理由何在？

4.3.2 对于不对称的三相四线制电路，可否采用二表法测量其有功功率？为什么？

4.3.3 参阅图 4-3-2 和式(4-3-6)，请尝试给出采用二表法测量三相三线制电路的功率的另外两种表示方法，并画出电路联结图。

*4.4 三相电路相序的判断

三相电源相序的判断

- 了解利用三相阻容负载判断电源相序的工作原理。
- 掌握利用三相阻容负载判断电源相序的方法。

有些电器设备不允许逆向运行，如水泵电机、空调压缩机、移动供配电装置等。偶尔出现的逆向运行，将导致设备损坏和事故的发生。在这些设备接入电路之前，进行相序的检测十分必要。

相序检测电路的原理和计算比较复杂，但相序检测装置的制作并不复杂。你可以大致浏览一下相序检测的原理与计算，然后亲手制作一个相序检测装置并进行实际的检测。

4.4.1 相序检测原理

相序检测装置电路原理如图 4-4-1 所示。电路中 U 相和 W 相负载采用普通的白炽灯，V 相负载使用市场上常见的电容器。为安全、方便地测量，三个参数的搭配有一定的要求。本例选用两个 220V/40W 的白炽灯和一个 1μF/500V 的电容器组成。

三个负载的参数为

$$R = \frac{U_P^2}{P} = \frac{220^2}{40} = 1210(\Omega)$$

$$X = \frac{1}{314C} = \frac{1}{314 \times 10^{-6}} \approx 3184(\Omega)$$

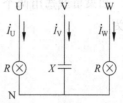

图 4-4-1 相序检测原理

设线电压 $\dot{U}_{UV}$ 为参考相量，当三相电压为正序排列时，

$$\dot{U}_{UV} = 380\angle 0°\text{V}$$

$$\dot{U}_{VW} = 380\angle(-120°)\text{V}$$

$$\dot{U}_{WU} = 380\angle 120°\text{V}$$

设三个支路电流为未知量，根据基尔霍夫电压定律和电流定律，列出电路方程为

$$\dot{U}_{UV} = R\dot{I}_U - (-jX_C\dot{I}_V) \Rightarrow 380\angle 0° = 1210\dot{I}_U + j3184\dot{I}_V$$

$$\dot{U}_{WU} = R\dot{I}_W - R\dot{I}_U \Rightarrow 380\angle 120° = 1210\dot{I}_W - 1210\dot{I}_U$$

$$\dot{I}_U + \dot{I}_V + \dot{I}_W = 0$$

求解以上方程可得

$$\dot{I}_U \approx 0.108\angle(-55°)\text{A}$$

$$\dot{I}_V \approx 0.102\angle(-71°)\text{A}$$

$$\dot{I}_W \approx 0.207\angle 117.3°\text{A}$$

进而求得三相负载上的电压为

$$U_{UN} = R I_U \approx 131(\text{V})$$

$$U_{VN} = X I_V \approx 322(\text{V})$$

$$U_{WN} = R I_W \approx 251(\text{V})$$

计算结果显示，U 相白炽灯上的电压为 131V，W 相白炽灯上的电压为 251V。如果以电容所接相为 V 相，则白炽灯较暗的一相为 U 相，白炽灯较亮的一相为 W 相。实际中还可使用两个 1200Ω/40W 的电阻代替白炽灯。用万用表测量两个电阻上的电压，其中电压较低的一相为 U 相，电压较高的一相为 W 相。

如果电路的相序接反，则计算结果为

$$\dot{I}_U \approx 0.207\angle 57.4°\text{A}$$

$$\dot{I}_V \approx 0.102\angle(-131°)\text{A}$$

$$\dot{I}_W \approx 0.108\angle(-115°)\text{A}$$

$$U_{UN} = I_U R \approx 251(V)$$
$$U_{VN} = I_V X \approx 322(V)$$
$$U_{WN} = I_W R \approx 131(V)$$

有兴趣的读者可自行计算、验证。

如果负载选用两个 220V/20W 的白炽灯和一个 1μF/500V 的电容器组成,则计算结果为

$$I_U \approx 0.0375A$$
$$I_V \approx 0.104A$$
$$I_W \approx 0.124A$$
$$U_{UN} = I_U R \approx 91(V)$$
$$U_{VN} = X I_V \approx 331(V)$$
$$U_{WN} = I_W R \approx 301(V)$$

从计算结果可以看出,该电路仍呈现出相同的测量规律,即把电容接入 V 相,灯光较暗的是 U 相,灯光较亮的是 W 相。但是该实验中,W 相负载的电压过高,容易引起事故。

4.4.2 相序检测装置的制作与使用

1. 电路制作

目前成品相序检测装置在市场上已可买到,如果在检修或设备安装过程中,手头没有相关检测设备,可利用常见的电灯泡、电容器和普通导线制作一个简易的相序检测装置,如图 4-4-2 所示。

相序检测装置需要的材料如下。

(1) 三相电源开关:1 组。
(2) 白炽灯:2 只,40W/220V。
(3) 电容器:1 只,1μF/500V。
(4) 导线:若干,BRV-1mm²。

有兴趣的读者可尝试自己制作。

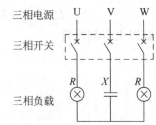

图 4-4-2 相序检测装置

2. 使用注意事项

(1) 电容器上承载的电压较高,需要选用耐压值在 500V 以上的电容器。

(2) 实验中有一相白炽灯承受的电压高于其额定值。该白炽灯发热较强,发光较亮,实验前应充分准备,操作过程要准确记录,快速完成。

思考与练习

请尝试制作一个相序判断电路,并进行参数的测量和验证。

细语润心田:电力百年,社会共享

1921 年,中国第一条自建万伏级输电线路——长 35km、电压等级为 23kV 的昆明石龙坝水电站送出线路建成。来自石龙坝水电站的绿色电力点亮了昆明市区的部分建筑,也加

快了中国电力事业的进程。

一百年来，电力行业所处经济和社会环境都发生了巨变，但一直秉持着"安全第一"的原则和"人民至上"的初心。

一百年来，中国电力行业的定位多次发生改变。

100年前，电力行业的定位主要是供电。

1949年后，电力行业的定位调整为推动经济发展的基础产业。

1978年，我国人均电力装机容量相当于一个60W的灯泡，发达国家达到1000W。随着现代化、城市化建设速度的提升，电力与人民生活的关联日益密切。电力行业的定位从基础产业逐步过渡到"基础产业＋公用事业"。

1987年在一系列政策支撑下，我国的电力装机容量开始加速推进。

2000年，中国电力装机总容量3.1932亿kW，跃居世界第二位。

进入新世纪，随着电压等级逐步提高，作为"工业血液"的电力在促进工业领域节能减排中发挥着调控性作用，电力行业被赋予"参与社会资源优化配置的功能"，最具有中国特色的"差别电价"机制成为政策工具，发挥了限制高耗能、低效率产业的作用，促进了全社会清洁低碳转型。

面向未来，为落实"双碳"目标，电力行业的定位再次拓展，即通过可再生能源电力化和终端能源消费电力化，助力全社会实现低碳发展。2021年3月15日，中央财经委员会第九次会议提出"构建以新能源为主体的新型电力系统"。这个新定位的内涵是以电气化为中心，实现能源生产绿色化、终端能源消费电力化。

回顾这100年，电力行业一直被赋予重要的使命：从经济社会发展的基础产业、公用事业，到助力社会转型、资源优化配置的行业，再到推动全社会低碳发展的行业。正是在这样的变化中，电力行业成为促进经济社会发展、人类文明进步的根本动力。

电力百年，社会共享

本 章 小 结

1. 三相对称交流电源

三相对称交流电源是由三个频率相同、振幅相同、相位互差120°的电压源构成的电源组。三相交流电源的各种表示法如下表所示。

瞬 时 值	波 形 图	相 量	相 量 图
$u_U = U\sqrt{2}\sin\omega t$ $u_V = U\sqrt{2}\sin(\omega t - 120°)$ $u_W = U\sqrt{2}\sin(\omega t + 120°)$		$\dot{U}_U = U\angle 0°$ $\dot{U}_V = U\angle(-120°)$ $\dot{U}_W = U\angle 120°$	

2. 对称三相电源的联结

星形(Y)联结		三角形(△)联结	
联结图	相—线电压关系	联结图	相—线电压关系
(图)	$\dot{U}_{UV}=\sqrt{3}\dot{U}_U\angle 30°$ $\dot{U}_{VW}=\sqrt{3}\dot{U}_V\angle 30°$ $\dot{U}_{WU}=\sqrt{3}\dot{U}_W\angle 30°$	(图)	$\dot{U}_{UV}=\dot{U}_U$ $\dot{U}_{VW}=\dot{U}_V$ $\dot{U}_{WU}=\dot{U}_W$
供电方式： (1) 三相三线制 (2) 三相四线制，可提供三相和单相电源		供电方式：三相三线制	

3. 三相负载的联结

星形(Y)联结		三角形(△)联结	
联结图	相—线电流关系	联结图	相—线电流关系
(图)	$\dot{I}_{LU}=\dot{I}_{PU}$ $\dot{I}_{LV}=\dot{I}_{PV}$ $\dot{I}_{LW}=\dot{I}_{PW}$	(图)	$\dot{I}_{LU}=\sqrt{3}\dot{I}_{UV}\angle(-30°)$ $\dot{I}_{LV}=\sqrt{3}\dot{I}_{VW}\angle(-30°)$ $\dot{I}_{LW}=\sqrt{3}\dot{I}_{WU}\angle(-30°)$
三相负载对称：$\dot{I}_N=\dot{I}_{PU}+\dot{I}_{PV}+\dot{I}_{PW}=0$ 三相负载不对称：$\dot{I}_N=\dot{I}_{PU}+\dot{I}_{PV}+\dot{I}_{PW}\neq 0$		不论三相负载是否对称，电路中的相、线电流均有如下关系： $\dot{I}_{LU}+\dot{I}_{LV}+\dot{I}_{LW}=0$ $\dot{I}_{UV}+\dot{I}_{VW}+\dot{I}_{WU}=0$	

4. 三相电路的功率

三相电路不论其联结方式如何，其总有功功率、无功功率、视在功率的表达式为

$$P=P_U+P_V+P_W=U_UI_U\cos\varphi_U+U_VI_V\cos\varphi_V+U_WI_W\cos\varphi_W$$

$$Q=Q_U+Q_V+Q_W=U_UI_U\sin\varphi_U+U_VI_V\sin\varphi_V+U_WI_W\sin\varphi_W$$

$$S=\sqrt{P^2+Q^2}$$

当三相负载对称时，可以下表所列的两种方式表示电路的功率。

以相电压、相电流表示电路的功率		以线电压、线电流表示电路的功率	
相电压：U_P	$P=3P_P=3U_PI_P\cos\varphi_P$	线电压：U_L	$P=\sqrt{3}U_LI_L\cos\varphi_P$
相电流：I_P	$Q=3Q_P=3U_PI_P\sin\varphi_P$	线电流：I_L	$Q=\sqrt{3}U_LI_L\sin\varphi_P$
阻抗角：φ_P	$S=3U_PI_P$	阻抗角：φ_P	$S=\sqrt{3}U_LI_L$

5. 三相电源相序的判断

电　路　图	参　数　配　置	判　断　方　法
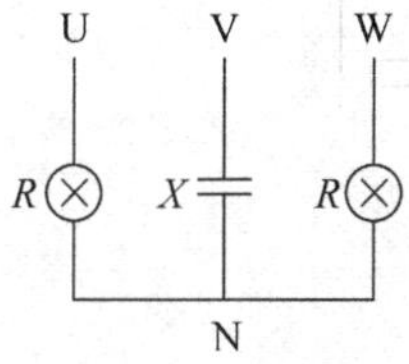 （图：U、V、W三相，U和W接白炽灯R⊗，V接电容X，N为中性线）	方法1： 　白炽灯：220V/40W 　电容器：1μF/500V 方法2： 　电阻器：1200Ω/40W 　电容器：1μF/500V	方法1：以电容接V相，白炽灯较暗的一相为U相，白炽灯较亮的一相为W相。 方法2：以电容接V相，测量电压较低的一相为U相，电压较高的一相为W相。

实验 4-1　三相负载Y联结时的相线关系

1. 实验目的

(1) 掌握三相对称负载Y联结时，线电压 U_L 与相电压 U_P 的关系。
(2) 掌握三相对称负载Y联结时，线电流 I_L 与相电流 I_P 的关系。
(3) 了解三相不对称负载Y联结时的特殊情况。

2. 实验原理

(1) 三相四线制系统

三相四线制供电系统如实验图 4-1-1 所示。

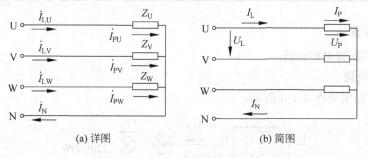

(a) 详图　　　　　　　　　(b) 简图

实验图 4-1-1　三相四线制负载的Y联结

三相负载Y联结时，不论三相负载是否对称，均有如下对应关系：

$$U_L = \sqrt{3}\, U_P$$
$$I_L = I_P$$
$$I_N = 0$$

(2) 三相三线制系统

三相三线制供电系统如实验图 4-1-2 所示。

① 三相对称负载Y联结时，关系如下：

$$U_L = \sqrt{3}\, U_P$$
$$I_L = I_P$$

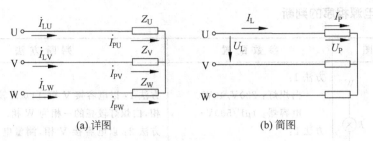

(a) 详图　　　　　　　　　　(b) 简图

实验图 4-1-2　三相三线制负载的Y联结

② 三相不对称负载Y联结时，关系如下：

$$U_L \neq \sqrt{3} U_P$$
$$I_L = I_P$$

3. 实验设备与仪器（实验表 4-1-1）

实验表 4-1-1　实验设备与仪器

序号	设备与仪器	数量
1	三相调压器	1 台
2	25W 白炽灯泡	1 个
3	40W 白炽灯泡	3 个
4	400V/1μF 电容	1 个
5	万用表	1 块
6	交流毫安表（量程 500mA）	3 块

4. 实验步骤

1）三相四线制对称负载

（1）实验电路。

实验电路如实验图 4-1-3 所示。

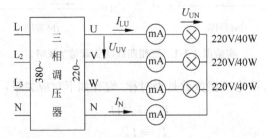

实验图 4-1-3　三相对称负载实验电路图（三相四线制）

实验电压取自三相调压器二次侧，二次侧电源线电压调节为 220V。把 3 个 220V/40W 的白炽灯泡、毫安表按实验图 4-1-3 接入电路中。

（2）数据测量。

使用毫安表、万用表逐一测量电路中的各项参数，数据填入实验表 4-1-2 中。

实验表 4-1-2　三相对称负载测量参数记录

测量项目	U_{UV}/V	U_{UN}/V	U_{VW}/V	U_{VN}/V	U_{WU}/V	U_{WN}/V	I_{LU}/mA	I_{LV}/mA	I_{LW}/mA	I_N/mA
测量数据										
计算验证	$U_{UV}/U_{UN}=$		$U_{VW}/U_{VN}=$		$U_{WU}/U_{WN}=$					

(3) 数据处理与结论。

① 比较3个线电压与相电压的比值,能得出什么结论?

② 比较3个线电流的大小,能得出什么结论?

③ 中线电流 I_N 为多少?为什么?

2) 三相四线制不对称负载

(1) 实验电路。

实验电路如实验图 4-1-4 所示。

实验电压取自三相调压器二次侧,二次侧电源线电压调节为220V。

把3个大小性质不同的负载、毫安表按实验图 4-1-4 接入电路中。

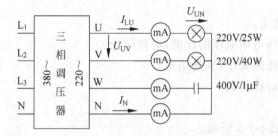

实验图 4-1-4　三相不对称负载实验电路图(三相四线制)

(2) 数据测量。

使用毫安表、万用表逐一测量电路中的各项参数,数据填入实验表 4-1-3 中。

实验表 4-1-3　三相不对称负载测量参数记录

测量项目	U_{UV}/V	U_{UN}/V	U_{VW}/V	U_{VN}/V	U_{WU}/V	U_{WN}/V	I_{LU}/mA	I_{LV}/mA	I_{LW}/mA	I_N/mA
测量数据										
计算验证	$U_{UV}/U_{UN}=$		$U_{VW}/U_{VN}=$		$U_{WU}/U_{WN}=$					

(3) 数据处理与结论。

① 比较3个线电压与相电压的比值,有何结论?

② 比较3个线电流的大小,有何结论?

③ 此时的中线电流 I_N 为多少,与实验表 4-1-2 中的数据比较有什么变化?为什么?

3) 三相三线制对称负载

(1) 实验电路。

实验电路如实验图 4-1-5 所示。

实验电压取自三相调压器二次侧,二次侧电源线电压调节为220V。

把3个 220V/40W 的白炽灯泡、毫安表按实验图 4-1-5 接入电路中。

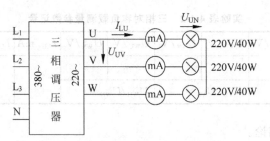

实验图 4-1-5　三相对称负载实验电路图(三相三线制)

(2) 数据测量。

使用毫安表、万用表逐一测量电路中的各项参数，数据填入实验表 4-1-4 中。

实验表 4-1-4　三相对称负载测量参数记录

测量项目	U_{UV}/V	U_{UN}/V	U_{VW}/V	U_{VN}/V	U_{WU}/V	U_{WN}/V	I_{LU}/mA	I_{LV}/mA	I_{LW}/mA
测量数据									
计算验证	$U_{UV}/U_{UN}=$		$U_{VW}/U_{VN}=$		$U_{WU}/U_{WN}=$				

(3) 数据处理与结论。

① 比较 3 个线电压与相电压的比值，有何结论？

② 比较 3 个线电流的大小，有何结论？

4) 三相三线制不对称负载

(1) 实验电路。

实验电路如实验图 4-1-6 所示。

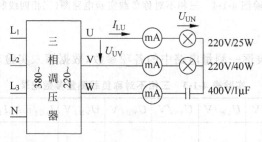

实验图 4-1-6　三相不对称负载实验电路图(三相三线制)

实验电压取自三相调压器二次侧，二次侧电源线电压调节为 220V。

把 3 个大小性质不同的负载、毫安表按实验图 4-1-6 接入电路中。

(2) 数据测量。

使用毫安表、万用表逐一测量电路中的各项参数，数据填入实验表 4-1-5 中。

实验表 4-1-5　三相不对称负载测量参数记录

测量项目	U_{UV}/V	U_{UN}/V	U_{VW}/V	U_{VN}/V	U_{WU}/V	U_{WN}/V	I_{LU}/mA	I_{LV}/mA	I_{LW}/mA
测量数据									
计算验证	$U_{UV}/U_{UN}=$		$U_{VW}/U_{VN}=$		$U_{WU}/U_{WN}=$				

(3) 数据处理与结论。

① 比较 3 个线电压与相电压的比值,与实验表 4-1-4 中的数据有什么变化?有何结论?

② 比较 3 个线电流的大小,与实验表 4-1-4 中的数据有什么变化?有何结论?

5. 实验报告(参考格式与内容)

姓名		专业班级		学号	
实验地点			实验时间		
1. 实验目的					
2. 实验原理					
3. 实验设备与仪器					
4. 实验电路图					
5. 数据测量与处理					
6. 实验结论					
7. 体会与收获					
8. 教师评阅	实验得分: 　　　　　　　　　　　　　　　　　　　年 月 日				

6. 实验准备和预习

(1) 注意事项

① 实验前应做充分的准备:预习实验内容,写出预习报告。

② 实验电压取自三相调压器二次侧,二次侧电源线电压调节为 220V。

③ 在进行电路接线操作时,严禁带电操作。

④ 实验完毕,拆线时用力不要过猛,以防拔断导线。

⑤ 实验完成后做好工位整理,经实验指导老师检查并签字后才可离开实验室。

(2) 说明

本实验中的测量点比较多,如果毫安表数量不足,也可使用一块毫安表逐一测量,但要特别注意以下问题。

① 根据估算电流选择合适的毫安表挡位,挡位选择过小会损坏毫安表的表针。

② 每次测量时,需要先把毫安表接线测试棒牢固与电路相连,再送电测试。

③ 读数完成,先停电,再拆卸接线测试棒,之后再接到下一个测量点。

实验 4-2　三相负载△联结时的相线关系

1. 实验目的

(1) 掌握三相对称负载△联结时,线电压 U_L 与相电压 U_P 的关系。

(2) 掌握三相对称负载△联结时,线电流 I_L 与相电流 I_P 的关系。

(3) 了解三相不对称负载△联结时的特殊情况。

2. 实验原理

(1) 三相对称负载

在实验图 4-2-1 中，三相对称负载△联结时，电压电流有如下对应关系：

$$U_L = U_P$$

$$I_L = \sqrt{3} I_P$$

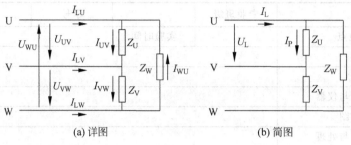

实验图 4-2-1　三相三线制负载的△联结

(2) 三相不对称负载

三相不对称负载△联结时，电压电流对应关系如下：

$$U_L = U_P$$

$$I_L \neq \sqrt{3} I_P$$

3. 实验设备与仪器（实验表 4-2-1）

实验表 4-2-1　实验设备与仪器

序号	设备与仪器	数量
1	三相调压器	1台
2	25W 白炽灯泡	1个
3	40W 白炽灯泡	3个
4	耐压 400V, 1μF 电容	1个
5	万用表	1块
6	交流毫安表（量程 500mA）	3块

4. 实验步骤

1) 三相对称负载

(1) 实验电路。

实验电路如实验图 4-2-2 所示。

实验电压取自三相调压器二次侧，二次侧电源线电压调节为 220V。

把 3 个 220V/40W 的白炽灯泡、毫安表按实验图 4-2-2 接入电路中。

(2) 数据测量。

使用毫安表、万用表逐一测量电路中的各项参数，数据填入实验表 4-2-2 中。

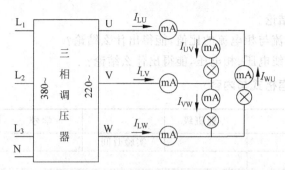

实验图 4-2-2　三相对称负载实验电路图

实验表 4-2-2　三相对称负载测量参数记录

测量项目	U_{UV}/V	U_{VW}/V	U_{WU}/V	I_{LU}/mA	I_{UV}/mA	I_{LV}/mA	I_{VW}/mA	I_{LW}/mA	I_{WU}/mA
测量数据									
计算验证				$I_{LU}/I_{UV}=$		$I_{LV}/I_{VW}=$		$I_{LW}/I_{WU}=$	

(3) 数据处理与结论。

① 比较 3 个线电流与相电流的比值，能得出什么结论？

② 观察比较 3 个线电压、相电压，能得出什么结论？

2) 三相不对称负载

(1) 实验电路。

实验电路如实验图 4-2-3 所示。

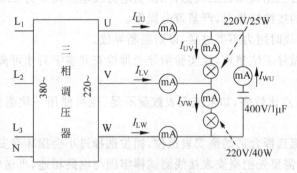

实验图 4-2-3　三相不对称负载实验电路图

实验电压取自三相调压器二次侧，二次侧电源线电压调节为 220V。

把 3 个大小性质不同的负载、毫安表按实验图 4-2-3 接入电路中。

(2) 数据测量。

使用毫安表、万用表逐一测量电路中的各项参数，数据填入实验表 4-2-3 中。

实验表 4-2-3　三相不对称负载测量参数记录

测量项目	U_{UV}/V	U_{VW}/V	U_{WU}/V	I_{LU}/mA	I_{UV}/mA	I_{LV}/mA	I_{VW}/mA	I_{LW}/mA	I_{WU}/mA
测量数据									
计算验证				$I_{LU}/I_{UV}=$		$I_{LV}/I_{VW}=$		$I_{LW}/I_{WU}=$	

(3) 数据处理与结论。

① 比较 3 个线电流与相电流的比值,能得出什么结论?

② 观察比较 3 个线电压、相电压,能得出什么结论?

5. 实验报告(参考格式与内容)

姓名		专业班级		学号	
实验地点			实验时间		
1. 实验目的					
2. 实验原理					
3. 实验设备与仪器					
4. 实验电路图					
5. 数据测量与处理					
6. 实验结论					
7. 体会与收获					
8. 教师评阅	实验得分:				
				年 月 日	

6. 实验准备和预习

(1) 注意事项

① 实验前应做充分的准备:预习实验内容,写出预习报告。

② 实验电压取自三相调压器二次侧,二次侧电源线电压调节为 220V。

③ 在进行电路的接线操作时,严禁带电操作。

④ 实验完毕,拆线时用力不要过猛,以防拔断导线。

⑤ 实验完成后做好工位整理,经实验指导老师检查并签字后才可离开实验室。

(2) 说明

本实验中的测量点比较多,如果毫安表数量不足,也可使用一块毫安表逐一测量,但要特别注意以下问题。

① 根据估算电流选择合适的毫安表挡位,挡位选择过小会损坏毫安表的表针。

② 每次测量时,需要先把毫安表接线测试棒牢固与电路相连,再送电测试。

③ 读数完成,先停电,再拆卸接线测试棒,之后再接到下一个测量点。

实验 4-3 三相电源相序的判断

1. 实验目的

(1) 了解三相对称电源相序判断的原理。

(2) 掌握三相对称电源相序判断的方法。

2. 实验原理

实验图 4-3-1 是一个相序检查电路。电路中 U 相和 W 相负载采用普通的白炽灯,V 相负载使用市场上常见的电容器。

电路选用两个 220V/40W 的白炽灯和一个 1μF/500V 的电容器,按实验图 4-3-1 所示电源顺序组成。

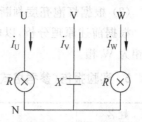

实验图 4-3-1　电源相序检测

给三相电路通入线电压为 380V 的对称交流电时,根据第 4.4 节的详细计算过程,可求得三相负载上的电压为

$$U_{UN} = RI_U = 131(V)$$
$$U_{VN} = XI_V = 322(V)$$
$$U_{WN} = RI_W = 251(V)$$

根据上述计算结果,可以判断三相电路的相序。如果以电容所接相为 V 相,则白炽灯较暗的一相为 U 相,白炽灯较亮的一相为 W 相。实际中还可使用两个 1200Ω/40W 的电阻代替白炽灯。用万用表测量两个电阻上的电压,其中电压较低的一相为 U 相,电压较高的一相为 W 相。

3. 实验设备与仪器(实验表 4-3-1)

实验表 4-3-1　实验设备与仪器

序号	设备与仪器	数量
1	380V 三相三线制电源	1 台
2	1μF/500V 电容器	1 个
3	220V/40W 白炽灯泡	2 个
4	万用表	1 块
5	导线	若干

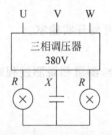

实验图 4-3-2　相序检测装

4. 实验步骤

1) 接线与测量

(1) 电路接线。

实验电路如实验图 4-3-2 所示。实验电压取自三相调压器二次侧,二次侧电源线电压调节为 380V。

把电容器、白炽灯泡按实验图 4-3-2 接入电路中。

(2) 数据测量。

使用万用表交流电压挡逐一测量电容器和白炽灯两端的电压值,数据填入实验表 4-3-2 中。

实验表 4-3-2　测量参数记录

测量项目	U_{UN}/V	U_{VN}/V	U_{WN}/V
计算数据	131	322	251
测量数据			

2) 相序判断

相序判断的方法有两种,可以根据电压测量值或灯泡的亮度进行判断。

(1) 根据电压测量值判断。

根据前述原理分析,以电容所接相为 V 相,测量表中 3 个电压值的"小、大、中"对应于电源相序的 U、V、W。

(2) 根据灯泡亮度判断。

根据前述原理分析,以电容所接相为 V 相,则白炽灯较暗的一相为 U 相,白炽灯较亮的一相为 W 相。

5. 实验报告(参考格式与内容)

姓名		专业班级		学号	
实验地点			实验时间		
1. 实验目的					
2. 实验原理					
3. 实验设备与仪器					
4. 实验电路图					
5. 实验结论					
6. 体会与收获					
7. 教师评阅	实验得分:				
				年 月	日

6. 实验准备和预习

(1) 注意事项

① 实验前应做充分的准备:预习实验内容,写出预习报告。

② 实验电压取自三相调压器二次侧,二次侧电源线电压调节为 380V。

③ 在进行电路的接线操作时,严禁带电操作。

④ 实验完毕,拆线时用力不要过猛,以防拔断导线。

⑤ 实验完成后做好工位整理,经实验指导老师检查并签字后才可离开实验室。

(2) 说明

本实验过程中,有一个灯泡超过正常亮度。为保证实验过程安全,测量和观测过程时间要尽量缩短。

习 题 4

4-1 一个线电压为 380V 的三相四线制电路,如习题 4-1 图所示,为一组星形联结的三相负载供电,分别接入纯电阻、纯电感、纯电容三个负载,其阻值均为 22Ω。求三相线路的电流和中线电流。如果去掉中线,三相负载是否可以正常工作?

4-2 某三层教学大楼的照明由三相四线制电源供电,每相电源供电一层。电源电压为 380V/220V,每层楼装有 220V、40W,$\cos\varphi = 0.5$ 的荧光灯 100 个。(1)为使荧光灯正常工作,试画出荧光灯接入电路的接线图;(2)当三个楼层的照明负载全部接入电路时,求电路的线电流和中线电流;(3)如果一层楼照明负载未接入,二层负载接入一半,三层楼负载全部接入,试计算电路的线电流和中线电流;(4)如果此时中线断开,试计算二、三层楼荧光灯上的电压,预计会有什么后果。

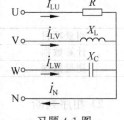

习题 4-1 图

4-3 每相电阻均为 10Ω 的对称三相负载,接在线电压为 380V 的三相电源。试求下列两种接法时的线电流:(1)负载三角形联结;(2)负载星形联结。

4-4 大容量的三相异步电动机(可等效为三相对称感性阻抗)为降低启动电流,通常在启动时接成星形,运行时又转接成三角形,这个过程称为电动机的Y-△启动运行,如习题 4-4 图所示。试求:(1)Y启动和△启动时的相电流之比;(2)Y启动和△启动时的线电流之比。

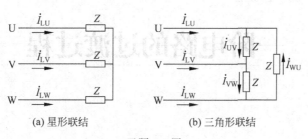

(a) 星形联结　　　(b) 三角形联结

习题 4-4 图

4-5 三相对称感性负载三角形联结,三相对称电源的线电压为 220V,测得电路的线电流为 38A,负载的有功功率为 8.66kW。试求电路的功率因数,并确定电阻和电抗的参数。

4-6 三相对称负载每相阻抗为 $Z=8+j6$,其额定电压为 380V,电源线电压为 380V。请问:(1)为保证负载正常工作,负载应如何联结?(2)此时电路的线电流、有功功率、功率因数各为多少?(3)如果负载接成另外一种方式,此时电路的线电流、有功功率、功率因数各为多少?(4)比较(2)、(3)的计算结果,可得出什么结论?

4-7 有两组三相对称负载,如习题 4-7 图所示,阻抗均为 $Z=8+j6$。一组接为星形,一组接为三角形,都接到线电压为 380V 的三相对称电源上。试求三相供电线路的线电流。

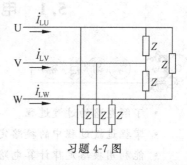

习题 4-7 图

*4-8 一组三相对称感性负载的阻抗角为 75°,接在线电压为 220V 的三相三线制对称交流电源上,负载三角形联结。测得相电流为 20A。请画出二表法测量负载有功功率的接线图,并求两个功率表的读数和负载的总有功功率。

第5章

一阶电路的过渡过程

电路的状态会由于工作需要或异常情况而发生改变,如电路闭合、电路断开、电路参数突变等。电路状态的变化过程称为过渡过程。过渡过程尽管非常短暂,有时甚至只有几微秒,但由于这个过程常常伴随着能量的急剧变化,处理不当会造成设备损坏,甚至引发火灾,导致人员伤亡。分析过渡过程发生的内在机理,有助于预防和减轻事故的发生,并能利用过渡过程改善电路的运行状况。

5.1 电路的过渡过程与换路定律

- 了解电路的过渡过程。
- 掌握过渡过程中的换路定律。
- 能利用换路定律计算电路换路瞬间电路元件的初始参数。

过渡过程是一个以前没有接触过的电路状态。物质所具有的能量不能突变,能量的积累或释放需要一定的时间。只有顺着能量不能突变的思路去思考问题,写出电阻、电容、电感元件的能量表达式,才会明白换路定律为什么仅仅发生在电容和电感元件中。

5.1.1 电路的换路过程与过渡现象

1. 电路中的过渡现象

电路的过渡现象比较普遍。生活中常见的例子是电视机的开关过程。在图 5-1-1 中,电视机打开时,电源指示灯慢慢变亮;电视机关闭时,电源指示灯慢慢变暗,直至熄灭。

图 5-1-2 所示是一个实验电路,电路中的电阻 R、电容 C、电感 L 以及灯泡经过合适的选配。仔细观察会发现,当开关 S 闭合时,与电阻串联的灯泡立即变亮并保持亮度不变;与电容 C 串联的灯泡一开始很亮,随即变暗,以至熄灭;与电感 L 串联的灯泡一开始不亮,之后逐渐变亮。

电路变化中的过渡过程

图 5-1-1 过渡现象

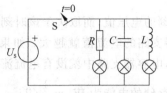

图 5-1-2 过渡过程实验电路

以上两种灯泡亮度渐变现象产生的原因是电路中含有电容和电感线圈这样的储能元件。储能元件在电路的状态变化过程中(如开关电路)存在能量存储与释放的转换,能量的转换不能立即完成。这个渐变的过程,就是电路的过渡过程。

2. 过渡过程产生的根源

分析电阻、电容、电感中的能量变化有助于我们了解过渡过程产生的根源。

(1) 电阻中的能量变化

对电阻而言,电流与电压的关系可表示为 $i_R = \dfrac{u_R}{R}$。在电阻上,任何时刻的电流值由该时刻的电压值和电阻值决定。换言之,只要在电阻上施加电压,会立刻获得电流,电阻上的电压与电流可以发生突变,电阻上电压和电流的变化没有过渡过程。所以在图 5-1-2 中,与灯泡串联的电阻支路在开关合上的瞬间会立即变亮,并保持亮度不变。

 电工故事会:过渡过程的实质

很多人都烧过水。不论是用柴火、煤气、还是电,烧水总是需要一定的时间。水开后再凉下来,也需要一定的时间。

烧水的过程,水中的热能在积累;水放凉的过程,水中的热能在散发。烧水、凉水需要时间,实际上是热能的积累和散发需要时间(图 A)。

与此相似,电路中的电阻、电容、电感能够积累和消耗电能,电能的积累和消耗也不能瞬间完成,中间有个过渡过程。

表 A 列出了三类元件的能量表达式以及能量变化过程中遵循的规则。

图 A 烧水

表 A 三类元件的能量表达式以及能量变化过程中遵循的规则

元件类型	电阻(R)	电容(C)	电感(L)
能量表达式	$W_R = I^2 R t$	$W_C = \dfrac{1}{2} C u^2$	$W_L = \dfrac{1}{2} L i^2$
式中的常量	电压一定时的 I、R	电容量 C	电感量 L
式中的变量	时间 t	电容电压 u	电感电流 i
能量变化的制约条件	时间 t 不能突变	电容电压 u 不能突变	电感电流 i 不能突变

电阻中消耗的电能为 $W_R = I^2Rt$。对于电阻 R 而言,其能量不能突变,能量的变化随时间逐渐增加。

(2) 电容器中的能量变化与过渡过程

对电容器而言,电流与电压的关系表示为 $i_C = C\dfrac{du_C}{dt}$。在电容器上,任何时刻的电流值不取决于该时刻的电压值,而取决于该时刻电压的变化量。换言之,电容器两端电压的变化量越大,电容器支路的电流值就越大;如果电容器两端的电压值较大,但是电压保持不变(如直流电路),电容器支路中就没有电流流动。

电容器中存储的电能为 $W_C = \dfrac{1}{2}CU^2$。对于电容量 C 为常数的电容器而言,由于能量不能突变,所以电容器两端的电压不能突变。

在图 5-1-2 中,与电容 C 串联的灯泡支路中,开关刚一闭合时,电容器两端的电压变化率很大,该支路的电流很大,灯泡中流过的电流很大,所以一开始灯泡很亮。随着电压变化率变小,该支路的电流也在变小,灯泡逐渐变暗,直到所有电压都加在电容器两端并保持不变,这时电路中将不再有电流,最后灯泡熄灭。

(3) 电感线圈中的能量变化与过渡过程

对电感线圈而言,电流与电压的关系表示为 $u_L = L\dfrac{di_L}{dt}$。在电感线圈上,任何时刻的电压值不取决于该时刻的电流值,而取决于该时刻电流的变化量。换言之,电感线圈中电流的变化量越大,电感线圈两端的电压值就越大;如果电感线圈中的电流值较大,但是电流保持不变(如直流电路),电感线圈两端没有电压产生。

电感线圈中存储的磁能为 $W_L = \dfrac{1}{2}Li^2$。对于电感量 L 为常数的电感线圈而言,由于能量不能突变,所以电感线圈中的电流不能突变。

在图 5-1-2 中,与电感 L 串联的灯泡支路中,开关刚一闭合时,电感线圈中的电流变化率很大,电感线圈两端的电压很大,灯泡两端几乎没有电压,所以一开始灯泡不亮。随着电流变化率变小,电感线圈两端的电压也在变小,灯泡两端的电压逐渐增大,灯泡逐渐变亮,直到所有电压都加在灯泡两端并保持不变,这时电感线圈两端已不再有电压。

表 5-1-1 为电路元件的能量关系与过渡过程。

表 5-1-1　电路元件的能量关系与过渡过程

电路元件	R	C	L
伏安关系	$i_R = \dfrac{u_R}{R}$	$i_C = C\dfrac{du_C}{dt}$	$u_L = L\dfrac{di_L}{dt}$
能量关系	$W_R = I^2Rt$	$W_C = \dfrac{1}{2}CU^2$	$W_L = \dfrac{1}{2}Li^2$
过渡状态	无过渡过程	电容器两端的电压不能突变	电感线圈中的电流不能突变

3. 过渡过程的分析方法

从上面的分析可以看出,若电路中含有储能元件,在电路稳定运行的过程中,如果电路的状态发生变化,如电路闭合、电路断开、电路参数突然改变等,会引起过渡过程。过渡过程结束后,电路会进入下一个稳定运行状态。因此,分析电路的过渡过程可以分为三个部分。

(1) 过渡过程发生前,电路在稳定状态时,电路参数的分析计算。

(2) 过渡过程中,电路参数的分析计算。

(3) 过渡过程结束后,电路进入新的稳定状态时,电路参数的分析计算。

电路在稳定运行状态时的计算方法与第2、3、4章中介绍的计算过程完全相同,此处不再赘述。本章的重点是分析含有储能元件的电路,并计算在过渡过程中的电路参数。由于过渡过程是介于两个稳定状态之间的一种不稳定状态,在任何时刻,电路的能量不能突变,因此电路的各项参数必然受前、后两个稳定状态的制约,制约条件就是换路定律。

5.1.2 换路定律

1. 换路定律

在一个含有电容器或电感元件的电路中,把电路状态改变的时刻记为 $t=0$ 时刻,状态改变前的时刻记为 $t=0_-$ 时刻,状态改变后的时刻记为 $t=0_+$ 时刻。

当电路的状态发生改变时,由于能量不能突变,所以,电容器两端的电压不能突变,电感元件中流过的电流不能突变。换路定律可表示为

$$\left.\begin{array}{l} u_C(0_+) = u_C(0_-) \\ i_L(0_+) = i_L(0_-) \end{array}\right\} \tag{5-1-1}$$

换路定律

实际应用时,电容器在换路瞬间的作用分以下两种情况(图5-1-3)。

(1) 如果 $u_C(0_+) = u_C(0_-) = 0$,则电容器换路瞬间在电路中可视为短路。

(2) 如果 $u_C(0_+) = u_C(0_-) \neq 0$,则电容器换路瞬间在电路中可视为一个等效电压源。

实际应用时,电感线圈在换路瞬间的作用分以下两种情况(图5-1-3)。

(1) 如果 $i_L(0_+) = i_L(0_-) = 0$,则电感线圈换路瞬间在电路中可视为开路。

(2) 如果 $i_L(0_+) = i_L(0_-) \neq 0$,则电感线圈换路瞬间在电路中可视为一个等效电流源。

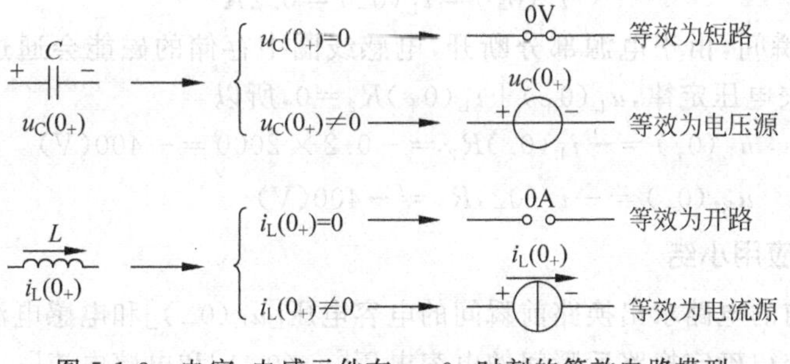

图 5-1-3 电容、电感元件在 $t=0_+$ 时刻的等效电路模型

式(5-1-1)及其等效电路模型对分析电路的过渡过程十分重要,它是确定电路过渡过程初始条件的基本定律。

2. 换路定律的应用

换路定律可用于确定在换路瞬间电路中各元件电压或各支路电流的初始值。

【**例 5-1-1**】 如图 5-1-4 所示,$U_s = 20\text{V}, R = 100\Omega, C = 10\mu\text{F}$。在 $t=0$ 时刻之前,电路一直处于开路状态;在 $t=0$ 时刻,开关 S 闭合。求开关闭合瞬间,电路中的电流、电阻元件

在换路瞬间,应用换路定律时最易出现的错误是:
$i_C(0_-) = i_C(0_+)$
$u_L(0_-) = u_L(0_+)$

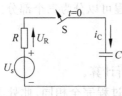

图 5-1-4 例 5-1-1 电路图

两端的电压及电容器两端的电压。

【解】 通过本例,学习使用换路定律确定 RC 电路的初始参数。

在 $t=0$ 时刻之前,电路一直处于开路状态,所以电容器两端的电压为 0V,即 $u_C(0_-)=0V$。

根据换路定律,在换路的瞬间,电容器两端的电压不能突变,即 $u_C(0_-)=u_C(0_+)=0V$。

在换路后的瞬间,根据基尔霍夫电压定律,有

$$U_s = i_C(0_+)R + u_C(0_+)$$

所以

$$i_C(0_+) = \frac{U_s - u_C(0_+)}{R} = \frac{20}{100} = 0.2(A)$$

$$U_R(0_+) = i(0_+)R = 0.2 \times 100 = 20(V)$$

本例说明,在换路瞬间,由于电容两端的电压不能突变,电源电压都加在电阻 R 的两端,此时电路中的电流最大。尽管电容器两端的电压不能突变,但流向电容器的电流可以突变。对于初学者来说,这个结果有点不可思议,要特别注意。

【例 5-1-2】 如图 5-1-5 所示,$U_s=20V$,$R_1=100\Omega$,$R_2=2000\Omega$,$L=1H$。在 $t=0$ 时刻之前,开关 S 一直处于闭合状态;在 $t=0$ 时刻,开关 S 打开。求开关打开瞬间,电路中的电流、电阻 R_2 以及电感线圈两端的电压。

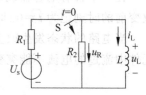

图 5-1-5 例 5-1-2 电路图

【解】 通过本例,学习使用换路定律确定 RL 电路的初始参数。

在 $t=0$ 时刻之前,电路一直处于闭合状态,由于电感线圈对稳定的直流电来说相当于短路,电阻 R_2 在电路中被短路。所以,电路中的电流就是流经电阻 R_1 和电感线圈 L 的电流 i_L,其值为

$$i_L(0_-) = \frac{U_s}{R_1} = \frac{20}{100} = 0.2(A)$$

$t=0$ 时刻,开关 S 打开。根据换路定律,换路瞬间电感线圈中流过的电流不变,则

$$i_L(0_+) = i_L(0_-) = 0.2A$$

在换路后的瞬间,由于电源部分断开,电感线圈中存储的磁能会通过电阻 R_2 释放出来。根据基尔霍夫电压定律,$u_L(0_+)+i_L(0_+)R_2=0$,所以

$$u_L(0_+) = -i_L(0_+)R_2 = -0.2 \times 2000 = -400(V)$$

$$u_{R2}(0_+) = -i_L(0_+)R_2 = -400(V)$$

本例说明,在换路的瞬间,由于电感线圈中不能突变的电流流经电阻 R_2,受此影响,会在电感线圈两端产生同样大的电压。同时说明,电感线圈中的电流不能突变,而电感线圈两端的电压可以突变。

3. 换路定律应用小结

(1) 按换路前的电路求出换路前瞬间的电容电压 $[u_C(0_-)]$ 和电感电流 $[i_L(0_-)]$。

(2) 由换路定律确定换路后瞬间的电容电压 $[u_C(0_+)]$ 和电感电流 $[i_L(0_+)]$。

(3) 在换路后的电路中,根据电路基本定律,求出各支路电流和各元件电压的初始值。

5.1.3 过渡过程相关约定

为方便后续过渡过程电路状态的分析,对过渡过程发生时,电路中储能元件(L、C)可能呈现的三种状态说明如下。

1. 零状态响应

过渡过程发生时,电路中的电容电压 $u_C(0_+)=0$,电感电流 $i_L(0_+)=0$。

当电路接通电源后,电容元件通过电路存储电场能,电感元件通过电路存储磁场能。过渡过程完成后,电容元件两端的电压 $u_C(\infty) \neq 0$,电感元件中的电流 $i_L(\infty) \neq 0$。

2. 零输入响应

过渡过程发生时,电路中的电容电压 $u_C(0_+) \neq 0$,电感电流 $i_L(0_+) \neq 0$。

当电路断开电源后,电容元件通过电路释放电场能,电感元件通过电路释放磁场能。过渡过程完成后,电容元件两端的电压 $u_C(\infty) = 0$,电感元件中的电流 $i_L(\infty) = 0$。

3. 全响应

过渡过程发生时,电容元件储存有电能,$u_C(0_+) \neq 0$;电感元件储存有磁能,$i_L(0_+) \neq 0$。

过渡过程完成后,电容元件仍储存有电能,$u_C(\infty) \neq 0$;电感元件仍储存有磁能,$i_L(\infty) \neq 0$。电路的过渡过程是从电路的一种运行状态切换到另一种运行状态。

思考与练习

5.1.1 什么是电路的过渡过程?过渡过程产生的内在原因是什么?

5.1.2 什么是换路定律?换路瞬间,电容电压、电感电流不能突变的原因是什么?

5.1.3 根据换路定律 $\begin{cases} u_C(0_+) = u_C(0_-) \\ i_L(0_+) = i_L(0_-) \end{cases}$,得出 $\begin{cases} i_C(0_-) = i_C(0_+) \\ u_L(0_-) = u_L(0_+) \end{cases}$,这种结论正确吗?

5.1.4 在换路瞬间,有端电压的电容起何作用?有电流的电感线圈起何作用?

5.1.5 如果电容两端有电压,说明电容有储能,所以电路中一定有电流,这种说法正确吗?

5.1.6 如果电感线圈两端没有电压,说明电感中一定没有电流,这种说法正确吗?

5.2 一阶 RC 直流电路的过渡过程

- 了解 RC 电路的充、放电过程。
- 了解经典法求解 RC 电路的充电过程。
- 掌握三要素法求解 RC 电路的充、放电过程。
- 理解三要素法求解电路的普遍意义。

本小节从讨论电容的充、放电过程出发,寻求解决一阶 RC 直流电路过渡过程的系统方法。如果对于经典法求解过渡过程难以理解,可以直接采用三要素法求解电路参数。只要按照例题所示的步骤进行计算,一阶 RC 直流电路过渡过程的所有问题都可解决。

5.2.1 RC电路的零状态响应

在一个含有电容器的电路中,电源投入时会造成电容的充电现象,电源断开时又会发生电容放电的情况,而当电路参数发生变化时,可能伴随电容的充、放电过程。本节以例 5-1-1 为例,探讨解决这类问题的基本方法。

1. 过程分析与列取电路方程

在例 5-1-1 中,根据换路定律确定了电路的初始状态,在 $t=0_+$ 时刻,有

$$u_C(0_+) = 0\text{V}$$
$$i_C(0_+) = 0.2\text{A}$$
$$u_R(0_+) = 20\text{V}$$

对于一个直流电路而言,在电路进入稳定状态后,连接电容的支路中没有电流流过。根据常识可以确定,在 $t=\infty$ 后,电路进入稳态时,有

$$u_C(\infty) = 20\text{V}$$
$$i_C(\infty) = 0\text{A}$$
$$u_R(\infty) = 0\text{V}$$

分析电容器两端的电压就会发现,在过渡过程中,电源 U_s 通过电阻 R 对电容器充电。在电容器充电的过程中,其两端的电压是一个渐变的过程。经过一定的时间,它两端的电压从 0V 上升到 20V。图 5-2-1 定性地描绘出了 u_C 的变化过程。

下面探讨过渡过程中电容器两端电压的变化规律。

根据基尔霍夫电压定律,可得

$$u_R + u_C = U_s$$

而 $u_R = Ri_C$,所以

$$Ri_C + u_C = U_s$$

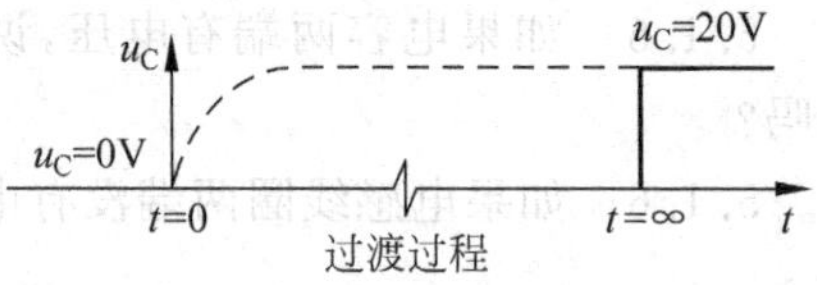

又由于 $i_C = C\dfrac{du_C}{dt}$(参见式(1-3-4)),代入上式,得

图 5-2-1 电容的充电过程

$$RC\frac{du_C}{dt} + u_C = U_s \tag{5-2-1}$$

式(5-2-1)是典型的一阶常系数非齐次线性微分方程。解决这类问题通常有两种方法,一是采用求解微分方程的经典法,二是采用具有工程意义的三要素法。

*2. 一阶 RC 电路零状态响应的经典求解法

由数学中的微分方程理论可知,一阶常系数非齐次线性微分方程的解由两部分构成,即

$$u_C = u'_C + u''_C \tag{5-2-2}$$

(1) u'_C 是电路的特解,又称为稳态分量,它由电路过渡过程结束后的稳态值确定。

$$u'_C = u_C(\infty) \tag{5-2-3}$$

(2) u''_C 是对应于 $RC\dfrac{du_C}{dt} + u_C = 0$ 的通解,是过渡过程的暂态分量,其解的形式为

$$u''_C = Ae^{-\frac{t}{RC}} \tag{5-2-4}$$

(3) 任意时刻,$u_C(t)$ 的全解为

$$u_C(t) = u'_C + u''_C = u_C(\infty) + Ae^{-\frac{t}{RC}} \quad (t \geq 0_+)$$

求解一阶电路的经典法

常数 A 可由换路后的初始条件确定。$t=0_+$ 时刻, $u_C(t)=u_C(0_+)$, 则

$$u_C(0_+)=u_C(\infty)+A\mathrm{e}^{-\frac{0}{RC}}$$

由此, 确定常数 A 为

$$A=u_C(0_+)-u_C(\infty)$$

所以, $u_C(t)$ 的全解为

$$u_C(t)=u_C(\infty)+[u_C(0_+)-u_C(\infty)]\mathrm{e}^{-\frac{t}{RC}} \quad (t\geqslant 0_+) \tag{5-2-5}$$

在式(5-2-5)中, 记 $\tau=RC$, 通过单位换算可知, τ 的单位是秒 $\left(\Omega\cdot\mathrm{F}=\Omega\cdot\dfrac{\mathrm{C}}{\mathrm{V}}=\dfrac{\mathrm{V}}{\mathrm{A}}\cdot\dfrac{\mathrm{A}\cdot\mathrm{s}}{\mathrm{V}}=\mathrm{s}\right)$, 是表征过渡过程快慢的物理量。习惯上, 把 τ 称为过渡过程的时间常数。如果换路后的电路中含有多个电阻和电容, 要根据前面所学的知识对电路进行适当的化简, 求出等效的电阻、电容量后再计算时间常数。

这样, 对这类方程的解, 就变为如何确定 $u_C(0_+)$、$u_C(\infty)$ 和时间常数 τ 了。

在例 5-1-1 中, 电容充电的时间常数 $\tau=RC=100\Omega\times 10\mu\mathrm{F}=100\Omega\times 10\times 10^{-6}\mathrm{F}=0.001\mathrm{s}$。

把例 5-1-1 中求解出的参数 $u_C(0_+)$、$u_C(\infty)$ 和 τ 带入式(5-2-5), 得到过渡过程中电容电压 u_C 随时间变化的关系式为

$$u_C(t)=20+(0-20)\mathrm{e}^{-1000t}=20-20\mathrm{e}^{-1000t}\ (\mathrm{V}) \quad (t\geqslant 0_+)$$

换路后各时刻 u_C 的值如表 5-2-1 所示。

表 5-2-1 换路后各时刻 u_C 的值

t	1τ(1ms)	2τ(2ms)	3τ(3ms)	4τ(4ms)	5τ(5ms)
$u_C(t)/\mathrm{V}$	12.64	17.30	19.00	19.64	19.86
$u_C(t)/u_C(\infty)$	0.632	0.865	0.950	0.982	0.993

从表 5-2-1 可见, 经过 $(3\sim5)\tau$ 后, 电容上的电压已上升到其稳态值的 95%~99%。工程上一般认为, 换路后经过 $(3\sim5)\tau$ 的时间, 过渡过程基本结束, 电路进入新的稳定状态。

在确定 u_C 后, 电容支路的电流可由 $i_C=C\dfrac{\mathrm{d}u_C}{\mathrm{d}t}$ 求出, 即

$$i_C=C\frac{\mathrm{d}u_C}{\mathrm{d}t}=10\times 10^{-6}\times\left[-20\times\left(-\frac{1}{0.001}\right)\mathrm{e}^{-1000t}\right]$$

$$=0.2\mathrm{e}^{-1000t}\ (\mathrm{A}) \quad (t\geqslant 0_+)$$

电阻 R 上的电压为

$$u_R=Ri_C=100\times 0.2\mathrm{e}^{-1000t}=20\mathrm{e}^{-1000t}\ (\mathrm{V}) \quad (t\geqslant 0_+)$$

在电路的过渡过程中, u_C、u_R、i_C 随时间的变化过程如图 5-2-2 所示。电容充电过程持续 $(3\sim5)\tau$, 即 3~5ms 后结束。

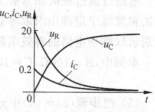

图 5-2-2 各量的过渡过程

求解一阶电路的三要素法

3. 一阶 RC 电路零状态响应的三要素求解法

尽管式(5-2-5)只是针对电容电压求解, 实际上, 对于只含一种储能元件(如电容器)的

电路而言，各元件在过渡过程中电压电流的通用式均可表示为

$$f(t) = f(\infty) + [f(0_+) - f(\infty)]e^{-\frac{t}{\tau}} \quad (t \geqslant 0_+) \tag{5-2-6}$$

式中：$f(t)$为待求量任意时刻的值；$f(0_+)$为待求量在换路后的初始值；$f(\infty)$为待求量进入稳定状态后的值；τ为电路过渡过程的时间常数。

由式(5-2-6)可以看出，只要能确定$f(0_+)$、$f(\infty)$和时间常数τ这三个基本要素，就可以避开复杂的微分方程求解过程，方便地求取一阶电路过渡过程的各项参数。

【**例5-2-1**】 对于例5-1-1所示电路的参数，应用三要素法求解电容器两端的电压u_C、支路电流i_C和电阻上的电压。

【**解**】 通过本例，学习使用三要素法求解RC充电电路的参数，具体步骤如下所述。

(1) 把待求量写成三要素法的表示形式

$$u_C(t) = u_C(\infty) + [u_C(0_+) - u_C(\infty)]e^{-\frac{t}{\tau}} \quad (t \geqslant 0_+)$$

$$i_C(t) = i_C(\infty) + [i_C(0_+) - i_C(\infty)]e^{-\frac{t}{\tau}} \quad (t \geqslant 0_+)$$

$$u_R(t) = u_R(\infty) + [u_R(0_+) - u_R(\infty)]e^{-\frac{t}{\tau}} \quad (t \geqslant 0_+)$$

(2) 根据换路定律，计算待求量换路后的初始值

由于换路前电路一直断开，且已进入稳定状态，所以根据换路定律，可得

$$u_C(0_+) = u_C(0_-) = 0\text{V}$$

$$u_R(0_+) = U_s - u_C(0_+) = 20(\text{V})$$

换路后，根据基尔霍夫定律，可得

$$i_C(0_+)R + u_C(0_+) = U_s = 20(\text{V})$$

所以

$$i_C(0_+) = \frac{20 - u_C(0_+)}{R} = \frac{20 - 0}{100} = 0.2(\text{A})$$

(3) 计算待求量进入稳定状态后的值

电路进入稳态后，电容器可视为开路，所以

$$u_C(\infty) = 20\text{V}$$

$$i_C(\infty) = 0\text{A}$$

$$u_R(\infty) = U_s - u_C(\infty) = 0(\text{V})$$

(4) 确定电路过渡过程的时间常数

电路过渡过程时间常数τ的值决定于换路后电路的等效电阻和等效电容的乘积。具体做法和戴维宁定理中求取等效内阻的方法类似，即把电路中的电压源短路、电流源开路后，分别求取剩余电路的等效电阻和等效电容。

本例中，$R = 100\Omega$，$C = 10\mu\text{F}$，所以

$$\tau = RC = 100 \times 10 = 0.001(\text{s})$$

(5) 把步骤(2)～(4)中分别求取的值代入步骤(1)的表达式

$$u_C(t) = 20 + (0 - 20)e^{-1000t} = 20 - 20e^{-1000t} (\text{V}) \quad (t \geqslant 0_+)$$

$$i_C(t) = 0 + (0.2 - 0)e^{-1000t} = 0.2e^{-1000t} (\text{A}) \quad (t \geqslant 0_+)$$

$$u_R(t) = 0 + (20 - 0)e^{-1000t} = 20e^{-1000t} (\text{V}) \quad (t \geqslant 0_+)$$

过渡过程中，u_C、i_C、u_R随时间的变化过程与图5-2-2所示相同。

说明：通过例5-2-1可以看出，三要素法与经典法所得结论完全一致。

电工故事会：一阶电路的三要素法

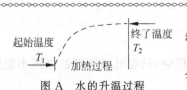

图 A 水的升温过程

在烧水过程中，水加热前有个起始温度 T_1，加热后达到终了温度 T_2，加热过程中，水温一直在变化。

观察水温的变化过程，必然与起始温度 T_1、终了温度 T_2、温升系数 k 有关，而温升系数又与水量、加热量及环境状况相关。

起始温度 T_1、终了温度 T_2、温升系数 k 就是温升变化过程的三要素（图 A）。

电路中也有类似的过渡过程，当电路参数改变或换路时，就会出现电路的过渡过程。

以电容的充电过程为例，充电前为起始电压 $u_{(0)}$，结束后达到稳态 $u_{(\infty)}$，充电过程中，电压一直在变化。

起始电压 $u_{(0)}$、稳态电压 $u_{(\infty)}$、时间常数 τ 就是电容充电过程的三要素。τ 与电路的结构、元件和参数相关。计算中，只要知道了这三个要素，就可以方便地确定充电过程中任何时刻的电压值。

5.2.2 RC 电路的零输入响应

下面以电容放电过程的计算为例来巩固三要素法在一阶电路求解中的应用。

【例 5-2-2】 电路如图 5-2-3 所示，$U_s = 20\text{V}$，$R_1 = 100\Omega$，$R_2 = 900\Omega$，$R_3 = 100\Omega$，$C = 10\mu\text{F}$。在 $t=0$ 时刻之前，电路一直处于闭合状态；在 $t=0$ 时刻，开关 S 打开。求开关打开后，电容器支路的电流、电容器两端电压、电阻元件 R_2 两端电压的变化过程。

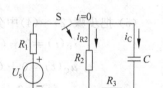

图 5-2-3 电容的放电

RC 电路的零输入响应

【解】 通过本例，学习使用三要素法求解 RC 放电电路的参数。具体步骤如下所述。

(1) 把待求量写成三要素法的表示形式

$$i_C(t) = i_C(\infty) + [i_C(0_+) - i_C(\infty)]e^{-\frac{t}{\tau}} \text{(A)} \quad (t \geq 0_+)$$

$$u_C(t) = u_C(\infty) + [u_C(0_+) - u_C(\infty)]e^{-\frac{t}{\tau}} \text{(V)} \quad (t \geq 0_+)$$

$$u_{R2}(t) = u_{R2}(\infty) + [u_{R2}(0_+) - u_{R2}(\infty)]e^{-\frac{t}{\tau}} \text{(V)} \quad (t \geq 0_+)$$

(2) 根据换路定律，计算待求量换路后的初始值

换路前，开关 S 闭合，电路已达稳定状态，电容器相当于开路，所以

$$i_C(0_-) = 0\text{A}$$

$$i_{R2}(0_-) = \frac{U_s}{R_1 + R_2} = \frac{20}{100 + 900} = 0.02 \text{(A)}$$

由于电容器支路相当于开路，电阻 R_3 上无电流通过，所以电容 C 上的电压与电阻 R_2 上的电压相同，根据换路定律，可得

$$u_C(0_+) = u_C(0_-) = u_{R2}(0_-) = i_{R2}(0_-)R_2$$
$$= 0.02 \times 900 = 18 \text{(V)}$$

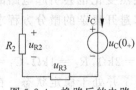

图 5-2-4 换路后的电路

换路后，开关 S 已经打开，原电路中的电源 U_s 和电阻 R_1 已不起作用。换路瞬间，等效电路如图 5-2-4 所示，此时的电容相当于一个电压为 $u_C(0_+) = 18\text{V}$ 的电压源。在这个电路中，电阻

R_2 与 R_3 串联,与电容 C 呈并联关系。按照串联分压原则,可得

$$u_{R2}(0_+) = u_C(0_+) \frac{R_2}{R_2+R_3} = 18 \times \frac{900}{900+100} = 16.2(\text{V})$$

$$i_C(0_+) = -\frac{u_C(0_+)}{R_2+R_3} = -\frac{18}{900+100} = -0.18(\text{A})$$

以上几个参数的计算结果表明,在 RC 电路的过渡过程中,只有电容两端的电压不能突变,其他元件的参数不受此限制。

(3) 计算待求量进入稳定状态后的值

这个过渡过程是电容器放电的过程。随着放电的进行,电容器中原先存储的电能最终全部变为电阻的热能。等电路再次达到稳态时,有

$$i_C(\infty) = 0\text{A}$$
$$u_C(\infty) = 0\text{V}$$
$$u_{R2}(\infty) = 0\text{V}$$

(4) 确定过渡过程的时间常数

确定过渡过程时间常数的等效电路如图 5-2-5 所示,此时电路的等效电阻 $R=R_2+R_3=1000(\Omega)$,$C=10\mu\text{F}$,时间常数 τ 为

$$\tau = RC = 1000 \times 10 = 0.01(\text{s})$$

(5) 把步骤(2)~(4)中分别求取的值代入步骤(1)的表达式

$$i_C(t) = 0 + (-0.18-0)\text{e}^{-100t} = -0.18\text{e}^{-100t}\ (\text{A}) \quad (t \geqslant 0_+)$$
$$u_C(t) = 0 + (18-0)\text{e}^{-100t} = 18\text{e}^{-100t}\ (\text{V}) \quad (t \geqslant 0_+)$$
$$u_{R2}(t) = 0 + (16.2-0)\text{e}^{-100t} = 16.2\text{e}^{-100t}\ (\text{V}) \quad (t \geqslant 0_+)$$

在电路的过渡过程中,u_C、u_{R2}、i_C 随时间的变化过程如图 5-2-6 所示。电容放电的过程持续(3~5)τ,0.03~0.05s 后结束。

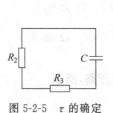

图 5-2-5 τ 的确定　　图 5-2-6 各参数随时间变化的曲线

5.2.3　RC 电路的全响应

电路中的过渡过程除了电路的打开与闭合之外,电路参数的突然变化也会引起电路的过渡过程。只要掌握了三要素法的求解步骤与解题方法,同样能够避开复杂的微分方程求解,较为简便地解决这类复杂问题。

【**例 5-2-3**】　电路如图 5-2-7 所示,$U_1=10\text{V}$,$U_2=30\text{V}$,$R_1=2\text{k}\Omega$,$R_2=1\text{k}\Omega$,$C_1=40\mu\text{F}$,$C_2=20\mu\text{F}$,$C_3=20\mu\text{F}$。在 $t=0$ 时刻之前,开关 S 一直合向 1 并处于稳定状态。在 $t=0$ 时刻,开关 S 由 1 合向 2。求开关合向 2 后,电流 i_C 和电压 u_C 的变化过程。

RC 电路的全响应

【解】 通过本例,加深理解三要素法的应用。

本例中有三个电容,在求解之前需要对电路进行适当的简化。根据式(1-3-5)和式(1-3-6),电容 C_1、C_2、C_3 的串、并联可等效为

$$C = \frac{C_1(C_2+C_3)}{C_1+(C_2+C_3)} = \frac{40 \times (20+20)}{40+(20+20)} = 20(\mu\text{F})$$

图 5-2-7 所示电路可等效为图 5-2-8 所示电路。

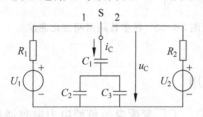
图 5-2-7 例 5-2-3 电路图

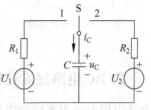
图 5-2-8 化简后的电路

(1) 把待求量写成三要素法的表示形式

$$i_C(t) = i_C(\infty) + [i_C(0_+) - i_C(\infty)]e^{-\frac{t}{\tau}} \text{(A)} \quad (t \geq 0_+)$$

$$u_C(t) = u_C(\infty) + [u_C(0_+) - u_C(\infty)]e^{-\frac{t}{\tau}} \text{(V)} \quad (t \geq 0_+)$$

(2) 根据换路定律,计算待求量换路后的初始值

换路前,开关 S 合向 1,电源 U_2 和电阻 R_2 不起作用。电路达到稳定状态时,电源 U_1 上的电压全部加在电容 C 上,所以

$$u_C(0_+) = u_C(0_-) = 10\text{V}$$

换路后,开关 S 合向 2,电源 U_1 和电阻 R_1 不起作用。换路瞬间的等效电路如图 5-2-9 所示,此时的电容相当于一个电容电压为 $u_C(0_+) = 10\text{V}$ 的电压源。由换路定律可知电容电压保持不变,根据基尔霍夫电压定律,可得

$$U_2 = u_C(0_+) + i_C(0_+)R_2$$

$$i_C(0_+) = \frac{U_2 - u_C(0_+)}{R_2} = \frac{30-10}{1000} = 0.02(\text{A})$$

(3) 计算待求量进入稳定状态后的值

本例是电容器两次在不同电源下的充电过程。第二次充电结束后,有

$$i_C(\infty) = 0\text{A}$$

$$u_C(\infty) = 30\text{V}$$

(4) 确定过渡过程的时间常数

换路后,电路的电阻 $R_2 = 1000\Omega$,等效电容 $C = 20\mu\text{F}$,过渡过程的时间常数为

$$\tau = RC = 1000 \times 20 = 0.02(\text{s})$$

(5) 把步骤(2)~(4)中分别求取的值代入步骤(1)的表达式

$$i_C(t) = 0 + (0.02-0)e^{-50t} = 0.02e^{-50t} \text{(A)} \quad (t \geq 0_+)$$

$$u_C(t) = 30 + (10-30)e^{-50t} = 30 - 20e^{-50t} \text{(V)} \quad (t \geq 0_+)$$

u_C、i_C 随时间的变化过程如图 5-2-10 所示。过渡过程持续 $(3 \sim 5)\tau$,$0.06 \sim 0.1\text{s}$ 后结束。

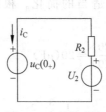
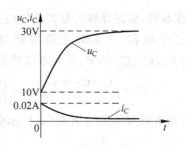

图 5-2-9 等效电路　　　图 5-2-10 各参数随时间变化曲线

5.2.4 一阶 RC 电路过渡过程的应用

电容器大量应用于电力系统和电子设备中。工厂变配电所依赖电力电容器进行无功补偿，提高工厂或车间的功率因数；手机充电器利用电容滤波为手机电池提供一个稳定的充电电压。此外，很多电子设备为保护主要部件不受冲击电压的损坏，在电路中加入了必要的电容充、放电回路。

在图 5-2-11 中，220V 交流电经过二极管整流后形成一个脉动很大的直流电源，而很多电子设备需要平稳的直流电源。实际的整流电路中，常在整流二极管 D 之后与负载元件 R 并联一个滤波电容。通过电容的充、放电起到滤波作用，把脉动较大的直流电变为相对平稳的直流电。电容量越大，直流电的脉动越小。

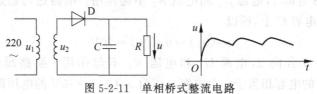

图 5-2-11 单相桥式整流电路

> **思考与练习**
>
> 5.2.1 在电路进入稳态后，电容元件起何作用？
> 5.2.2 三要素法中的三个要素具体是什么含义？

5.3 一阶 RL 直流电路的过渡过程

- 了解 RL 电路存储和释放磁能的过程。
- 了解求解 RL 电路的经典法。
- 掌握求解 RL 电路的三要素法。

本小节学习解决一阶 RL 直流电路过渡过程的系统方法。经典法推导过程有一定难

度,也可以直接采用三要素法求解。需要注意两点:一要注意求解步骤;二要注意与 RC 电路进行对比。这样才能举一反三,事半功倍。

5.3.1 RL 电路的零状态响应

电感线圈广泛存在于工业生产现场的动力设备和家庭的用电设备中,可以说,只要有电机的地方就有电感线圈。在一个含有电感线圈的电路中,电源投入时,电感线圈会存储磁能,电源断开时,电感线圈又会释放磁能;而当电路参数发生变化时,可能伴随着磁能的存储和释放过程。这里以图 5-3-1 为例,探讨解决这类问题的基本方法。

【例 5-3-1】 在图 5-3-1 中,$U_s=20\text{V}, R=100\Omega, R_L=900\Omega$,$L=0.1\text{H}$。在 $t=0$ 时刻之前,开关 S 一直合向 2 并处于稳定状态。在 $t=0$ 时刻,开关 S 由 2 合向 1。求开关合向 1 后,电感线圈中的电流 i_L、电感线圈两端的电压 u_L 及电阻 R 两端的电压 u_R。

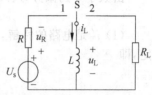

图 5-3-1 例 5-3-1 电路图

RL 电路的零状态响应

1. 过程分析与列取电路方程

在图 5-3-1 中,根据换路定律确定电路的初始状态。由于在换路前,电路一直处于断开状态,所以在 $t=0_-$ 时刻,有

$$i_L(0_-)=0\text{A}$$
$$u_L(0_-)=0\text{V}$$
$$u_R(0_-)=0\text{V}$$

根据换路定律,$i_L(0_+)=i_L(0_-)=0\text{A}$,电感线圈在开关接通的瞬间仍保持电流为 0。换路瞬间的等效电路如图 5-3-2 所示,此时的电感线圈相当于开路。根据基尔霍夫电压定律,这时电路中的所有电压都加在电感线圈 L 上。所以在 $t=0_+$ 时刻,有

$$i_L(0_+)=0\text{A}$$
$$u_R(0_+)=i_L(0_+)R=0(\text{V})$$
$$u_L(0_+)=U_s-u_R(0_+)=20(\text{V})$$

图 5-3-2 等效电路

在 $t=\infty$ 时,电路已经进入稳定状态。对于一个直流电路而言,电感线圈两端的电压为 0,电感线圈等同于短路,这时电路的所有电压都加在电阻 R 上。根据基尔霍夫电压定律,此时电感线圈的电流、电压和电阻 R 上的值分别为

$$i_L(\infty)=\frac{U_s}{R}=\frac{20}{100}=0.2(\text{A})$$
$$u_R(\infty)=i_L(\infty)R=20(\text{V})$$
$$u_L(\infty)=U_s-u_R(\infty)=0(\text{V})$$

下面探讨过渡过程中,电感线圈中电流的变化规律。

根据基尔霍夫电压定律,可得

$$u_R+u_L=U_s$$

式中:$u_R=Ri_L$,$u_L=L\dfrac{di_L}{dt}$,所以

$$Ri_L+L\frac{di_L}{dt}=U_s$$

上式两边同除以电阻 R，得

$$i_L + \frac{L}{R}\frac{di_L}{dt} = \frac{U_s}{R} \tag{5-3-1}$$

式(5-3-1)与式(5-2-1)一样，是典型的一阶常系数非齐次线性微分方程。下面使用经典法和三要素法分别求解式(5-3-1)。

*2. 一阶 RL 电路零状态响应的经典求解法

由数学中的微分方程理论可知，一阶常系数非齐次线性微分方程的解由两部分构成，即

$$i_L = i'_L + i''_L \tag{5-3-2}$$

(1) i'_L 是电路的特解，又称为稳态分量，由电路过渡过程结束后电感线圈的稳态值确定，即

$$i'_L = i_L(\infty) \tag{5-3-3}$$

(2) i''_L 是对应于 $i_L + \frac{L}{R}\frac{di_L}{dt} = \frac{U_s}{R}$ 的通解，是过渡过程的暂态分量，其解的形式为

$$i''_L = Ae^{-\frac{R}{L}t} \tag{5-3-4}$$

(3) 任意时刻 $i_L(t)$ 的全解为

$$i_L(t) = i'_L + i''_L = i_L(\infty) + Ae^{-\frac{R}{L}t} \quad (t \geq 0_+)$$

常数 A 可由换路后的初始条件确定。$t=0_+$ 时刻，$i_L(t) = i_L(0_+)$，则

$$i_L(0_+) = i_L(\infty) + Ae^{-\frac{R}{L}\cdot 0}$$

由此确定常数 A 为

$$A = i_L(0_+) - i_L(\infty)$$

所以，$i_L(t)$ 的全解为

$$i_L(t) = i_L(\infty) + [i_L(0_+) - i_L(\infty)]e^{-\frac{R}{L}t} \quad (t \geq 0_+) \tag{5-3-5}$$

式(5-3-5)中，记 $\tau = \frac{L}{R}$，通过单位换算可知，τ 的单位是秒 $\left(\frac{H}{\Omega} = \frac{V \cdot s}{A} \cdot \frac{A}{V} = s\right)$，是表征过渡过程快慢的物理量，和 $\tau = RC$ 一样，称为过渡过程的时间常数。如果换路后的电路中含有多个电阻和电感线圈，要根据前面所学的知识对电路进行适当的化简，求出等效的电阻、电感量后再计算时间常数。

这样，对这类方程的求解，就变为如何确定 $i_L(0_+)$、$i_L(\infty)$ 和时间常数 τ 了。

在例 5-3-1 中，电感线圈存储磁能的时间常数为

$$\tau = \frac{L}{R} = \frac{0.1}{100} = 0.001(s)$$

把已求解出的参数 $i_L(0_+)$、$i_L(\infty)$ 和 τ 代入式(5-3-5)，得到在过渡过程中电感线圈中的电流 i_L 随时间变化的关系式为

$$i_L(t) = 0.2 - 0.2e^{-1000t} \quad (t \geq 0_+)$$

换路后各时刻 i_L 的值如表 5-3-1 所示。

表 5-3-1 换路后各时刻 i_L 的值

t	1τ(1ms)	2τ(2ms)	3τ(3ms)	4τ(4ms)	5τ(5ms)
$i_L(t)$/A	0.126	0.173	0.190	0.196	0.199
$i_L(t)/i_L(\infty)$	0.632	0.865	0.950	0.982	0.993

从表 5-3-1 可见,经过$(3\sim5)\tau$后,电感线圈的电流上升到其稳态值的 95%～99%。工程上一般认为,换路后经过$(3\sim5)\tau$,过渡过程基本结束,电路进入新的稳定状态。

在确定电感电流 i_L 后,电感线圈两端的电压可由 $u_L=L\dfrac{\mathrm{d}i_L}{\mathrm{d}t}$ 求出,为

$$u_L=L\frac{\mathrm{d}i_L}{\mathrm{d}t}=0.1\times[-0.2\times(-1000)\mathrm{e}^{-1000t}]=20\mathrm{e}^{-1000t}\ (\mathrm{V})\quad(t\geqslant 0_+)$$

电阻 R 上的电压为

$$u_R=Ri_C$$
$$=20-20\mathrm{e}^{-1000t}\ (\mathrm{V})\quad(t\geqslant 0_+)$$

在电路的过渡过程中,u_L、u_R、i_L 随时间的变化过程如图 5-3-3 所示。过渡过程持续$(3\sim5)\tau$,3～5ms 后结束。

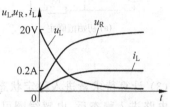

图 5-3-3　u_L、u_R、i_L 随时间的变化曲线

3. 一阶 RL 电路零状态响应的三要素求解法

尽管式(5-3-5)只是针对电感线圈中的电流求解,实际上,其他元件在过渡过程中的电压电流也可用式(5-2-6)表示。决定元件随时间变化的基本参数仍然是 $f(0_+)$、$f(\infty)$ 和时间常数 τ 这三个要素。

下面通过一个较为复杂的例题学习如何使用三要素法求解 RL 存储磁能过程中各元件的电压和电流的变化过程。

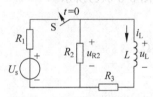

图 5-3-4　电感存储磁能过程

【例 5-3-2】 在图 5-3-4 中,$U_s=9\mathrm{V}$,$R_1=30\Omega$,$R_2=60\Omega$,$R_3=60\Omega$,$L=0.4\mathrm{H}$。在 $t=0$ 时刻之前,开关 S 一直打开并处于稳定状态。在 $t=0$ 时刻,开关 S 闭合。求开关闭合后,电感线圈中的电流 i_L、电感线圈两端的电压 u_L 及电阻 R_2 两端的电压 u_{R2}。

【解】 通过本例,学习使用三要素法求解 RL 存储磁能电路的参数。具体步骤如下所述。

(1) 把待求量写成三要素法的表示形式

$$i_L(t)=i_L(\infty)+[i_L(0_+)-i_L(\infty)]\mathrm{e}^{-\frac{t}{\tau}}\quad(t\geqslant 0_+)$$
$$u_L(t)=u_L(\infty)+[u_L(0_+)-u_L(\infty)]\mathrm{e}^{-\frac{t}{\tau}}\quad(t\geqslant 0_+)$$
$$u_{R2}(t)=u_{R2}(\infty)+[u_{R2}(0_+)-u_{R2}(\infty)]\mathrm{e}^{-\frac{t}{\tau}}\quad(t\geqslant 0_+)$$

(2) 根据换路定律,计算待求量换路后的初始值

由于换路前电路一直断开,且已进入稳定状态,所以根据换路定律,可得

$$i_L(0_+)=i_L(0_-)=0\mathrm{A}$$

换路后,瞬间的等效电路如图 5-3-5(a)所示,此时的电感线圈相当于开路。根据基尔霍夫电压定律,可得

$$U_s=i_R(0_+)(R_1+R_2)=9(\mathrm{V})$$

所以

$$i_R(0_+)=\frac{U_s}{R_1+R_2}=\frac{9}{30+60}=0.1(\mathrm{A})$$
$$u_{R2}(0_+)=i_R(0_+)R_2=0.1\times 60=6(\mathrm{V})$$

由于 $i_L(0_+)=0\mathrm{A}$,电感支路没有电流。在电感支路中,根据基尔霍夫电压定律,可得

$$u_{R2}(0_+) = u_L(0_+) + i_L(0_+)R_3$$
$$u_L(0_+) = 6 - 0 \times 60 = 6(V)$$

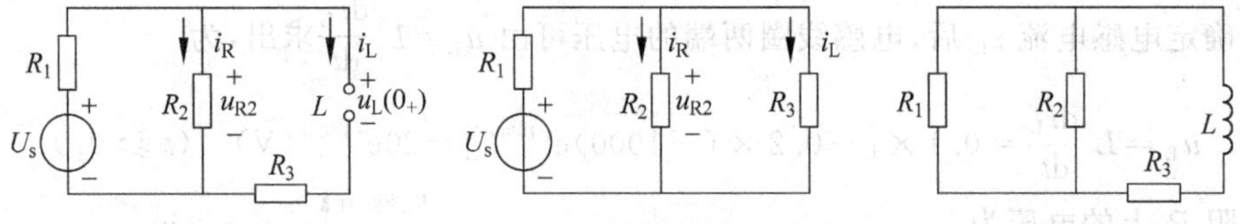

(a) 初始值确定 (b) 稳态值确定 (c) 时间常数确定

图 5-3-5　三要素的确定

(3) 计算待求量进入稳定状态后的值

电路进入稳态后,电感线圈可视为短路,等效电路如图 5-3-5(b)所示,此时 R_2 和 R_3 呈并联关系,稳态值计算结果如下:

$$i_L(\infty) = 0.075A$$
$$u_L(\infty) = 0V$$
$$u_{R2}(\infty) = 4.5V$$

(4) 确定电路过渡过程的时间常数

电路过渡过程时间常数 τ 的值决定于换路后电路的等效电感量和等效电阻的商。具体做法和戴维宁定理中求取等效内阻的方法类似,即把电路中的电源除去后,分别求取剩余电路的等效电阻和等效电感量。换路后,进入稳态后的等效电路如图 5-3-5(c)所示。

此时,电路的等效电阻与时间常数分别为

$$R = \frac{R_1 R_2}{R_1 + R_2} + R_3 = \frac{30 \times 60}{30 + 60} + 60 = 80(\Omega)$$

$$\tau = \frac{L}{R} = \frac{0.4}{80} = 0.005(s)$$

(5) 把步骤(2)~(4)中分别求取的值代入步骤(1)的表达式

$$i_L(t) = i_L(\infty) + [i_L(0_+) - i_L(\infty)]e^{-\frac{t}{\tau}}$$
$$= 0.075 - 0.075e^{-200t}(A) \quad (t \geq 0_+)$$

$$u_L(t) = u_L(\infty) + [u_L(0_+) - u_L(\infty)]e^{-\frac{t}{\tau}}$$
$$= 6e^{-200t}(V) \quad (t \geq 0_+)$$

$$u_{R2}(t) = u_{R2}(\infty) + [u_{R2}(0_+) - u_{R2}(\infty)]e^{-\frac{t}{\tau}}$$
$$= 4.5 + 1.5e^{-200t}(V) \quad (t \geq 0_+)$$

在电路的过渡过程中,u_L、u_{R2}、i_L 随时间的变化过程如图 5-3-6 所示。过渡过程持续 $(3\sim5)\tau$,$15\sim25$ms 后结束。

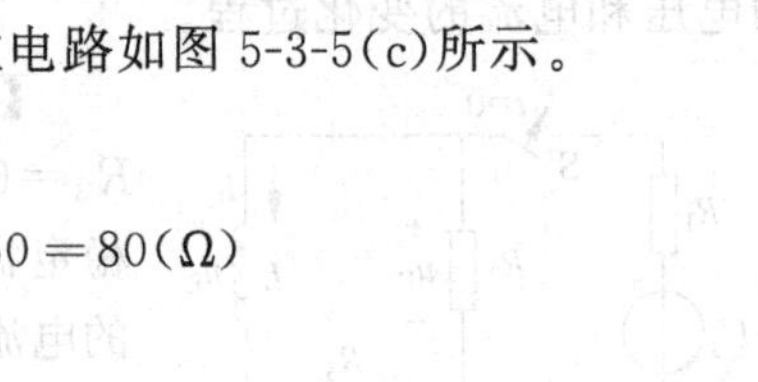

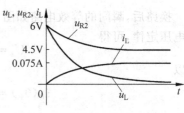

图 5-3-6　各参数随时间变化的曲线

5.3.2　RL 电路的零输入响应

下面以 RL 电路释放磁能过程的计算为例来巩固三要素法的应用。

RL 电路的零输入响应

【例 5-3-3】 在图 5-3-7 中，$U_s=9\text{V}$，$R=30\Omega$，$R_2=60\Omega$，$R_3=60\Omega$，$L=0.4\text{H}$。在 $t=0$ 时刻之前，开关 S 一直闭合并处于稳定状态。在 $t=0$ 时刻，开关 S 打开。求开关打开后，电感线圈中的电流 i_L、电感线圈两端的电压 u_L 及电阻 R_2 两端的电压 u_{R2}。

【解】 通过本例，学会应用三要素法求解 RL 释放磁能电路的参数。具体步骤如下所述。

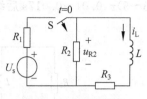

图 5-3-7 磁能的释放

(1) 把待求量写成三要素法的表示形式

$$i_L(t)=i_L(\infty)+[i_L(0_+)-i_L(\infty)]e^{-\frac{t}{\tau}} \quad (t\geqslant 0_+)$$

$$u_L(t)=u_L(\infty)+[u_L(0_+)-u_L(\infty)]e^{-\frac{t}{\tau}} \quad (t\geqslant 0_+)$$

$$u_{R2}(t)=u_{R2}(\infty)+[u_{R2}(0_+)-u_{R2}(\infty)]e^{-\frac{t}{\tau}} \quad (t\geqslant 0_+)$$

(2) 根据换路定律，计算待求量换路后的初始值

换路前，开关 S 闭合，电路已达稳定状态，根据换路定律，可得

$$i_L(0_-)=0.075\text{A}$$

换路后，开关 S 打开，等效电路如图 5-3-8 所示，此时的电感线圈相当于一个电流为 0.075A 的电流源。

$$i_L(0_+)=i_L(0_-)=0.075\text{A}$$
$$u_L(0_+)=-i_L(0_+)(R_2+R_3)=-0.075\times 120=-9(\text{V})$$
$$u_{R2}(0_+)=-i_L(0_+)R_2=-0.075\times 60=-4.5(\text{V})$$

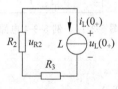

图 5-3-8 等效电路

(3) 计算待求量进入稳定状态后的值

这个过渡过程是电感线圈释放磁能的过程。随着过渡过程的进行，电感线圈中原先存储的磁能最终全部变为电阻的热能。磁能释放完毕，电路再次达到稳态时，

$$i_L(\infty)=0\text{A}$$
$$u_L(\infty)=0\text{V}$$
$$u_{R2}(\infty)=0\text{V}$$

(4) 确定电路过渡过程的时间常数

确定过渡过程时间常数的等效电路如图 5-3-9 所示，此时电路的等效电阻 $R=R_2+R_3=120(\Omega)$，$L=0.4\text{H}$，时间常数 τ 为

$$\tau=\frac{L}{R}=\frac{0.4}{120}=\frac{1}{300}(\text{s})$$

(5) 把步骤 (2)~(4) 中求取的值代入步骤 (1) 的表达式

$$i_L(t)=0+(0.075-0)e^{-300t}$$
$$=0.075e^{-300t}(\text{A}) \quad (t\geqslant 0_+)$$
$$u_L(t)=0+(-9-0)e^{-300t}$$
$$=-9e^{-300t}(\text{V}) \quad (t\geqslant 0_+)$$
$$u_{R2}(t)=0+(-4.5-0)e^{-300t}$$
$$=-4.5e^{-300t}(\text{V}) \quad (t\geqslant 0_+)$$

在电路的过渡过程中，u_L、u_{R2}、i_L 随时间的变化过程如图 5-3-10 所示。过程持续 $(3\sim 5)\tau$，$0.01\sim 0.017$s 后结束。

图 5-3-9　时间常数确定的等效电路

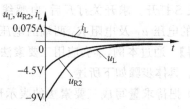

图 5-3-10　各参数随时间变化的曲线

5.3.3　RL 电路的全响应

RL 电路的全响应

除了电路的打开与闭合引起电感电路的过渡过程之外，电路参数的突然变化也会引起过渡过程。只要掌握了三要素法的求解步骤与解题方法，就可避开复杂的微分方程，方便地求解这类问题。

【例 5-3-4】　电路如图 5-3-11 所示，$U_1=20\text{V}$，$U_2=50\text{V}$，$R_1=0.9\text{k}\Omega$，$R_2=0.4\text{k}\Omega$。电感线圈的电感系数 $L=0.5\text{H}$，线圈电阻 $R_L=0.1\text{k}\Omega$。在 $t=0$ 时刻之前，开关 S 一直合向 1 并处于稳定状态。在 $t=0$ 时刻，开关 S 由 1 合向 2。求开关合向 2 后，电感支路电流 i_L 和电感线圈两端的电压 u 的变化过程。

【解】　通过本例，加深理解三要素法的应用。

本例采用三要素法进行求解。实际电感线圈的参数都由电感和线圈电阻求得。本例中，电感线圈的电压 u 由纯电感 L 上的电压 u_L 和线圈电阻上的电压 u_R 之和求得。在求解的过程中，u_L 和 u_R 分别计算，最终结果为二者之和，具体步骤如下所述。

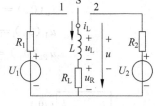

图 5-3-11　例 5-3-4 电路图

（1）把待求量写成三要素法的表示形式

$$i_L(t)=i_L(\infty)+[i_L(0_+)-i_L(\infty)]\text{e}^{-\frac{t}{\tau}} \quad (t\geqslant 0_+)$$

$$u_L(t)=u_L(\infty)+[u_L(0_+)-u_L(\infty)]\text{e}^{-\frac{t}{\tau}} \quad (t\geqslant 0_+)$$

$$u_R(t)=u_R(\infty)+[u_R(0_+)-u_R(\infty)]\text{e}^{-\frac{t}{\tau}} \quad (t\geqslant 0_+)$$

（2）根据换路定律，计算待求量换路后的初始值

换路前，开关 S 合向 1，电源 U_2 和电阻 R_2 不起作用。电路达到稳定状态时，电感线圈等同短路。根据基尔霍夫电压定律，可得

$$i_L(0_-)(R_1+R_L)=U_1$$

$$i_L(0_-)=\frac{U_1}{R_1+R_L}=\frac{20}{900+100}=0.02(\text{A})$$

换路后，开关 S 合向 2，电源 U_1 和电阻 R_1 不起作用，换路瞬间的等效电路如图 5-3-12 所示，此时的电感线圈相当于一个电流为 0.02A 的电流源。根据换路定律，可得

$$i_L(0_+)=i_L(0_-)=0.02\text{A}$$

根据基尔霍夫电压定律，可得

$$u_L(0_+)+i_L(0_+)(R_L+R_2)=U_2$$

$$u_L(0_+) = U_2 - i_L(0_+)(R_L + R_2) = 50 - 0.02 \times (100 + 400) = 40(V)$$
$$u_R(0_+) = i_L(0_+)R_L = 0.02 \times 100 = 2(V)$$

（3）计算待求量进入稳定状态后的值

本例是电感线圈两次在不同电源下存储磁能的过程。第二次存储磁能结束后，

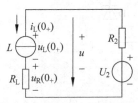

图 5-3-12 换路瞬间的等效电路

$$i_L(\infty) = \frac{U_2}{R_L + R_2} = \frac{50}{100 + 400} = 0.1(A)$$
$$u_L(\infty) = 0 \text{ V}$$
$$u_R(\infty) = i_L(\infty)R_L = 0.1 \times 100 = 10(V)$$

（4）确定电路过渡过程的时间常数

换路后，等效电路如图 5-3-13 所示，电路的等效电阻 $R = R_L + R_2 = 500(\Omega)$，$L = 0.5$ H，过渡过程的时间常数为

$$\tau = \frac{L}{R} = \frac{0.5}{500} = 0.001(s)$$

（5）把步骤（2）～（4）中求取的值代入步骤（1）的表达式

$$i_L(t) = 0.1 + (0.02 - 0.1)e^{-1000t} = 0.1 - 0.08e^{-1000t} (A) \quad (t \geqslant 0_+)$$
$$u_L(t) = 0 + (40 - 0)e^{-1000t} = 40e^{-1000t} (V) \quad (t \geqslant 0_+)$$
$$u_R(t) = 10 + (2 - 10)e^{-1000t} = 10 - 8e^{-1000t} (V) \quad (t \geqslant 0_+)$$

电感线圈两端的电压 u 是 u_L 与 u_R 之和，所以

$$u(t) = u_L(t) + u_R(t)$$
$$= 40e^{-1000t} + 10 - 8e^{-1000t}$$
$$= 10 + 32e^{-1000t} (V) \quad (t \geqslant 0_+)$$

在电路的过渡过程中，u、i_L 随时间的变化过程如图 5-3-14 所示。过程持续 $(3 \sim 5)\tau$，$0.003 \sim 0.005$ s 后结束。

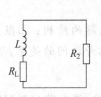

图 5-3-13 换路后的等效电路

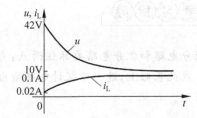

图 5-3-14 各参数随时间变化的曲线

5.3.4 一阶 RL 电路过渡过程的应用

和电容器类似，电感线圈同样大量应用于电力系统和电子设备中。工厂变配电所依赖大型电感线圈（电抗器）吸收电缆线路的电容性无功功率，还可以通过并联电抗器调整电网运行电压；电力系统发生短路事故时，还可显著减小短路电流，保护电力设备。一些电子设备为保护主要部件不受冲击电流的损坏，利用电感线圈电流不能突变的原理，在输入线路上加有必要的电感线圈，图 5-3-15（a）所示就是笔记本电脑的电源线上利用电感线圈的例子。

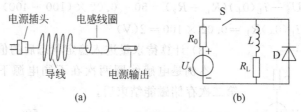

图 5-3-15 电感线圈应用实例

含有电感线圈的电路断开时会在断开点产生很高的电压,甚至会将电感线圈的绝缘层击穿。为避免过电压造成的损坏,如图 5-3-15(b)所示,在电感线圈(如继电器线圈、直流电机线圈)的两端反向并联一个二极管。这个二极管称为续流二极管。当开关 S 闭合时,二极管由于其单向导电性,近似处于开路状态;当开关 S 打开时,电感线圈中存储的磁场能量将通过续流二极管释放掉,防止产生过电压。

思考与练习

5.3.1　在电路进入稳态后,电感元件起何作用?

5.3.2　在笔记本电脑的电源线路中加入电感线圈有什么作用?

*5.4　微分、积分电路及其应用

微分电路及应用

学习目标

- 了解微分、积分电路的组成,理解微分、积分电路形成的条件。
- 了解微分电路、积分电路在电子技术、自动控制系统中的应用。

学习指导

学习微分电路和积分电路要抓住两点:①微分、积分电路的结构;②微分、积分电路形成的条件。在此基础上,进一步探讨电路输出信号与输入信号之间的关系,了解它们在实际工程中的应用。

利用 RC 或 RL 电路构成微分、积分电路,实现波形转换,是电路过渡过程的工程应用。在自动控制技术中,可利用微分电路和积分电路组成 PID 调节器,达到快速、准确的控制效果;在电子技术中,常利用微分、积分电路实现波形的产生与转换。

5.4.1　微分电路

利用 RC 或 RL 电路,通过调整参数,均可形成微分电路。

1. RC 微分电路

图 5-4-1 所示是一个 RC 串联电路,电路的输出信号是电阻 R

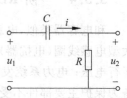

图 5-4-1　RC 微分电路

上的电压。图 5-4-1 中，R 与 C 呈串联关系，根据电容元件的伏安关系，电路中的电流 $i=C\dfrac{du_C}{dt}$。根据基尔霍夫电压定律，有

$$u_1 = u_C + u_2$$

$$u_2 = RC\dfrac{du_C}{dt}$$

上式中，给定输入信号为方波函数，通过调节 R、C，使过渡过程的时间常数 $\tau=RC$ 远小于方波函数的脉冲宽度 τ_P，即 $\tau \ll \tau_P$。此时，电路的过渡过程很快，电容电压很快上升到最大值，所以电阻 R 上的电压很小，即

$$u_2 \ll u_C$$

$$u_1 = u_C + u_2 \approx u_C$$

$$u_2 = RC\dfrac{du_C}{dt} \approx RC\dfrac{du_1}{dt}$$

上式表明，在 $\tau \ll \tau_P$ 时，电路的输出电压是输入电压的微分。当输入电压为方波信号时，输出电压是一种尖顶脉冲信号。输入、输出信号波形如图 5-4-2 所示。

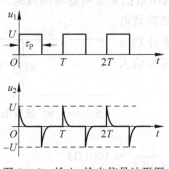

图 5-4-2 输入、输出信号波形图

尖顶脉冲信号常用来作为晶闸管整流电路的触发脉冲信号。

由上可知，形成 RC 微分电路需要满足以下两个条件。

(1) 由电阻和电容构成 RC 串联电路，从电阻 R 输出电压。
(2) 电路时间常数 τ 远小于输出脉冲的宽度 τ_P，即 $\tau \ll \tau_P$。

2. RL 微分电路

图 5-4-3 所示是一个 RL 串联电路，电路的输出信号 u_2 是电感 L 上的电压。电感元件的伏安关系为

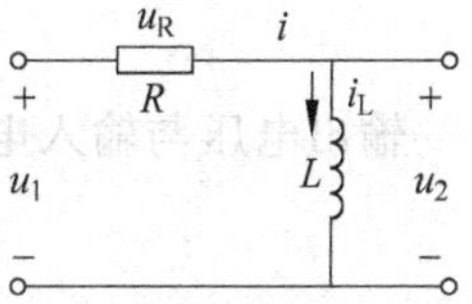

$$u_2 = L\dfrac{di_L}{dt}$$

$$i_L = \dfrac{u_R}{R} = \dfrac{u_1 - u_2}{R}$$

图 5-4-3 RL 微分电路

在图 5-4-3 中，给定输入信号为方波函数，通过调节 R 和 L，使过渡过程的时间常数 $\tau=L/R$ 远小于方波函数的脉冲宽度 τ_P，即 $\tau \ll \tau_P$。此时，电路的过渡过程很快，所以电感 L 上的电压很小，即

$$u_2 \ll u_R$$

$$u_1 = u_R + u_2 \approx u_R$$

而

$$i_L = \dfrac{u_R}{R} = \dfrac{u_1 - u_2}{R} \approx \dfrac{u_1}{R}$$

所以

$$u_2 = L\dfrac{di_L}{dt} = L\dfrac{d\left(\dfrac{u_1}{R}\right)}{dt} \approx \dfrac{L}{R}\dfrac{du_1}{dt}$$

上式表明,在 $\tau \ll \tau_P$ 时,电路的输出电压是输入电压的微分,电路的输入、输出波形与图 5-4-2 所示相同。由上可知,形成 RL 微分电路需要满足以下两个条件。

(1) 由电阻和电感构成 RL 串联电路,从电感 L 输出电压。

(2) 电路时间常数 τ 远小于输出脉冲的宽度 τ_P,即 $\tau \ll \tau_P$。

3. 高通滤波电路

高通滤波器是指在一些电子设备中(如音响),能够让高频信号通过,而阻碍中、低频信号通过的电路,其作用是滤去音频信号中的低频噪声,增强高音效果。

简单的 RC 高通滤波电路如图 5-4-1 所示。下面通过两组数据来说明滤波的效果。

【**例 5-4-1**】 如图 5-4-4 所示,滤波电容 $C=0.318\mu F$,扬声器电阻 $R=8\Omega$,信号源 u_1 的电压为 10V。试计算信号源的频率分别为 $f_1=5\times 10^3 \mathrm{Hz}$ 和 $f_2=5\times 10^5 \mathrm{Hz}$ 时,扬声器上的输出电压与输入电压之比,并说明该电路的作用。

【**解**】 通过本例,了解微分电路的基本应用。

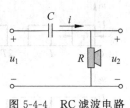

图 5-4-4 RC 滤波电路

(1) 当 $f_1=5\times 10^3 \mathrm{Hz}$ 时,电容的容抗为

$$X_C = \frac{1}{2\pi fC} = \frac{1}{2\times 3.14\times 5\times 10^3 \times 0.318\times 10^{-6}} \approx 100(\Omega)$$

电路中的阻抗为

$$|Z| = \sqrt{R^2 + X_C^2} = \sqrt{8^2 + 100^2} \approx 100(\Omega)$$

电路中的电流为

$$I = \frac{U_1}{|Z|} = \frac{10}{100} = 0.1(A)$$

输出电压为

$$U_2 = IR = 0.1 \times 8 = 0.8(V)$$

输出电压与输入电压之比

$$\frac{U_2}{U_1} = \frac{0.8}{10} = 8\%$$

(2) 当 $f_1=5\times 10^5 \mathrm{Hz}$ 时,电容的容抗为

$$X_C = \frac{1}{2\pi fC} = \frac{1}{2\times 3.14\times 5\times 10^5 \times 0.318\times 10^{-6}} \approx 1(\Omega)$$

电路中的阻抗为

$$|Z| = \sqrt{R^2 + X_C^2} = \sqrt{8^2 + 1^2} \approx 8.06(\Omega)$$

电路中的电流为

$$I = \frac{U_1}{|Z|} = \frac{10}{8.06} = 1.24(A)$$

输出电压为

$$U_2 = IR = 1.24 \times 8 = 9.92(V)$$

输出电压与输入电压之比

$$\frac{U_2}{U_1} = \frac{9.92}{10} = 99.2\%$$

通过上面的计算可知,当低频信号通过时,电路的阻碍作用较大;当高频信号通过时,电路比较顺畅。因此,该电路是一个能阻碍低频信号的高通电路。

5.4.2 积分电路

利用 RC 或 RL 电路,通过调整参数,均可形成积分电路。

1. RC 积分电路

在图 5-4-5 中,R 和 C 呈串联关系,电路的输出信号是电容元件上的电压。根据电容元件的伏安关系,电路中的电流 $i = C\dfrac{du_2}{dt}$。根据基尔霍夫电压定律,有

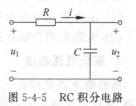

图 5-4-5　RC 积分电路

$$u_1 = u_R + u_2 = iR + u_2 = RC\dfrac{du_2}{dt} + u_2$$

上式中,给定输入信号为方波函数。与微分电路不同的是,通过调节 R 和 C,使过渡过程的时间常数 $\tau = RC$ 远大于方波函数的脉冲宽度 τ_P,即 $\tau \gg \tau_P$。此时,电路的过渡过程很慢,电容上的电压很小,即

$$u_R \gg u_2$$

$$u_1 = RC\dfrac{du_2}{dt} + u_2 \approx RC\dfrac{du_2}{dt}$$

$$u_2 \approx \dfrac{1}{RC}\int u_1 dt$$

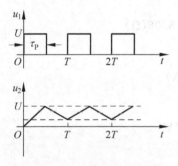

图 5-4-6　输入、输出信号波形图

上式表明,在 $\tau \gg \tau_P$ 时,电路的输出电压是输入电压的积分。在输入电压为方波信号时,输出电压是一个三角波信号。电路的输入输出波形如图 5-4-6 所示。

三角波也叫锯齿波,主要用在示波器、电视机等电子设备的显示器扫描电路中。

由上可知,形成 RC 积分电路需要满足以下两个条件。

(1) 由电阻和电容构成 RC 串联电路,从电容 C 输出电压。

(2) 电路时间常数 τ 远大于输出脉冲的宽度 τ_P,即 $\tau \gg \tau_P$。

2. RL 积分电路

在图 5-4-7 中,R 和 L 呈串联关系,电路的输出信号是电阻上的电压。根据电感元件的伏安关系,有 $u_L = L\dfrac{di_L}{dt}$,即 $i_L = \dfrac{1}{L}\int u_L dt$。

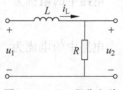

图 5-4-7　RL 积分电路

在图 5-4-7 中,给定输入信号为方波函数。与微分电路不同的是,通过调节 R 和 L,使过渡过程的时间常数 $\tau = L/R$ 远大于方波函数的脉冲宽度 τ_P,即 $\tau \gg \tau_P$。此时,电阻上的电压很小,即

$$u_L \gg u_2$$

$$u_1 = u_L + u_2 \approx u_L$$

$$u_2 = i_L R = \frac{R}{L}\int u_L \mathrm{d}t \approx \frac{R}{L}\int u_1 \mathrm{d}t$$

上式表明,在 $\tau \gg \tau_P$ 时,电路的输出电压是输入电压的积分,电路的输入、输出波形与图 5-4-6 所示相同。

由上可知,形成 RL 积分电路需要满足以下两个条件。

(1) 由电阻和电感构成 RL 串联电路,从电阻 R 输出电压。

(2) 电路时间常数 τ 远大于输出脉冲的宽度 τ_P,即 $\tau \gg \tau_P$。

3. 实现低通滤波

低通滤波器是指在一些电子设备中,能够让低频信号通过,而阻碍中、高频信号通过的电路,其作用是滤去音频信号中的中音和高音成分,增强扬声器的低音效果。

简单的 RL 低通滤波电路如图 5-4-8 所示,下面通过两组数据来说明滤波的效果。

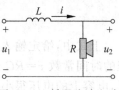

图 5-4-8 低通滤波电路

【**例 5-4-2**】 如图 5-4-8 所示,滤波电感 $L=1.59\mathrm{mH}$,扬声器电阻 $R_1=8\Omega$,信号源 u_1 的电压为 10V。试计算信号源的频率分别为 $f_1=100\mathrm{Hz}$ 和 $f_2=10000\mathrm{Hz}$ 时,扬声器上的输出电压与输入电压之比,并说明该电路的作用。

【**解**】 通过本例,了解积分电路的基本应用。

(1) 当 $f_1=100\mathrm{Hz}$ 时,电感的感抗为

$$X_L = 2\pi f L = 2 \times 3.14 \times 100 \times 1.59 \times 10^{-3} \approx 1(\Omega)$$

电路中的阻抗为

$$|Z| = \sqrt{R^2 + X_L^2} = \sqrt{8^2 + 1^2} \approx 8.06(\Omega)$$

电路中的电流为

$$I = \frac{U_1}{|Z|} = \frac{10}{8.06} = 1.24(\mathrm{A})$$

输出电压为

$$U_2 = IR = 1.24 \times 8 = 9.92(\mathrm{V})$$

输出电压与输入电压之比

$$\frac{U_2}{U_1} = \frac{9.92}{10} = 99.2\%$$

(2) 当 $f_1=10000\mathrm{Hz}$ 时,电感的感抗为

$$X_L = 2\pi f L = 2 \times 3.14 \times 10000 \times 1.59 \times 10^{-3} \approx 100(\Omega)$$

电路中的阻抗为

$$|Z| = \sqrt{R^2 + X_L^2} = \sqrt{8^2 + 100^2} \approx 100(\Omega)$$

电路中的电流为

$$I = \frac{U_1}{|Z|} = \frac{10}{100} = 0.1(\mathrm{A})$$

输出电压为

$$U_2 = IR = 0.1 \times 8 = 0.8(\mathrm{V})$$

输出电压与输入电压之比

$$\frac{U_2}{U_1} = \frac{0.8}{10} = 8\%$$

通过上面的计算可知,当低频信号通过时,电路比较顺畅;当高频信号通过时,电路的阻碍较大。因此,该电路是一个能阻碍高频信号的低通电路。

思考与练习

5.4.1 RC 串联电路构成微分电路的条件是什么?

5.4.2 对于一个微分电路,在保持相同的输入脉冲电压 U、脉冲宽度 τ_P,以及相同电路参数的情况下,仅把电阻和电容的位置互换,是否构成一个 RC 积分电路?为什么?

细语润心田:物尽所用,人尽其才

在电路中各元件作用如下。

电压源:以电压的形式为电路元件提供电能。

电流源:以电流的形式为电路元件提供电能。

电阻:在电路中对电流起阻碍或限制作用,并能把电能转换为热能或光能。

电容:在电路中能延缓电压的变化,并能存储和释放电能。

电感:在电路中能延缓电流的变化,并能存储和释放磁能。

一个设计合理、运行高效的电路,除了组成元件之外,还具备如下特征:结构紧凑,参数搭配合理,元件没有多余,能量不浪费。

每个人的角色与作用也是如此。在家庭结构中是生活团队中的一员,在社会组织中是工作团队中的一员。

一个人要保证小家庭的生活美满,就要承担起该负的责任。小家庭生活幸福美满,大社会就会和谐稳定。从这个角度看,为家庭多奉献就是为社会做贡献。

每个人都有各自的优点与独特之处。一个人要在工作团队中发挥作用,就要根据自己的特长找准位置,踏踏实实做好本职工作。

在社会中遵纪守法,在工作中团结协作,多奉献,少索取,有一分热,发一分光,就是一个对社会有用的好公民。

物尽所用,人尽其能

本 章 小 结

1. 过渡过程产生的原因

电路过渡过程发生的内因是电路中含有储能元件(电容和电感),外因是电路在运行过程中发生换路,如闭合、断开、参数变化等。过渡过程产生的实质是电路中的能量不能突变。

2. 换路定律

(1) 在换路瞬间,电容两端的电压不能突变,即 $u_C(0_+) = u_C(0_-)$。

$u_C(0_+) = u_C(0_-) = 0$ 时,在换路瞬间,电容器可视为短路。

$u_C(0_+) = u_C(0_-) \neq 0$ 时,在换路瞬间,电容器可视为一个等效电压源。

(2) 在换路瞬间,电感中流过的电流不能突变,即 $i_L(0_+)=i_L(0_-)$。

$i_L(0_+)=i_L(0_-)=0$ 时,在换路瞬间,电感线圈可视为开路。

$i_L(0_+)=i_L(0_-)\neq 0$ 时,在换路瞬间,电感线圈可视为一个等效电流源。

3. 一阶直流电路的过渡过程

三要素法求解一阶直流电路过渡过程的表达式为

$$f(t)=f(\infty)+[f(0_+)-f(\infty)]e^{-\frac{t}{\tau}} \quad (t\geq 0_+)$$

上式中,各待求量符号的含义如下。

(1) $f(t)$:待求量任意时刻的值。

(2) $f(0_+)$:待求量在换路后的初始值。依据换路定律确定换路后电容电压的初始值 $u_C(0_+)$ 和电感电流的初始值 $i_L(0_+)$,其他元件换路后的初始值根据直流电路基本方法求得。

(3) $f(\infty)$:待求量进入稳定状态后的值。电路参数根据直流电路基本方法求得。

(4) τ:时间常数。

① 对 RC 电路来说,$\tau=RC$,R 和 C 是电路除去电源后的等效电阻和等效电容。

② 对 RL 电路来说,$\tau=L/R$,R 和 L 是电路除去电源后的等效电阻和等效电感。

4. 微分电路与积分电路

1) 微分电路

(1) 构成 RC 微分电路的条件如下。

① 由电阻和电容构成 RC 串联电路,从电阻 R 输出电压。

② 电路时间常数 τ 远小于输出脉冲的宽度 τ_P,即 $\tau\ll\tau_P$。

③ 微分电路的输出、输入关系为 $u_2\approx RC\dfrac{du_1}{dt}$。

(2) 构成 RL 微分电路的条件如下。

① 由电阻和电容构成 RL 串联电路,从电感 L 输出电压。

② 电路时间常数 τ 远小于输出脉冲的宽度 τ_P,即 $\tau\ll\tau_P$。

③ 微分电路的输出、输入关系为 $u_2\approx\dfrac{L}{R}\dfrac{du_1}{dt}$。

2) 积分电路

(1) 构成 RC 积分电路的条件如下。

① 由电阻和电容构成 RC 串联电路,从电容 C 输出电压。

② 电路时间常数 τ 远大于输出脉冲的宽度 τ_P,即 $\tau\gg\tau_P$。

③ 积分电路的输出、输入关系为 $u_2\approx\dfrac{1}{RC}\int u_1 dt$。

(2) 构成 RL 积分电路的条件如下。

① 由电阻和电容构成 RL 串联电路,从电阻 R 输出电压。

② 电路时间常数 τ 远大于输出脉冲的宽度 τ_P,即 $\tau\gg\tau_P$。

③ 积分电路的输出、输入关系为 $u_2\approx\dfrac{R}{L}\int u_1 dt$。

习 题 5

5-1 电路如习题 5-1 图所示。$U_s=50\text{V},R_1=R_2=5\Omega,R_3=20\Omega$。在 $t=0$ 时刻之前，电路一直处于闭合状态；在 $t=0$ 时刻，开关 S 打开。试求 $t=0_+$ 时刻的 $i_L(0_+)$、$u_L(0_+)$、$u_C(0_+)$、$i_C(0_+)$、$u_{R2}(0_+)$、$u_{R3}(0_+)$ 等初始值。

5-2 电路如习题 5-2 图所示。$I_s=2\text{A},R_1=R_2=5\Omega,R_3=20\Omega$。在 $t=0$ 时刻之前，电路一直处于断开状态；在 $t=0$ 时刻，开关 S 闭合。试求 $t=0_+$ 时刻的 $i_L(0_+)$、$u_L(0_+)$、$u_C(0_+)$、$i_C(0_+)$、$u_{R2}(0_+)$、$u_{R3}(0_+)$ 等初始值。

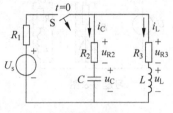

习题 5-1 图

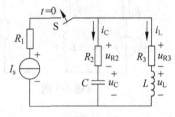

习题 5-2 图

5-3 电路如习题 5-3 图所示。$U_s=180\text{V},R_1=300\Omega,R_2=600\Omega,R_3=200\Omega,C_1=40\mu\text{F},C_2=10\mu\text{F}$。在 $t=0$ 时刻，电路闭合。试求开关闭合后，过渡过程的时间常数。

5-4 电路如习题 5-4 图所示。$I_s=15\text{mA},R_1=3\text{k}\Omega,R_2=6\text{k}\Omega,C=20\mu\text{F}$。在 $t=0$ 时刻，电路闭合。试求开关闭合后，电流 i_C 和电压 u_C 的变化过程。

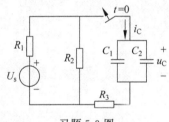

习题 5-3 图

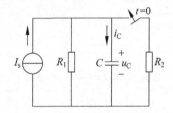

习题 5-4 图

5-5 电路如习题 5-5 图所示。$U_1=10\text{V},U_2=30\text{V},R_1=2\text{k}\Omega,R_2=4\text{k}\Omega,R_3=3\text{k}\Omega$，$C=10\mu\text{F}$。在 $t=0$ 时刻之前，开关 S 一直合向 2 并处于稳定状态。在 $t=0$ 时刻，开关 S 由 2 合向 1。试求开关合向 1 后，电容支路电流 i_C 和电压 u_C 的变化过程。

5-6 电路如习题 5-6 图所示。$I_s=2\text{A},R_1=50\Omega,R_2=15\Omega,R_3=35\Omega,L=0.18\text{H}$。在 $t=0$ 时刻，开关断开。试求开关断开后，电路过渡过程的时间常数和电感中的电流。

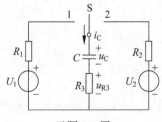

习题 5-5 图

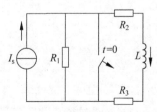

习题 5-6 图

5-7 电路如习题 5-7 图所示。$U_s=60\text{V}, R_1=R_2=R_3=10\Omega, L=150\text{mH}$。在 $t=0$ 时刻,开关闭合。试求开关闭合后,电感支路的电流 i 和电感元件上的电压 u_L。

5-8 电路习题 5-8 图中的 RL 串联支路为直流电动机励磁绕组的等效电路,R_1 支路是励磁回路的泄放电路。电源电压 $U_s=200\text{V}, R=10\Omega, L=1.25\text{H}$。在 $t=0$ 时刻,开关断开。试求:

(1) 若在断开瞬间,绕组上的电压不超过 250V,需要并联多大的泄放电阻 R_1?

(2) 开关断开后,经过多长时间才能使电流衰减到初始值的 5%?

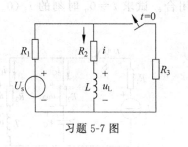

习题 5-7 图

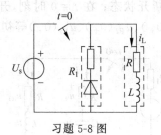

习题 5-8 图

第6章

安全用电

我国每年触电伤亡在10000人以上,这些触电事故大多数发生在用电设备和配电装置上。事故分析表明,在所有触电事故中,无法预料和不可抗拒的事故所占比重极少,大量的触电事故是可以通过采取合理、有效的措施来预防的。为防止触电事故的发生,普及安全用电知识,在工业和民用场所加装保护装置,不论是对电气从业人员还是普通居民,都十分必要。

6.1 安全用电基本知识

- 了解电流对人体的影响,熟悉安全电流和安全电压。
- 了解人体触电方式。

本节的概念比较多,也比较杂。在一般交流工频供电环境下,安全电流为30mA,安全电压为50V。其他的概念不需要全部记忆,但要认真地阅读并理解。

电能作为最方便的能源,可提高工农业生产的机械化程度和自动化程度,能有效促进企业的技术改造,大幅提高劳动生产率。用电作业时,如果处理不当,在其输送、控制、驱动的过程中会发生事故,严重的事故会造成重大经济损失,导致身体的伤害,甚至人员伤亡。触电事故的发生与损害程度与工作环境、人体电阻、触电方式等因素有关。

6.1.1 安全电流与安全电压

1. 电流对人体的影响

电流对人体的影响与电流通过人体时的大小、频率、持续时间、电压大小、人体阻抗、通

安全用电基本知识

过人体的路径以及触电者的身体状况等因素有关,各因素之间相互影响。由于影响人体电阻的因素很多,如皮肤潮湿出汗、带有导电性粉尘、与带电体的接触面积和压力以及衣服、鞋、袜的潮湿油污等情况,均能使人体电阻降低,所以,流经人体电流的大小通常是无法事先计算出来的。

一般认为,交流工频 30mA 以下,直流 50mA 以下是正常人可以摆脱的安全电流。不同的电流对人体产生的影响如表 6-1-1 所示。

表 6-1-1 不同的电流通过人体时产生的影响

电流/mA	交 流 电	直 流 电
1～4	手指有发麻的感觉	无感觉
5～10	手指肌肉有痉挛的感觉,手指摆脱电源有困难,但尚能摆脱电源	手指有刺痛、灼热的感觉
20～25	手指有剧痛、麻痹的感觉,呼吸困难,不能摆脱电源	灼热感增强,肌肉痉挛
50～80	心室震颤、呼吸麻痹	强烈灼痛,肌肉痉挛,呼吸困难,不能摆脱电源
90～100	呼吸麻痹,持续 3s 以上会造成心脏麻痹或心脏停止跳动	心室震颤,呼吸麻痹
>500	持续 1s 以上即有死亡危险	呼吸麻痹,心室震颤,心跳停止

2. 触电对人体的损伤

人体触碰到带电导线或漏电设备的金属性外壳时,就会有电流通过人体,对人的身体和内部组织造成不同程度的损伤。触电对人体的损伤分电击和电伤两种。

(1) 电击

电击是指电流通过人体时,使人体内部组织产生较为严重的生理性病变。电击会使人觉得全身发热、发麻,肌肉发生不由自主的抽搐,逐渐失去知觉。如果电流继续通过人体,将使触电者的心脏、呼吸机能和神经系统受到严重损伤,直到死亡。绝大部分触电死亡事故都是由电击造成的。

(2) 电伤

电伤常与电击同时发生,是电流的热效应、化学效应或机械效应对人体外表造成的局部损伤。电伤一般有电弧烧伤、电烙印和熔化的金属渗入皮肤(称皮肤金属化)等伤害。人触电后,由于电流通过人体和发生电弧,往往使人体烧伤,严重时造成死亡。

3. 人体电阻

人体电阻包括内部电阻和外部电阻。内部电阻与触电者的皮肤电阻和体内电阻有关,为 300～600Ω。外部电阻与人体触电时所穿衣服、鞋袜以及身体的潮湿情况有关,从几千欧到几十兆欧不等。

皮肤电阻不是一个固定的数值,它与皮肤的干燥程度、是否带有导电性粉尘,以及人体与带电体的接触面积、压力有关。干燥皮肤在低电压下的电阻约为 10 万欧,当电压在 500～1000V 时,电阻下降约 1 万欧。

人体的体内电阻中,一只手臂或一条腿的电阻约为 500Ω。最严重的触电情况下,触电者双手碰触带电体,双足立于水中,此时的体内电阻只有300～600Ω。通常情况下,体内电阻可按1000～2000Ω考虑,计算中常取1700Ω的体内电阻作为安全电压的计算依据。不同环境下的人体平均电阻如表6-1-2所示。

表6-1-2 不同环境下的人体平均电阻

触电电压/V	人体电阻/Ω			
	皮肤干燥①	皮肤潮湿②	皮肤湿润③	皮肤浸于水中④
10	7000	3500	1200	600
25	5000	2500	1000	500
50	4000	2000	875	440
100	3000	1500	770	375
200	1500	1000	650	325

说明:

① 干燥场所,从单手到单脚的人体电阻。

② 潮湿场所,从单手到双脚的人体电阻。

③ 有水蒸气的湿润场所,从双手到双脚的人体电阻。

④ 在浴池或游泳池等场所,此时的人体电阻主要是体内电阻。

4. 安全电压

安全电压是指不致使人直接致死或致残的电压,由人体电阻(1700Ω)和安全电流(30mA)共同确定。一般环境条件下,允许持续接触的"安全特低电压"是50V。

根据生产和作业场所的特点,采用相应等级的安全电压,是防止发生触电伤亡事故的根本性措施。国家标准《安全电压》(GB 3805—1983)规定,我国安全电压额定值的等级为42V、36V、24V、12V和6V。当电器设备需要采用安全电压来防止触电事故时,应根据使用环境、人员和使用方式等因素选用表6-1-3中所列的不同等级的安全电压额定值。

表6-1-3 安全电压等级的选用

安全电压(50Hz交流电压有效值)/V		选用场合举例
额定值	空载上限值	
42	50	在危险场所使用的手持电动工具,如手电钻
36	43	潮湿场所,如矿井、有导电粉尘及类似的场所使用的行灯等
24	29	工作面积狭窄且操作者容易大面积接触带电体的场所,如在锅炉、金属容器内进行带电作业;较大工厂中作运输用的轨道式电动平车,轨道就是电极
12	15	人体需要长期接触电器设备的场所,如水中带电作业
6	8	

6.1.2 人体触电方式

人体触电的方式和部位多种多样,但归结起来如表6-1-4所示,有接触触电和跨步触电两种方式。接触触电又分为单相触电和两相触电。在每种触电方式下,人体承受的电压不同,触电的后果和危险程度也不相同。

表 6-1-4 人体触电情况表

触电方式		触电情况	危险程度	图 示
接触触电	单相触电	变压器低压侧中性点接地	电流从一根相线经过电器设备、人体,再经大地流到中性点。此时,加在人体上的电压是相电压	① 若绝缘良好,一般不会发生触电危险。② 若绝缘被破坏或绝缘很差,就会发生触电事故。③ 触电电流大,几乎是致命的,加上电弧灼伤,情况更为严重	
		变压器低压侧中性点不接地	① 在1kV以下,人体触到任何一相带电体时,电流经电器设备,通过人体到另外两根相线的对地绝缘电阻和分布电容而形成回路。② 在 6～10kV 高压侧中性点不接地系统中,电压高,触电电流大		
	两相触电		电流从一根相线经过人体流至另一根相线,由于在电流回路中只有人体电阻,所以两相触电非常危险	非常危险,触电者即使穿着绝缘鞋或站在绝缘台上也起不到保护作用	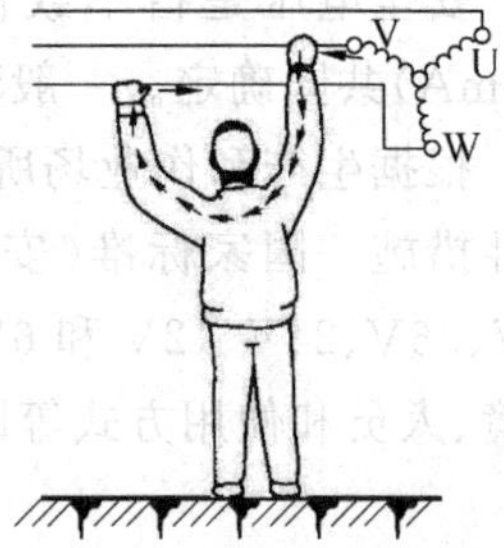
跨步触电			输电线断线落地或运行中的电器设备因绝缘损坏漏电时,电流经过接地体向大地作半环形流散,并在落地点或接地体周围地面产生强大电场。当有人走过落地点周围时,其两脚之间的电位差称为跨步电压。跨步触电时,电流从人的一只脚经下身通过另一只脚流入大地形成回路	电场强度随离断线落地点距离的增加而减小。① 距离落地点1m范围内,约有 60%的电压降。② 距离落地点 2～10m范围内,约有 24%的电压降。③ 距离落地点 11～20m范围内,约有 8%的电压降	

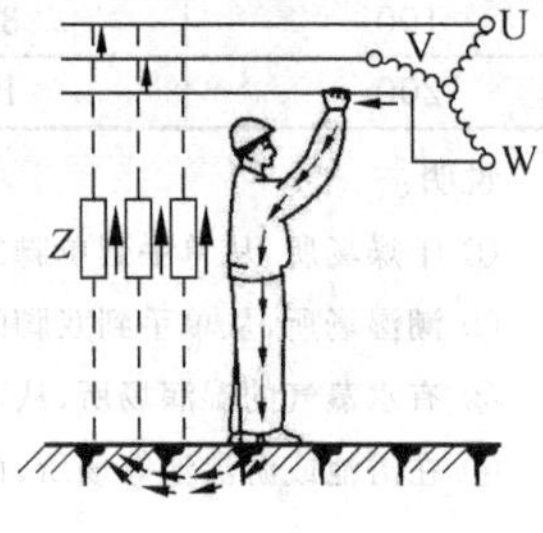

统计表明,大量的触电事故是人为造成的,如果及时采取合理、有效的措施,是完全可以避免的。预防触电要从管理制度、操作规程、安全措施等方面综合实施。

思考与练习

6.1.1 什么是安全电压？什么是安全电流？一般环境下的安全电压和安全电流是多少？

6.1.2 如何防止接触触电？

6.1.3 遇到电线掉落地上，如何安全通过？

6.2 保护接地与保护接零

- 了解电气设备的工作接地和保护接地。
- 能根据供电方式和电气设备的类型、特点确定电气设备的保护方式。

为了电气设备的使用安全，除了了解电气设备的类型和特点外，还需要了解电路的供电方式。纸上得来终觉浅，绝知此事要躬行。除了课本知识外，最好能到工厂中了解电气设备的接地和接地体。

接地是用接地线把电气设备的某一部分（外壳或中性点）和接地体按照一定的技术要求紧固连接。接地是个广义的概念，具体分为工作接地、保护接地与保护接零等。工作接地的目的是保证电气设备安全运行，保护接地与保护接零的目的是为了保证用电设备和使用者的人身安全。

6.2.1 电气设备的接地与接零

1. 工作接地

为保证电气设备安全运行，将电力系统中的某些点，如发电机、变压器、仪表互感器的中性点接地，都属于工作接地。

在图 6-2-1(a)中，发电机的中性点工作接地；在图 6-2-1(b)中，变压器二次侧的中性点工作接地；在图 6-2-1(c)中，电流互感器二次侧的公共点工作接地。

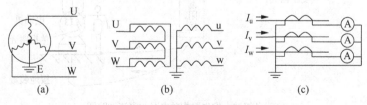

图 6-2-1 设备的工作接地

工作接地与
保护接地

2. 保护接地

电气设备的保护接地适合直流供配电系统和变压器中性点不接地的交流供配电系统。电气设备或电气装置的外壳因绝缘老化或损坏可能带电,若人体触及,将遭受触电危险。为防止这种电压危及人身安全,在中性点不接地的供配电系统中,将电动机、变压器这些电气设备的金属性外壳、配电装置的构架和线路杆塔等通过接地线和接地体(电阻一般在4~10Ω之间)相连,就是保护接地。良好的保护接地可以保证电气设备的外壳在发生单相漏电时只有很低的电位。

保护接地的工作原理如图6-2-2所示。图6-2-2(a)所示为发生单相漏电时,设备不接地的电流通路图;图6-2-2(b)所示为发生单相漏电时,设备接地的电流通路图。

在图6-2-2(a)中,电流通路中的阻抗由以下两部分组成:①分布电容形成的系统漏阻抗;②人体阻抗。系统漏阻抗和人体阻抗相当,就会在人体上产生较危险的电压。

在图6-2-2(b)中,电流通路中的阻抗由以下两部分组成:①分布电容形成的系统漏阻抗;②人体阻抗和设备接地电阻并联而成的接地阻抗。一般来说,人体阻抗在1500~2000Ω之间,接地电阻在4~10Ω之间。与分布电容形成的漏阻抗相比,并联后的接地阻抗要小得多。

设备发生单相漏电时,如果恰好有人倚靠在设备上,尽管其金属性外壳带有相电压,但这个相电压由系统漏阻抗和等效接地电阻共同承担。由于二者是串联的关系,加在人体上的电压会很低,从而保证了人身安全。

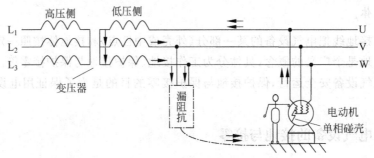

(a) 设备不接地,发生单相触电时的电流通路图

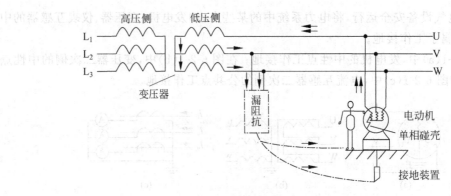

(b) 设备接地,发生单相触电时的电流通路图

图6-2-2 中性点不接地系统漏电流通路图

表 6-2-1 列出了不同情况下的触电危险程度。

表 6-2-1　不同情况下的触电危险程度

设备接地情况	系统漏阻抗	接地阻抗		触电危险程度
		设备接地阻抗	人体阻抗	
不接地	由分布电容形成的系统漏阻抗	几十欧到几百欧	1500～2000Ω	较危险
接地		4～10Ω		较安全

此外,在中性点不接地系统中,1000V 以上的高压系统都装有专门的单相接地监测装置；380V 配电系统目前推荐在电源进线侧安装具有漏电保护功能的漏电断路器,当漏电流超过 30mA 时,可作用于跳闸。

3. 保护接零

在中性点工作接地的供配电系统中,将工厂的电动机、变压器,以及居民家庭中的普通电气设备的金属性外壳与配电系统的零线(N)或保护中性线(PE/PEN)相连接,就是保护接零。

保护接零

目前我国中性点工作接地的供配电系统分为三相四线制电路和三相五线制电路,具体有 TN-C 系统、TN-S 系统和 TN-C-S 系统。

(1) TN-C 系统的保护接零

TN-C 系统是三相四线制电路,其接线方式如图 6-2-3 所示。在此系统中,PEN 线既是中性线,又兼作保护线,是保护中性线。电气设备的金属性外壳与 PEN 线相连。TN-C 系统适合供电线路简单、用电设备较少、安全条件较好、无爆炸和火灾危险的场所。

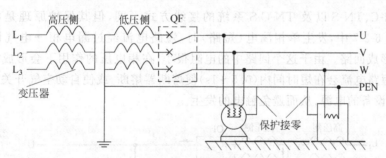

图 6-2-3　TN-C 系统保护接零示意图

(2) TN-S 系统的保护接零

TN-S 系统是三相五线制电路,其接线方式如图 6-2-4 所示。在此系统中,N 是中性线,PE 是保护线。电气设备的金属性外壳与 PE 线相连。TN-S 系统适合爆炸和火灾危险较大,安全要求较高的场所。

(3) TN-C-S 系统的保护接零

TN-C-S 系统的前边部分是三相四线制电路,后面是三相五线制电路,其接线方式如图 6-2-5 所示。接在三相四线制部分电路的电气设备的金属性外壳与中性线 N 相连,接在三相五线制部分电路的电气设备的金属性外壳与保护线 PE 相连。TN-C-S 系统适合厂内设有总变电站和厂内低压配电系统以及民用楼房的供电。

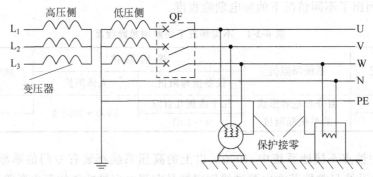

图 6-2-4　TN-S 系统保护接零示意图

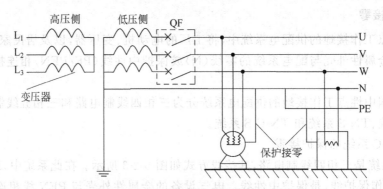

图 6-2-5　TN-C-S 系统保护接零示意图

尽管 TN-C、TN-S 以及 TN-C-S 系统的接线方式不同，但其保护原理是相同的。在图 6-2-6 和图 6-2-7 中，发生单相漏电（短路）时，短路电流经过漏电相→电气设备外壳→PE/PEN 线形成回路。由于这个回路中的电阻很小，在相电压的作用下会形成很大的短路电流。这个短路电流会在短时间内（0.5~1s）使熔断器熔断，或使自动空气开关或断路器跳闸，切除故障设备的电源，从而避免触电的发生。

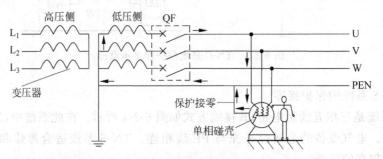

图 6-2-6　TN-C 系统发生单相接地时的电流通路图

4. 零线的重复接地

将零线上的一处或多处通过接地装置与大地再次连接，称为重复接地。在架空线路终端及沿线每 1km 处、电缆或架空线引入建筑物处都要重复接地。

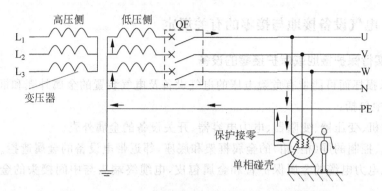

图 6-2-7　TN-S 系统发生单相接地时的电流通路图

如果没有重复接地,当零线万一断线,同时断点之后某一设备发生单相碰壳时,断点之后的接零设备外壳都将出现近似于相电压的接触电压,如图 6-2-8(a)所示,危险较大。零线重复接地后,断点之后的接零设备外壳所带电压会按照 R_{E1} 和 R_{E2} 的大小串联分压,如图 6-2-8(b)所示,相对而言比较安全。

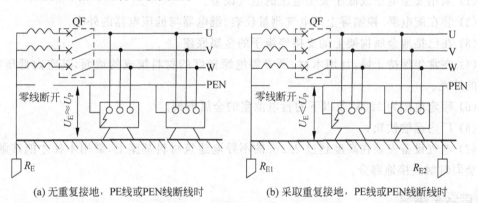

(a) 无重复接地,PE线或PEN线断线时　　　　(b) 采取重复接地,PE线或PEN线断线时

图 6-2-8　重复接地功能说明示意图

5. 接地与接零的注意事项

保护接地适合各种不接地的交流供配电系统和直流供配电系统,保护接零适合中性点采用工作接地的供配电系统。这里要特别注意,在同一个系统中,不可一部分设备采用保护接地,另一部分设备采用保护接零的方式。

图 6-2-9 所示是一个供电系统中性点工作接地,用电设备部分采用保护接零、部分采用保护接地的案例。在这个系统中,如果采用保护接地的设备发生单相对壳漏电,由于漏电流通过 R_{E1} 和 R_{E2} 回到电源,在 PEN 线上产生近似于 $0.5U_P$ 的电压,使该系统中所有保护接零设备的外壳带上危险的电压。

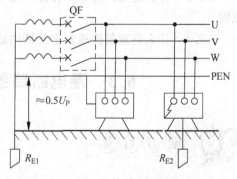

图 6-2-9　同一系统采取不同接地方式

6.2.2 电气设备接地与接零的有关规定

1. 应该实行保护接地或保护接零的设备

凡因绝缘损坏而可能带有危险电压的电气设备及电气装置的金属外壳和框架应可靠接地或接零,其中包括:

(1) 电动机、变压器、变阻器、电力电容器、开关设备的金属外壳。

(2) 配电、控制的屏(柜、箱)的金属框架和底座,邻近带电设备的金属遮拦。

(3) 电线电力电缆的金属保护管和金属包皮,电缆终端头与中间接头的金属包皮以及母线的外罩。

(4) 照明灯具、电扇及电热设备的金属底座与外壳。

(5) 避雷针、避雷器、保护间隙和耦合电容器底座,装有避雷线的电力线路金属杆塔。

(6) 仪表互感器的铁芯和二次线圈。

2. 可以不接地或不接零的设备

(1) 采用安全电压或低于安全电压的电气设备。

(2) 装在配电屏、控制屏上的电气测量仪表、继电器与低压电器的外壳。

(3) 在已接地金属构架上的支持绝缘子的金属底座。

(4) 在常年保持干燥,且用木材、沥青等绝缘较好的材料铺成的地面,其室内低压电气设备的外壳。

(5) 额定电压为220V及以下的蓄电池室的金属框架。

(6) 厂内运输铁轨。

(7) 电气设备安装在高度超过2.2m的不导电建筑材料基座上,需用木梯才能接触到,且不会同时触及接地部分。

思考与练习

6.2.1 发电机、变压器等为什么要实施工作接地?

6.2.2 什么是保护接地?是不是把电气设备的外壳与大地紧密接触就实现了保护接地?

6.2.3 什么是保护接零?在保护接零的系统中,可否部分设备实施保护接地?请说明原因。

6.2.4 什么是重复接地?重复接地适用于什么样的保护系统?

6.3 漏电断路器的选择、安装与接线

- 熟悉漏电保护开关的类型和工作原理。
- 能根据电气设备的安全要求选择漏电保护开关,并正确接线。

漏电保护开关

本小节从设备漏电时产生的现象出发,了解漏电保护装置的基本原理,学会漏电保护装置在实际中的安装和使用方法。如果有条件,最好能够拆装一个漏电保护开关。

目前,不论是工业用电还是居民用电,在保护接地或保护接零的基础上,对电气设备加装漏电保护开关是防止触电事故发生最简单、最有效的措施。具体来说,就是对每户居民家庭、办公室、每个车间或用电设备在供电时使用漏电断路器,当发生漏电事故时,能及时切断电源,保证触电者及时脱离电源,为后续的施救提供安全保障。

6.3.1 设备的漏电现象

大多数用电设备中都有金属性部件,如机床的外壳、底座,洗衣机、电冰箱的外部框架和底盘。这些金属性部件正常情况下与设备的电气部分是严格绝缘的,所以当人手触摸或碰到这些设备的金属性外壳时,不会发生触电事故。

设备在长期使用中,由于磨损或绝缘损坏,导致其供电导线或带电部分与金属性外壳碰触,使正常情况下的不带电部分带上危险的电压,就发生了漏电。这时,如果有人碰触设备外壳,就会导致电击,严重的可引起电气火灾或致人死亡。

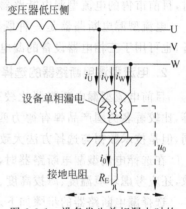

图 6-3-1 设备发生单相漏电时的漏电流通路图

实际中,70%以上的漏电事故是由于设备的某相导线绝缘损坏引起的单相漏电事故。图 6-3-1 通过一台三相电动机由于导线磨损引起漏电(如某相导线碰到电气设备的外壳)的事故,说明用电设备发生漏电时出现的两种异常现象。

1. 产生漏电流

发生漏电后,一部分电流将通过设备外壳和接地电阻流走,未通过供电导线回到电源,三相电流的平衡被破坏,三线电流之和不再为零。这个电流就是漏电流,又称零序电流,即

$$i_0 = i_U + i_V + i_W$$

2. 产生漏电压

发生漏电后,由于导线接触到设备的外壳,电气设备中正常时不带电的金属性外壳出现一定的对地电压,即

$$u_0 = i_0 R_E$$

漏电保护装置正是通过一定的机构检测到这两种异常信号(漏电流 i_0 和漏电压 u_0),经过中间机构的转换和传递,促使执行机构动作并断开供电电源。

漏电保护装置按测量信号分为电压型漏电断路器和电流型漏电断路器。这里仅针对办公场所、居民家庭和工厂用电设备最常用的漏电断路器进行简单介绍。

6.3.2 电流型漏电断路器及使用

1. 电流型漏电断路器工作原理

常见的电流型漏电断路器有电磁型和电子型,两种不同类型漏电断路器的工作原理框图如图 6-3-2 中虚线框内所示。当电器设备发生漏电时,由于带电导线接触到设备的外壳,一部分电流将通过设备外壳和接地电阻流走。该装置通过零序电流互感器检测到这个异常信号,经过信号转换放大回路,促使执行机构动作,切断供电电源。

电流型漏电保护装置中的零序电流互感器是个关键的部件。正是通过零序电流互感器测量到漏电流信号,才能正确断开电路。当漏电流达到 30mA 时,目前市售的电流型漏电断路器可自动断开电路。

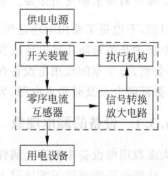

图 6-3-2 电流型漏电保护开关原理框图

电流型漏电断路器是一种既可用于单相电器设备,也可用于三相电器设备的漏电断路器,目前大量应用于居民家庭、办公场所和生产车间。

2. 电流型漏电断路器的选择

目前电流型漏电断路器比较著名的国际品牌有施耐德、西门子、松下、三菱、ABB、LG 等,比较著名的国产品牌有德力西、正泰、鸿雁、公牛等。各种品牌开关的型号标注不尽相同,但是技术数据与选择方法大致相同。

在选择电流型漏电断路器时,主要考虑开关极数、额定电流和额定动作漏电流三个参数,还应考虑环境温度、海拔高度、安装方式等。

选择漏电断路器的步骤如下。

(1) 根据负荷的配电方式选择漏电断路器的极数。各种供电方式下的漏电开关极数如表 6-3-1 所示。

表 6-3-1 各种供电方式下的漏电开关极数

供电方式	适用场合	漏电开关极数
单相二线制	适合家庭与办公场所外壳无金属部件的单相用电设备,如电视机、台灯等	二极
单相三线制	适合家庭与办公场所外壳有金属部件的单相用电设备,如洗衣机、电冰箱、空调等。特别注意,电源的保护地线 E 不要接入开关,而是直接与用电设备外壳中的接地端相接	二极
三相三线制	适合工厂无零线的三相用电设备	三极
三相四线制	适合工厂动力和照明配电由同一台变压器供电的系统,目前已逐渐被三相五线制系统所替代	四极
三相五线制	适合工厂动力和照明配电由同一台变压器供电的系统。特别注意,电源的保护地线 E 不要接入开关,而是直接与用电设备外壳中的接地端相接	四极

(2) 根据负荷电流选择漏电断路器的额定电流。实际选择时,要求漏电断路器的额定工作电流(I_N)大于实际的负荷计算电流(I_{cal}),即

$$I_N \geqslant I_{cal}$$

(3) 额定动作漏电流(I_L)小于正常人可以摆脱的安全电流30mA,即

$$I_L \leqslant 30\text{mA}$$

以上三项确定后,再综合考虑环境温度、海拔高度、安装方式等条件,根据生产厂家的产品说明书或技术资料进行选择。

3. 电流型漏电断路器的接线

电流型漏电断路器的测量、信号转换放大及执行机构都集成在开关内部,在接线和安装上比较简单。实际接线时,要严格按照说明书的要求,把相线、零线和地线正确接入相应的位置。这里根据各种不同的供电方式,分别以单相和三相用电设备为例,说明它们的具体接线和安装注意事项。图 6-3-3 中的用电设备可以是单台用电设备,也可以是一个用电设备组。

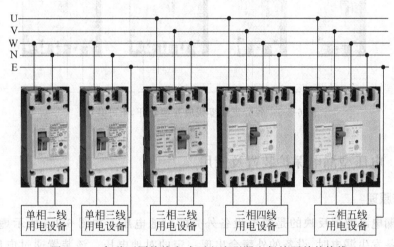

图 6-3-3　各种不同接线方式下电流型漏电保护开关的接线

4. 注意事项

在进行漏电断路器的安装和接线时,对于零线(N)和地线(E 或 PE)的接入,需要注意以下两个问题。

(1) 目前广泛采用的三相四线制供电系统,其照明和动力系统由同一台变压器供电。在安装漏电断路器的系统中,漏电断路器之后的零线不可重复接地。

在图 6-3-4 中,如果这个配电网中有单相用电设备接入,在正常运行时,零线上将有不平衡电流流过。如果仅在电源处设置接地装置 R_E,则各相线电流和零线电流都穿过电流型漏电断路器的零序电流互感器,穿过零序电流互感器的电流总和仍为零,保护装置不会动作。

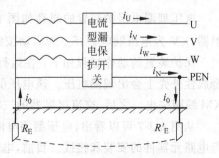

图 6-3-4　零线重复接地引起误动作

如果零线设置了重复接地,如增加了接地装置 R'_E,会有部分不平衡电流 i_d 经过接地装置 R'_E 和 R_E 回到电源。尽管正常运行时这个电流很小,却足以引起电流型漏电断路器误动作。

(2) 在安装电流型漏电断路器的系统中,各分支线的零线应互相分开,不可共用。

在图 6-3-5 中,分别有四组用电设备。这些用电设备组在装设电流型漏电断路器后,如果相互之间的零线交织在一起,系统中只要有单相用电设备存在,不平衡电流就会通过其他支路的零线返回电源,导致所有回路的漏电断路器都有可能误跳闸。

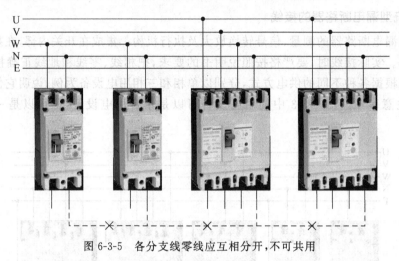

图 6-3-5　各分支线零线应互相分开,不可共用

*6.3.3　电压型漏电保护装置及使用

1. 工作原理

电压型漏电断路器反映的是漏电设备外壳的对地电压。在图 6-3-6 所示虚线框中,当三相电器设备发生漏电时,设备的外壳会出现一定的对地电压。该装置通过电压继电器检测到这个异常信号后,经过中间机构的转换和传递,促使执行机构动作,使交流接触器线圈失电,以断开供电电源。

需要说明的是,由于电压型漏电保护装置是通过检测设备外壳的漏电压而动作,所以当人体直接接触供电线路发生触电事故时,将起不到防护作用。

2. 安装与接线

电压型漏电保护装置的原理如图 6-3-7 所示。图中,QF 为空气断路器,KM 为交流接触器,KV 为电压继电器,S_{on} 为启动按钮,S_{off} 为停止按钮,T 为试验按钮,R 为限流电阻。

保护装置的动作过程如下:在运行中,如果用电设备发生单相漏电事故,在用电设备的金属性外壳上会出现漏电压。该电压引起电压继电器 KV 的常闭触点断开,使交流接触器 KM 线圈失电。之后,交流接触器的三对常开主触点断开,切断供电电源。

从图 6-3-7 可以看出,电压型漏电断路器的接线较为复杂,需要在专业人员的指导下进行电路元器件的安装和接线。目前,电压型漏电断路器多用于三相变压器和较大容量的三相电动机的漏电保护。

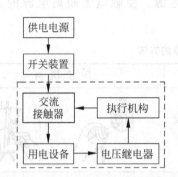

图 6-3-6 电压型漏电保护开关原理框图

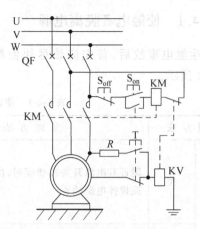

图 6-3-7 电压型漏电保护装置的原理

6.3.1 设备漏电产生的原因是什么？漏电时有什么现象？
6.3.2 如何选择电流型漏电保护开关？

6.4 触电急救

- 能采取合理的方式，使触电者尽早脱离电源。
- 能根据触电的严重程度选择合理的触电急救方式。
- 掌握人工呼吸的操作方法，对严重的触电者进行合理的人工呼吸。

发生电气事故时，除导致电气设备损坏外，还会引发人员触电。今天练习的技能可能在未来的工作或生活中能够挽救别人的生命。建议两个同学互相结对，按照触电急救中给出的各种案例模仿施救。

触电事故发生后，触电者出现昏迷，可能会呈现假死状态，主要表现为神经麻痹、呼吸中断、心脏停跳等症状，如现场施救得当，是可以获救的。统计资料指出，对假死者而言，触电后 1min 内开始救治，90% 可以救活；如果时间超过 12min 才开始救治，救活的可能性就很小。因此，发现触电者后，在及时拨打 120 急救电话的同时，还需要争分夺秒，实施现场急救。

使触电者脱离电源

6.4.1 使触电者脱离电源

发生触电事故后,首先应该尽快使触电者脱离电源。使触电者脱离电源的方法如表 6-4-1 所示。

表 6-4-1 使触电者脱离电源的方法

处理方法		实施方法	图示说明
低压电源	拉	附近有电源开关或插座时,应立即拉下开关或拔掉电源插头	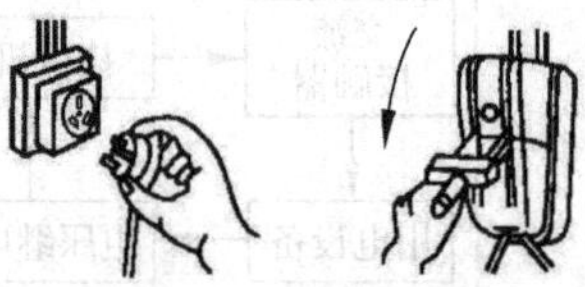
	切	若一时找不到断开电源的开关时,应迅速用绝缘完好的钢丝钳剪断电源侧的电线,切断电源	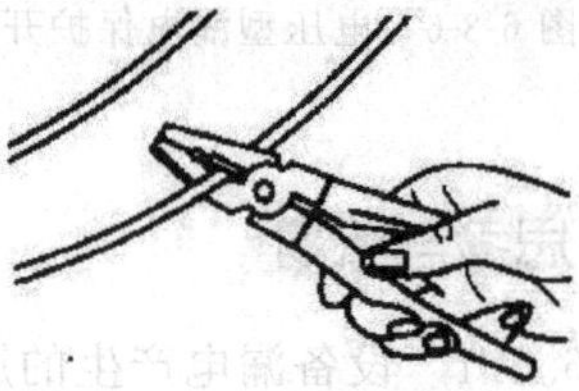
	挑	对于由导线绝缘损坏造成的触电,急救人员可用绝缘工具、干燥的木棒等将电线挑开	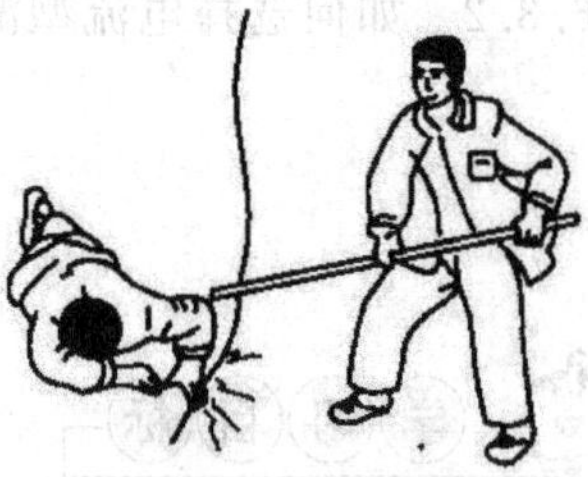
	拽	抢救者可戴上手套或在手上包缠干燥的衣服等绝缘物品拖拽触电者;也可站在干燥的木板、橡胶垫等绝缘物品上,用一只手将触电者拖拽开	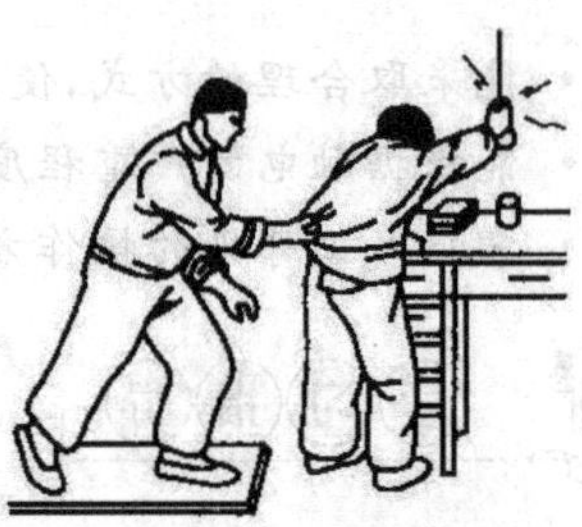
高压电源		发现有人在高压设备上触电时,救护者如果是电气值班人员,应戴上绝缘手套,穿上绝缘靴后拉开电闸;如果是非电气值班人员,应及时通知电气值班人员,由电气值班人员按照操作规程进行拉闸操作	

当触电者脱离电源后,应根据触电者的具体情况,迅速组织现场救护工作。要视触电者的身体状况,确定护理和抢救方法。作为电气从业人员,除了平时进行触电急救常识的学习外,还需进行必要的触电急救训练。

触电者脱离电源后,应按表6-4-2所示判断触电者身体状况并实施现场急救。

表 6-4-2　判断触电者身体状况

处理步骤	实 施 内 容	图 示 说 明
1	观察瞳孔是否正常	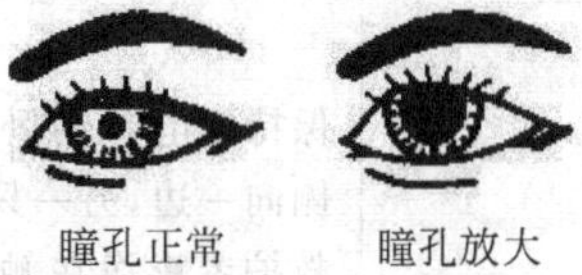 瞳孔正常　瞳孔放大
2	手放在口鼻处,感觉有无呼吸	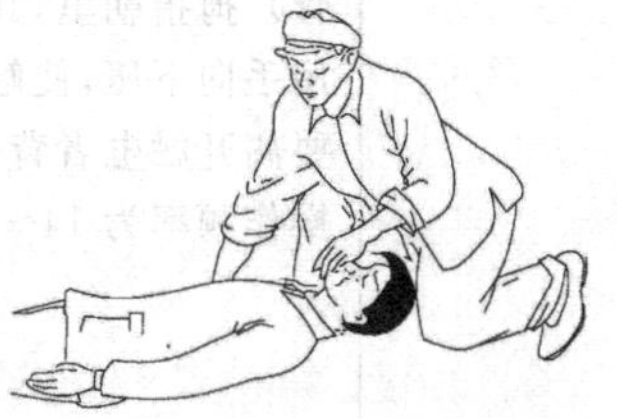
3	耳朵贴近心脏处,倾听有无心跳	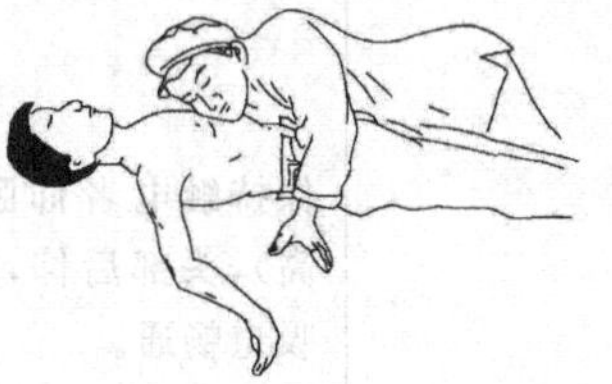

6.4.2　现场实施急救

1. 确定救护方案

根据触电者的实际状况确定救护方案。

(1) 触电者神志清醒,但有些心慌、四肢发麻、全身无力,或触电者在触电过程中曾一度昏迷,但已清醒过来。应使触电者安静休息,不要走动,严密观察,必要时送医院诊治。

(2) 触电者已经失去知觉,但心脏还在跳动,还有呼吸,应使触电者在空气清新的地方舒适、安静地平躺,解开妨碍呼吸的衣扣、腰带。如果天气寒冷,要注意保持体温,并迅速请医生到现场诊治。

(3) 如果触电者失去知觉,呼吸停止,但心脏还在跳动,应立即进行人工呼吸,并及时请医生到现场。

(4) 如果触电者呼吸和心脏跳动完全停止,应立即进行口对口(鼻)人工呼吸和胸外心脏按压急救,并迅速请医生到现场。

触电现场急救

2. 实施人工呼吸

人工呼吸有俯卧压臂人工呼吸法、摇臂压胸人工呼吸法和口对口(鼻)人工呼吸法，要根据触电者、施救者以及现场的具体情况实施。表 6-4-3 给出了人工呼吸的一般方法。

表 6-4-3 人工呼吸法的实施与说明

人工呼吸法	实 施 方 法	图 示 说 明
俯卧压臂人工呼吸法	保持触电者俯卧，一只手弯曲枕在头下，脸侧向一边，另一只手沿着头旁伸直。 救护者跨跪在触电者臀部两侧，双手伸开，手掌平放在触电者背部肩胛骨下(第 7 对肋骨)，拇指朝里，其余 4 指并拢。 用手向下压，使触电者呼气；手慢慢抬起(不要离开触电者背部)，使触电者吸气。 操作频率为 14～16 次/min	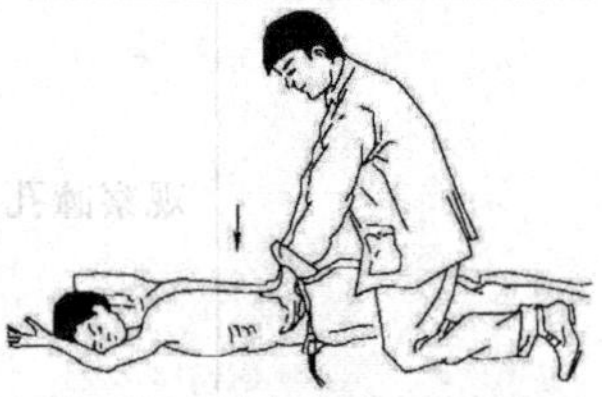 手向下压，使触电者呼气 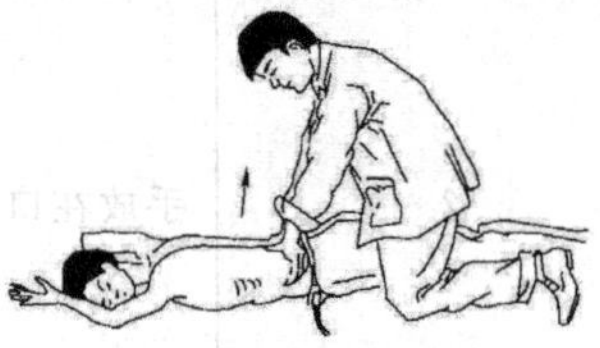 手慢慢抬起，使触电者吸气
摇臂压胸人工呼吸法	保持触电者仰卧(肩部可用柔软物稍微垫高)，头部后仰，把触电者舌头拉出，保证呼吸道畅通。 救护者跪在触电者的头顶附近，两手握住触电者的手腕，使其两臂弯曲，压在前胸两侧，让触电者呼气；再将触电者两臂从两侧向头顶方向伸直，让触电者吸气。 操作频率为 14～16 次/min。 对于这种救护方法，两人操作比较适宜	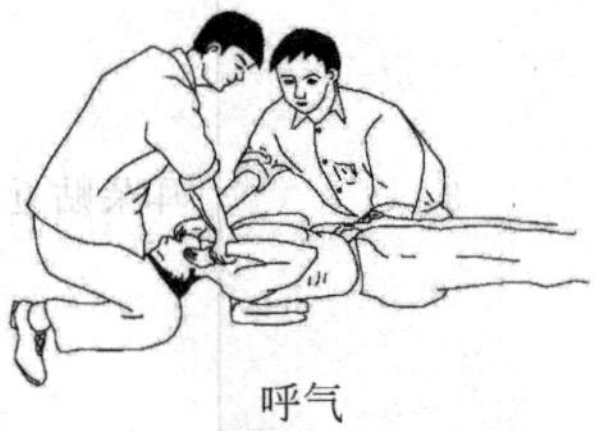 呼气 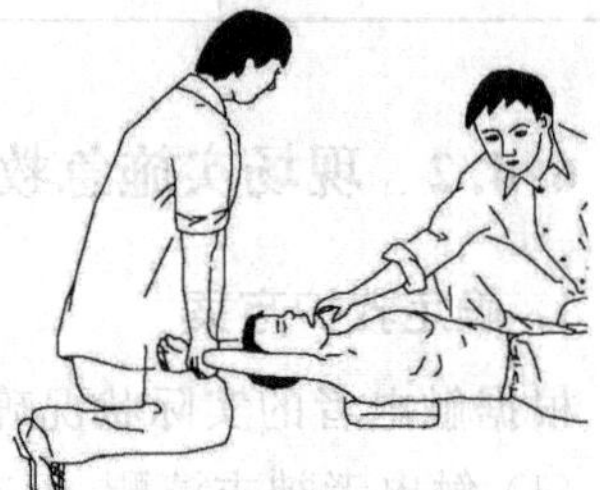 吸气
口对口(鼻)人工呼吸法	口对口人工呼吸效果好，容易掌握，但首先要保证触电者呼吸道畅通	 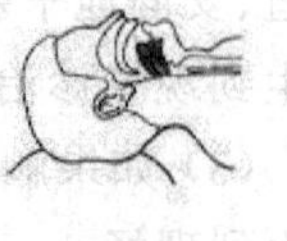 气道畅通　　气道阻塞

续表

人工呼吸法	实 施 方 法	图 示 说 明
口对口（鼻）人工呼吸法	救护者可蹲在触电者头部旁边，一手捏紧触电者的鼻孔，另一手扶住触电者的下颌，使嘴张开	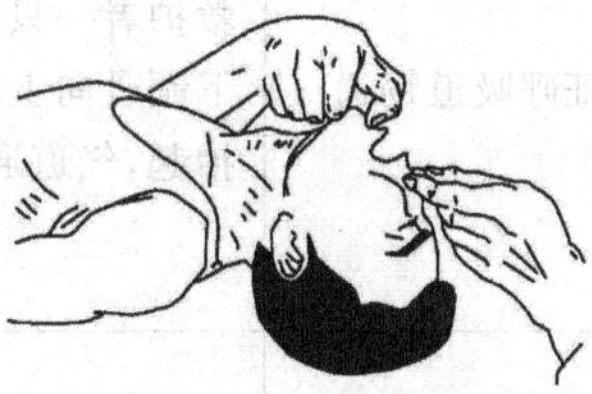
	救护者深吸气后，对触电者进行贴紧吹气；吹气完毕准备换气时，应立即离开触电者的嘴，并放开鼻孔，让触电者自动向外呼气，重复以上步骤连续操作。 在做人工呼吸的同时，需观察触电者胸部的膨胀情况，以略有起伏为宜。胸部起伏过大，表示吹气太多，容易伤及触电者肺泡；胸部无起伏，表示吹气太少，起不到应有的作用。 操作频率：对成年人为 14～16 次/min，儿童为 18～24 次/min。 如果触电者的嘴不易掰开，可捏紧嘴往鼻孔里吹气	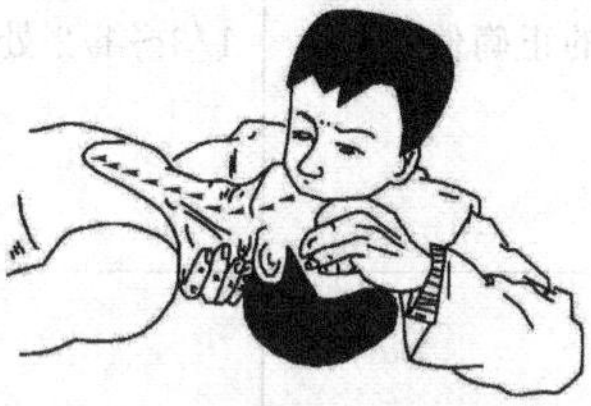 贴紧吹气 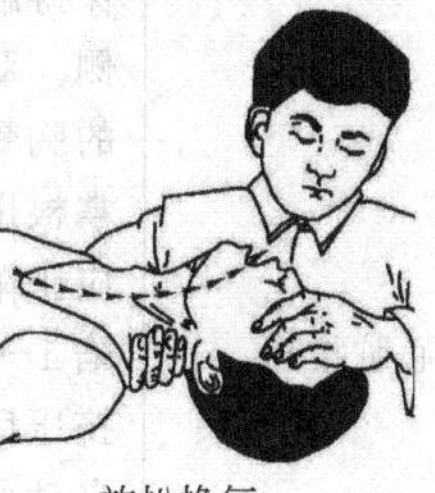 放松换气

在进行人工呼吸的过程中，需要注意以下问题。

（1）在进行人工呼吸和急救前，应迅速将触电者衣扣、领带、腰带等解开，清除口腔内假牙、异物、黏液等，保持呼吸道畅通。

（2）不要使触电者直接躺在潮湿或冰冷的地面上急救。

（3）人工呼吸和急救应连续进行，换人时，节奏要一致。如果触电者有微弱自主呼吸，人工呼吸还要继续，但应和触电者的自主呼吸节奏一致，直到呼吸正常为止。

（4）对触电者的抢救要坚持进行。发现瞳孔放大、身体僵硬、出现尸斑，应经医生诊断，确认死亡方可停止抢救。

3．实施胸外心脏挤压法

如果触电者呼吸和心脏跳动完全停止，除应立即进行口对口（鼻）人工呼吸外，还要辅以胸外心脏按压急救。胸外心脏挤压法又叫胸外心脏按摩法，是用人工的方法在胸外挤压心脏，使触电者恢复心脏跳动。实施心脏挤压法的步骤和方法如表 6-4-4 所示。

表 6-4-4 胸外心脏挤压法的步骤和方法

实施步骤	实施方法	图示说明
保证呼吸道畅通	救护者一只手放在触电者前额,另一只手将其下颌骨向上抬起,使其头部向后仰,舌根随之抬起,气道通畅	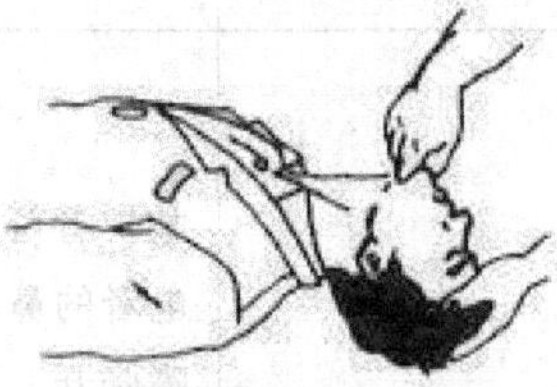
确定胸外心脏按压的正确位置	胸外心脏按压的正确位置在心窝上方、胸骨下 1/3～1/2 处	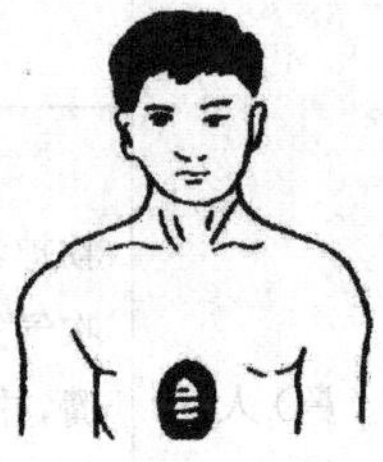
胸外心脏按压	保持触电者仰卧,救护者跨跪在触电者臀部两侧。双手相叠,下面一只手的掌根放在触电者的胸骨上,对位要适中,下压触电者的胸骨。掌根用力垂直向下挤压时不得过猛,对成年人应压陷 3～4cm。对儿童施救可适当轻些,压陷 1～2cm 即可,这样可压出心脏里面的血液。挤压后,掌根应迅速全部放松,让触电者胸部自动复原,血液又回到心脏。放松时,掌根不要离开压迫点,只是不向下用力而已。 操作频率:成人约为 60 次/min;儿童约为 100 次/min	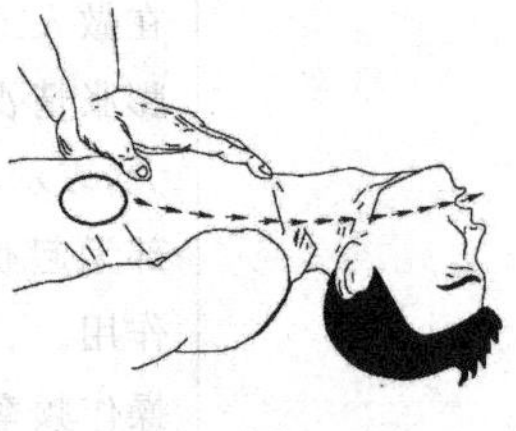 向下挤压 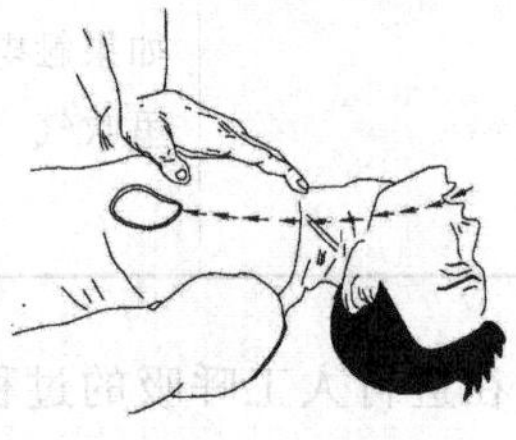 迅速放松

应当指出,心跳和呼吸是相关联的,一旦呼吸和心跳都停止了,人工呼吸和胸外心脏按压需要交替进行。

如果现场仅一个人抢救,救护者可跪在触电者肩膀侧面,每吹气 1 次或 2 次,再按压 10～15 次。按压吹气 1min 后,应在 5～7s 内判断触电者的呼吸和心跳是否恢复。如触电者的颈动脉已有搏动但无呼吸,则暂停胸外心脏按压,再进行 2 次口对口(鼻)人工呼吸,接着每 5s 钟吹气 1 次;如脉搏和呼吸都没有恢复,应继续坚持抢救。

在抢救过程中,应每隔数分钟进行一次判定,每次判定时间都不能超过 5～7s。在医务人员没有接替抢救前,不得放弃现场抢救。如经抢救后,伤者的心跳和呼吸都已恢复,可暂停心肺复苏操作。因为心跳呼吸恢复的早期有可能再次骤停,所以要严密监护伤员,不能麻痹,要随时准备再次抢救。

在施救过程中应注意以下问题。

（1）触电急救应尽可能就地进行,只有条件不允许时,才可将触电者抬到可靠的地方进行急救。

（2）触电者失去知觉后实施抢救,一般需要很长时间,必须耐心、持续地进行。只有当触电者面色好转,口唇潮红,瞳孔缩小,心跳和呼吸逐步恢复正常时,才可暂停数秒进行观察。如果触电者还不能维持正常心跳和呼吸,必须继续抢救。

（3）在运送医院途中,抢救工作也不能停止,直到医生宣布可以停止为止。

（4）抢救过程中不要轻易注射强心针,只有当确定心脏已停止跳动时,才可使用。

思考与练习

6.4.1 使触电者脱离电源的方法有哪些？施救者需要注意什么问题？

6.4.2 是否只有嘴对嘴呼吸才是人工呼吸？嘴对嘴人工呼吸适合哪类情况？

6.5 电气火灾与防护

- 熟悉常用电气设备的防火、防爆措施。
- 了解灭火器的工作原理,熟悉灭火器的使用方法。
- 能根据电气火灾的状况采取合理的灭火方式,并正确使用各式灭火器。

发生电气事故导致的火灾时,在保护好自身安全的同时,需要及时报警,或根据正确的方法参与灭火。这就需要了解引发电气火灾的各种成因和危害,并能根据常用电气设备的防火、防爆措施,制定电气火灾紧急处理方案。

6.5.1 电气火灾的成因和危害

当电气设备和供电线路处于短路、过载、接触不良、散热不畅的不正常运行状态时,其发热量增加,温度升高,容易引起火灾。在有爆炸性混合物的场合,电火花、电弧除了引起火灾外,还可能引发爆炸。在居民家庭,电热和照明设备使用不当也会导致火灾。

引发火灾的电气设备可能是带电的,如不注意还可能引起触电事故。有些电气设备(如油浸式变压器、油断路器)本身充有大量的油,可能发生喷油,甚至爆炸事故,扩大火灾范围。电气火灾与爆炸事故除造成设备损坏外,还可能殃及生产场所和居民家庭的财产损失,造成人员伤亡,危及电力系统安全。

6.5.2 常用电气设备的防火、防爆措施

(1) 在安装电气设备时,必须保证质量,应满足安全防火的各项要求。

(2) 导线和电缆的安全载流量应大于线路长期工作电流;供用电设备不可超负荷运行,以防止线路或设备过热;变压器等充油设备的上层油温应小于最高允许值;熔断器的熔体等各种过流保护器、漏电保护装置必须按规程、规定装配,保证其动作可靠。

(3) 使用合格的电气设备,破损的开关、灯头和破损的电线都不能使用,电线的接头要按规定的连接方法牢靠连接,并用绝缘胶带包好。对接线桩头、端子的接线要拧紧螺丝,防止因接线松动而造成接触不良。保持电气设备绝缘良好,导电部分连接可靠,定期清扫积尘。

(4) 开关、电缆、母线、电流互感器等设备应满足热稳定的要求。

(5) 电力电容器的外壳膨胀、漏油严重或声音异常时,应停止使用。

(6) 保护装置应可靠动作;操作机构动作应灵活、可靠,防止松动。

(7) 工作环境应通风良好,机械通风装置应运行正常。

(8) 使用电热、照明以及外壳温度较高的电气设备时,应注意防火,并不得在易燃易爆物质附近使用这些设备。如必须使用,应采取有效的隔热措施,人离去时应断开电源。

(9) 发生电气火灾时,要先断开电源,再进行灭火。灭火时,应使用干粉灭火器。

6.5.3 电气火灾的处理

电气失火后,应首先切断电源,但有时为争取时间,来不及断电或因生产需要等原因不允许断电,需带电灭火。

切断电源应考虑以下几个方面。

(1) 停电应按规程所规定的程序操作,严防带负荷拉隔离开关。在火场内的开关和闸刀,由于烟熏火烤,其绝缘水平可能降低,因此,操作时应戴绝缘手套,穿绝缘靴,使用相应电压等级的绝缘工具。

(2) 切断带电导线时,切断点应选择在电源侧的支持物附近,以防导线断落后触及人体或短路。切断低压多股绞线时,应使用有绝缘手柄的工具分相剪断。非同相的相线、零线应分别在不同部位剪断,以防在钳口处发生短路。

(3) 需要电力部门切断电源时,应迅速联系,说明情况。切断电源后的电气火灾,多数情况可按一般性火灾扑救。

发生电气火灾时,一般应设法断电。如果情况十分危急或无断电条件,只好带电灭火。带电灭火需要注意以下安全措施。

(1) 带电灭火时应使用不导电的灭火剂,例如二氧化碳、四氯化碳、1211、干粉灭火剂等,不得使用泡沫灭火剂和喷射水流类导电的灭火剂。

(2) 扑救人员及所使用的导电消防器材与带电部分应保持足够的安全距离。

(3) 高压电气设备或线路发生火灾时,在室内,扑救人员不得进入距故障点4m以内的范围;在室外,扑救人员不得接近距故障点8m以内范围。如进入上述范围,必须穿绝缘靴;需接触设备外壳或构架时,应戴绝缘手套。

(4) 对架空线路或空中电气设备灭火时,人体位置与带电体之间的仰角不应大于45°,

并应站在线路外侧,以防导线断落后触及人体。

(5) 专业灭火人员用水枪灭火时,宜采用喷雾水枪,这种水枪通过水柱的泄漏电流较小,带电灭火比较安全。用普通直流水枪灭火时,为防止泄漏电流流过人体,可将水枪喷嘴接地,也可让灭火人员戴绝缘手套、穿绝缘靴或均压服进行灭火。

6.5.4 灭火器的使用

各种灭火器的使用范围和使用方法如表 6-5-1 所示。

表 6-5-1 灭火器的类型与使用方法

灭火器类型	使用方法	图示说明
鸭嘴式二氧化碳灭火器	二氧化碳灭火剂主要依据窒息作用和冷却作用进行灭火。首先喷出的液态二氧化碳汽化时,从周围吸收部分热量,起到冷却的作用。同时,二氧化碳气体可以排除空气而包围在燃烧物体的表面,降低可燃物周围的氧浓度,产生窒息作用。使用时,一只手握住喇叭筒根部的手柄对准火源,另一只手紧握启闭阀的压把(鸭舌),二氧化碳气体即可喷出。使用时,不要用手摸金属管,也不要把喷嘴对准人,以免冻伤。室内灭火时,注意打开门窗,并应顺风方向喷射。二氧化碳绝缘性差,电压超过 600V 时,必须先断电后灭火	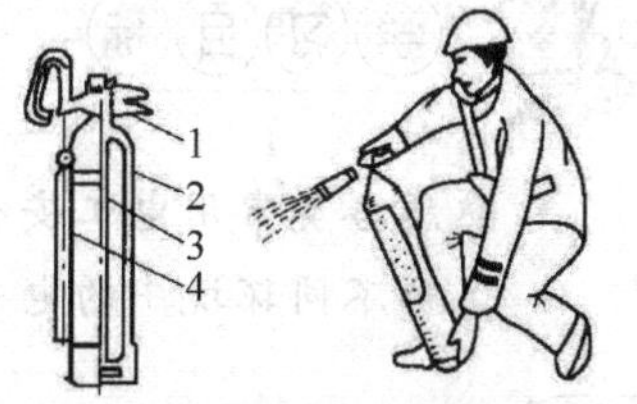 1—启闭阀;2—器桶; 3—虹吸管;4—喷桶
手提式干粉灭火器	干粉的主要成分是碳酸氢钠或磷酸氢二铵,是一种干燥的、易于流动的微细固体粉末,由能灭火的基料和防潮剂、流动促进剂、结块防止剂等添加剂组成。 干粉灭火器是利用二氧化碳气体或氮气作为动力,将筒内的干粉喷出灭火。 使用时,首先打开保险销,一只手紧握喷嘴对准火源,另一只手紧握导杆提环,将顶针压下,干粉即喷出	 1—进气管;2—喷管; 3—出粉管;4—钢瓶;5—粉桶; 6—桶盖;7—后把;8—保险销; 9—提把;10—防潮堵
手提式1211式灭火器	1211 是二氟一氯一溴甲烷的代号,它是我国目前生产和使用最广的一种卤代烷灭火剂,以液态罐装在钢瓶内。它利用装在筒内的氮气压力,将 1211 灭火剂喷出灭火。 1211 灭火剂是一种低沸点的液化气体,具有灭火效率高、毒性低、腐蚀性小、久储不变质、灭火后不留痕迹、不污染被保护物、绝缘性能好等优点。 使用时,首先打开保险销,一只手紧握喷嘴对准火焰根部,另一只手下压压把,由近及远,快速向前推进。 灭火时,要保持桶身直立,不可水平或颠倒使用。 要防止回火复燃,对零星小火可采用点射	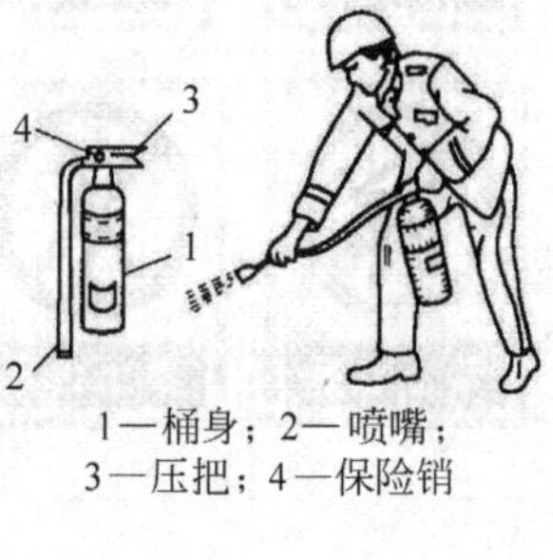 1—桶身;2—喷嘴; 3—压把;4—保险销

发生电气火灾时,可根据具体情况选择表中所示各种灭火器。此外,对小范围带电灭火,也可使用干燥的沙子覆盖,达到灭火效果。

由于泡沫灭火器喷出的泡沫中含有大量水分,故电气火灾不能使用泡沫灭火器。

思考与练习

6.5.1 电气火灾起火的原因有哪些?其危害与一般火灾有哪些不同?

6.5.2 电气火灾的扑救需要注意哪些问题?

6.6 电气安全标志与电气安全距离

- 熟悉各类常用电工安全警示标志。
- 了解不同环境中的电气安全距离。

只要多留意身边的一些电气安全标志,就会提高我们生活的安全程度。

6.6.1 电气安全标志

电工工作场所应设有安全警示标志,以提醒电气工作者做好安全防护,注意操作安全。电工安全警示标志主要有禁止标志、警示标志和其他禁止、警示挂牌,如图 6-6-1~图 6-6-3 所示。

图 6-6-1 电工安全禁止标志

图 6-6-2 电工安全警示标志

图 6-6-3 其他禁止、警示挂牌

6.6.2 电气安全距离

为了防止人体触及或过分接近带电体,或防止车辆和其他物体碰撞带电体,避免发生各种短路、火灾和爆炸事故,在人体与带电体之间、带电体与地面之间、带电体与带电体之间、带电体与其他物体和设施之间,都必须保持一定电气安全距离。电气安全距离的大小取决于电压高低、设备类型及安装方式等因素,应符合国家有关电气安全规程的规定。

根据各种电器设备(设施)的性能、结构和工作需要,安全距离大致分为以下四种:各种线路的安全距离;变、配电设备的安全距离;各种用电设备的安全距离,以及检修、维护时的安全距离。这些距离在电力设计规范及相关资料中均有明确而详细的规定。安全距离主要起以下作用。

(1) 防止人体触及或接近带电体而造成触电事故。

(2) 避免车辆及其他器具碰撞或过分接近带电体而造成事故。

(3) 防止火灾爆炸及过电压放电和各种短路事故。

(4) 保证操作和维护方便。

为了保证检修人员的安全,必须保持足够的检修距离。在低压操作中,人体或其所携带工具等与带电体的距离不应小于 0.1m。在高压无遮拦操作中,人体或其所携带工具与带电体之间的最小距离:10kV 及以下不小于 0.7m;20~35kV 不小于 1m。当不足上述距离时,应装设临时遮拦,并应符合电力设计规范的相关要求。

在线路上工作时,人体或其携带工具等与邻近带电线路的最小距离:10kV 及以下不小于 1.0m;35kV 不小于 2.5m。不足上述距离时,临近的线路应当停电。

用水冲洗时，小型喷嘴与带电体之间的最小距离：10kV 及以下不小于 0.4m；20～44kV 不小于 0.5m。

工作中使用喷灯或气焊时，火焰不得喷向带电体。火焰与带电体的最小距离：10kV 及以下不小于 1.5m；35kV 不小于 3m。

在架空线路附近进行起重工作时，起重机具（包括被吊物）与线路导线之间的最小距离：1kV 以下不小于 1.5m；10kV 及以上不小于 2m。

6.6.3 安全色

安全色是表达安全信息含义的颜色。在用电场所或电器设备上，常用这些安全色以及配套的文字表示禁止、警告、指令、提示等，如表 6-6-1 所示。

表 6-6-1 常用电气安全色及含义

安全色	背景色	含 义	其他含义
黄	黑	用于标志注意、警告、危险，如"当心触电""注意安全"等	电气相序 L_1 三相交流母线 A 相
绿	白	用于指示安全状态、通行，如"在此工作""在此攀登"等	电气相序 L_2 三相交流母线 B 相
红	白	用于标志禁止和停止，如信号灯、紧急按钮、禁止通行、禁止触动等信息	电气相序 L_3 三相交流母线 C 相 电器设备外壳带电 直流电"+"极
蓝	白	一般用来标志强制执行和命令，如"必须戴安全帽""必须验电"	直流电"-"极
灰			电器设备外壳接地或接零
黄绿双色			保护零线、地线
黑		用于标注文字、符号和警示的图形等	
白		用于安全标志红、蓝、绿色的背景色，也可用于安全标志的文字和图形符号	信号和警告回路
黄黑色条纹		用于标志警告、危险，如防护栏杆	
红白色条纹		用于标志禁止通过、禁止穿越等	

思考与练习

6.6.1 电气安全标志有什么意义？

6.6.2 电气安全距离有什么意义？

细语润心田：珍爱生命，安全用电

电能作为最方便的清洁能源，不仅可以大幅提高工农业生产的自动化程度，提高劳动生产率，还能极大地方便人们的生活。当电器设备长期运行，其导电部分由于绝缘损坏出现漏电时，与之接触的工作人员就有"触电"的危险。

由于电力设施的大量使用和家用电器的普及，我国每年因触电死亡人数超过 8000 人。这些触电事故大多数发生在用电设备和配电装置上。

事故分析表明,在所有触电事故中,无法预料和不可抗拒的事故所占比重极少,大量的触电事故可以通过采取合理有效的措施进行预防,即便发生触电事故,绝大多数的触电者也可通过及时施救挽回生命。

每个人的生命只有一次,每个人的身后又影响着一个家庭。只有安全、健康地工作,才能建立幸福美满的小家庭,从而为社会大家庭做出积极的贡献。

作为一名自动化类专业的学生,通过本章内容的学习和技能训练,要把安全用电操作规范融入到个人素养中,为未来的职业生涯奠定良好的基础。

此外,作为一名未来的电气技术工作者,还需掌握必要的触电急救技能,在争分夺秒的关键时刻,进行有效的触电急救,挽回触电者的生命。

珍爱生命,安全用电

本 章 小 结

1. 安全电流与安全电压

(1) 安全电流

30mA 以上的电流能引起身体麻痹,呼吸困难,有些人甚至不能靠自身能力摆脱电源,故一般场合下,规定 30mA 作为安全电流的临界值。

(2) 安全电压

针对不同的工作环境,安全电压有不同的规定值。根据国家标准《安全电压》(GB 3805—1983),一般环境条件下,允许持续接触的"安全特低电压"是 50V。

2. 触电方式

(1) 接触触电

接触触电分为单相触电和两相触电。单相触电是指电流从一根相线经过电气设备、人体,再经大地流到中性点,人体承受的最高电压为相电压;两相触电是指电流从一根相线经过人体流至另一根相线,人体承受的最高电压为线电压,两相触电非常危险。

(2) 跨步触电

在漏电点周围,触电者两脚之间或手脚之间的电位差称为跨步电压。

3. 防止触电的安全措施

(1) 工作接地

为保证电气设备的安全运行,将电力系统中的某些点,如发电机、变压器、仪表互感器的中性点实施接地,都属于工作接地。

(2) 保护接地

在中性点不接地的供配电系统中,将电气设备的金属性外壳、配电装置的构架和线路杆塔等通过接地线和接地体相连,就是保护接地。

(3) 保护接零

在中性点工作接地的供配电系统中,将电气设备的金属性外壳与配电系统的零线(N)或保护中性线(PE/PEN)相连接,就是保护接零。

(4) 重复接地

将零线上的一处或多处通过接地装置与大地再次连接,称为重复接地。重复接地的目的是防止当零线万一断线而同时断点之后某一设备发生单相漏电时,断点之后的接零设备外壳都将出现近似于相电压的接触电压。

(5) 电流型漏电保护装置

电流型漏电保护装置是一种当电路中的漏电流达到 30mA 时可自动跳闸的安全开关装置。电流型漏电断路器既可用于单相电气设备,也可用于三相电气设备的漏电断路器,目前大量应用于居民家庭、办公场所和生产车间。

4. 触电急救

触电事故发生后,触电者出现昏迷,可能会呈现假死状态。对假死者而言,触电后 1min 内开始救治,90%可以救活。发现触电者后,在及时拨打 120 急救电话的同时,需要争分夺秒地实施现场急救。

如果触电者失去知觉,呼吸停止,但心脏还在跳动,应立即进行人工呼吸。人工呼吸有俯卧压臂人工呼吸法、摇臂压胸人工呼吸法和口对口(鼻)人工呼吸法,要根据触电者、施救者以及现场的具体情况来实施。

5. 电气火灾的灭火

(1) 电气火灾产生的原因

当电气设备和线路处于短路、过载、接触不良、散热不畅的不正常运行状态时,其发热量增加,温度升高,容易引起火灾。

(2) 电气火灾的灭火

在电气火灾现场应首先切断电源。若无法切断电源,带电灭火时,应使用不导电的灭火剂,例如二氧化碳、四氯化碳、1211、干粉灭火剂;不得使用泡沫灭火剂和喷射水流类导电灭火剂。

6. 电气安全警示与安全距离

(1) 安全警示

为提醒电气工作者做好安全防护,注意操作安全,电工工作场所应设有安全警示标志。

(2) 安全距离

为了防止人体触及或过分接近带电体、车辆或因其他物体碰撞带电体,发生各种短路、火灾和爆炸事故,在人体与带电体之间、带电体与地面之间、带电体与带电体之间、带电体与其他物体和设施之间,必须保持一定的电气安全距离。

第7章

电路知识的工程应用

通过前面的系统学习,我们已具备了电气从业人员所需的基本理论,并能够对工程问题进行简单的计算和分析。本章通过两个小型工程项目的规划与实施,把所学知识和方法应用于工程实践,给出解决实际工程问题的参考案例。

7.1 办公室电路的规划与实施

- 能根据电气设备的技术参数进行负荷统计。
- 能根据实际用电要求选择(漏电)断路器、导线、开关和插座。
- 能进行电路元件的安装、接线,并进行电路检查。

在日常工作和生活中,我们可能会碰到需要对一个房间或办公室电气设备进行配电的情况。本节通过一个典型案例,说明如何根据用电设备的数量、容量和性质进行办公室配电线路的规划。

7.1.1 工程问题

现有一间办公室,用电设备为1台计算机、1台空调、4盏日光灯三种负荷,这些用电设备的额定电压均为220V,额定功率分别为300W、3000W和40W,当地最热月平均最高气温为25℃。请根据这些用电设备的负荷资料进行配电线路的规划。

在配电线路的规划与实施中,需要根据用电设备的负荷电流选择导线、开关和插座,进行线路设计;在施工完成后,还要进行电路检查,并提交相关资料。下面以常用的计算机、空调、日光灯为例,说明办公室用电线路的规划与实施过程。

7.1.2 负荷统计

1. 列出负荷资料

基本负荷资料如表 7-1-1 所示。

表 7-1-1 基本负荷资料

序号	设备名称	设备数量	额定电压/V	单台设备额定功率/W	功率因数
1	计算机	1	220	300	0.85
2	空调	1	220	3000	0.85
3	日光灯	4	220	40	0.5

2. 计算负荷电流

负荷统计的目的是计算电路的总负荷电流。在办公室用电线路中,需要用到漏电断路器、导线、开关、插座等元器件。这些元器件需要根据电路中的电流进行选择。负荷电流的计算方法可参看第 3 章的具体内容,这里仅给出计算结果。

(1) 根据设备已知的有功功率和功率因数,计算各类设备的无功功率,如表 7-1-2 所示。

表 7-1-2 负载功率计算数据表

序号	设备名称	设备数量	功率因数	总有功功率/W	总无功功率/var
1	计算机	1	0.85	300	186
2	空调	1	0.85	3000	1859
3	日光灯	4	0.5	160	277

(2) 计算电路的总功率。

① 总有功功率:$P=P_1+P_2+P_3=1\times300+1\times3000+4\times40=3460(\text{W})$

② 总无功功率:$Q=Q_1+Q_2+Q_3=186+1859+277=2322(\text{var})$

③ 总视在功率:$S=\sqrt{P^2+Q^2}=\sqrt{3460^2+2322^2}\approx4167(\text{V}\cdot\text{A})$

④ 总计算电流:$I_{\text{cal}}=\dfrac{S}{U}=\dfrac{4167}{220}\approx19(\text{A})$

7.1.3 线路设计

办公室用电线路的配电线路如图 7-1-1 所示。

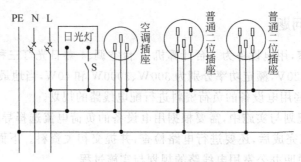

图 7-1-1 配电线路图

7.1.4 导线选择

在办公室用电线路中,相线、零线和地线对截面的要求不同,在选择时应分别考虑。导线的选择应根据负荷计算电流,然后通过查表的方式实施。

表 7-1-3 所示为环境温度为 25℃、导线线芯最高允许温升为 65℃时,500V 铜芯绝缘导线长期连续负荷的允许载流量表。若在施工中选择铝导线,铝导线的载流量可按相同截面的铜线载流量除以 1.29 得出。

表 7-1-3　500V 铜芯绝缘导线长期连续负荷的允许载流量表

导线截面 /mm²	线芯结构			25℃											
	股数	单芯直径 /mm	成品外径 /mm	导线明敷设		橡皮绝缘导线(BX)多根同穿在一根管内时允许负荷电流/A						塑料绝缘导线(BV)多根同穿一根管内时允许负荷电流/A					
				橡皮 BX	塑料 BV	穿金属管			穿塑料管			穿金属管			穿塑料管		
						2根	3根	4根	2根	3根	4根	2根	3根	4根	2根	3根	4根
1.0	1	1.13	4.4	21	19	15	14	12	13	12	11	14	13	11	12	11	10
1.5	1	1.37	4.6	27	24	20	18	17	17	16	14	19	17	16	16	15	13
2.5	1	1.76	5.0	35	32	28	25	23	25	22	20	26	24	22	24	21	19
4.0	1	2.24	5.5	45	42	37	33	31	33	30	26	35	31	28	31	28	25
6.0	1	2.73	6.2	58	55	49	43	39	43	38	34	47	41	37	41	36	32
10	7	1.33	7.8	85	75	68	60	53	59	52	46	65	57	50	56	49	44
16	7	1.68	8.8	110	105	86	77	69	76	68	60	82	73	65	72	65	57
25	19	1.28	10.6	145	138	113	100	90	100	90	80	107	95	85	95	85	75
35	19	1.51	11.8	180	170	140	122	110	125	110	98	133	115	105	120	105	93
50	19	1.81	13.8	230	215	175	154	137	160	140	124	165	146	130	150	132	117
70	49	1.33	17.3	285	265	215	193	173	195	175	155	205	183	165	185	167	148
95	84	1.20	20.8	345	320	260	235	210	240	215	195	250	225	200	230	205	185
120	133	1.08	21.7	400	375	300	270	245	278	250	227	285	266	230	265	240	215
150	37	2.24	22.0	470	430	340	310	280	320	290	265	320	295	270	305	280	250
185	37	2.49	24.2	540	490	385	355	320	360	330	300	380	340	300	355	375	280

如果实际的环境温度和导线线芯最高允许温升与表 7-1-3 所示不同,需根据表 7-1-4 修正导线的允许载流量。

表 7-1-4　导体载流量修正系数表

环境温度 线芯工作温度	载流量修正系数								
	5℃	10℃	15℃	20℃	25℃	30℃	35℃	40℃	45℃
50	1.34	1.26	1.18	1.09	1	0.895	0.775	0.733	0.447
60	1.25	1.2	1.13	1.07	1	0.926	0.845	0.76	0.655
65	1.22	1.17	1.12	1.06	1	0.935	0.865	0.791	0.707
80	1.17	1.13	1.09	1.04	1	0.964	0.906	0.853	0.798

绝缘导线如果不采用明敷,需要穿保护管进行敷设。保护管有塑料管(VG)和金属管(G)两种。导线截面选择之后,还需查表7-1-5,选择穿保护管的管径。

表7-1-5 多根导线穿管管径查询表

导线截面/mm²	线芯结构		橡皮绝缘导线多根同穿一根保护管						塑料绝缘导线多根同穿一根保护管					
			穿塑料管 管径/mm			穿钢管 管径/mm			穿塑料管 管径/mm			穿钢管 管径/mm		
	股数	单芯直径/mm	成品外径/mm	2根穿管管径	3根穿管管径	4根穿管管径	2根穿管管径	3根穿管管径	4根穿管管径	2根穿管管径	3根穿管管径	4根穿管管径	2根穿管管径	3根穿管管径	4根穿管管径
2.5	1	1.76	5.0	15	15	20	15	15	20	15	15	20	15	15	15
4	1	2.24	5.5	20	20	20	20	20	20	20	20	20	15	15	15
6	1	2.73	6.2	20	20	25	20	20	25	20	20	25	15	15	20
10	7	1.33	7.8	25	25	32	25	25	32	25	25	32	20	20	25
16	7	1.68	8.8	32	32	32	25	32	32	32	32	32	20	25	25
25	19	1.28	10.6	32	32	40	32	32	40	32	40	40	25	32	32
35	19	1.51	11.8	40	40	40	40	40	40	40	40	50	32	32	40
50	19	1.81	13.8	40	50	50	40	50	50	50	50	50	40	40	50
70	49	1.33	17.3	50	50	50	50	50	50	50	50	65	50	40	50
95	84	1.20	20.8	50	65	65	70	65	65	65	65	75	50	50	70
120	133	1.08	21.7	65	65	80	65	65	65	65	65	75	50	50	70
150	37	2.24	22.0	65	75	80	70	70	80	75	75	80	70	70	70
185	37	2.49	24.2	80	80	100	80	80	80	75	75	90	70	70	80

1. 相线和零线的选择

在单相供电线路中,相线和零线的导线截面相同。截面的选择按以下步骤操作。

(1) 确定导线的敷设方式,敷设方式有明敷和暗敷之分。

(2) 确定导线的穿管方式,穿管方式有塑料穿管和金属穿管之分。

(3) 根据负荷电流、敷设方式、穿管方式确定导线截面。

在考虑以上因素之后,可通过查表的方式选择导线的截面积。具体选择时,要求导线的允许载流量(I_{al})大于用电设备的计算电流(I_{cal}),即

$$I_{al} \geqslant I_{cal}$$

本例中,办公室电路总电流为19A,预留50%的电流余量,可按28A考虑导线的选择。根据塑料绝缘导线3根穿在同一根塑料管内考虑,通过查表7-1-3可得

$$S_L = S_N = 4\mathrm{mm}^2$$

2. 保护地线(PE)的选择

保护地线PE正常情况时不通过负荷电流,只有当三相系统发生单相接地时,短路故障电流才通过保护线。因此,PE线截面S_{PE}要满足短路热稳定度的要求,按GB 50054—1995低压配电设计规范规定:

(1) 当$S_L \leqslant 16\mathrm{mm}^2$时,$S_{PE} \geqslant S_L$。

(2) 当 $16mm^2 < S_L \leq 35mm^2$ 时,$S_{PE} \geq 16mm^2$。

(3) 当 $S_L \geq 35mm^2$ 时,$S_{PE} \geq 0.5S_L$。

本例中,S_L 截面积为 $4mm^2$,因此 PE 线截面积取 $4mm^2$,即

$$S_{PE} = 4mm^2$$

3. 穿管管径的选择

3 根导线穿保护管的管径,可通过查表 7-1-5 得到。选择穿塑料管,管径为 20mm。由于是办公场所,穿管多股导线选择沿墙暗敷(QA)的方式。导线类型、截面、穿管管径、敷设方式可综合表示为

$$BV-500(1 \times 4 + 1 \times 4 + 1 \times 4)VG20-QA$$

式中:BV 表示塑料绝缘导线;500 表示导线绝缘耐压值;$1 \times 4 + 1 \times 4 + 1 \times 4$ 表示相线 $4mm^2$,零线 $4mm^2$,保护线 $4mm^2$;VG20 表示穿塑料管,管径 20mm;QA 表示沿墙暗敷。

有关导线敷设的表示方法的详细规定可查看工厂供电类资料。

7.1.5 断路器与开关的选择

办公室的开关包括漏电断路器和按钮开关。漏电断路器是办公室的总开关,按钮开关用于照明电路的通断。表 7-1-6 所示为目前常用的国产 DZ47LE 型漏电断路器参数简表。断路器应根据负荷计算电流,再通过查表的方式进行选择。

表 7-1-6 DZ47LE 型漏电断路器种类

极数	额定电流/A	额定电压/V
2P	6、10、16、20、25、32、63	230
3P	6、10、16、20、25、32、63	400
4P	6、10、16、20、25、32、63	400

1. 漏电断路器的选择

在办公、住宅等供电线路中,可供选择的漏电保护开关型号众多,但基本原理大致相同。本例中,以市售的 DZ47LE 型漏电断路器为例,说明其型号选择方式。漏电断路器的选择应遵循以下两个原则。

(1) 根据负载的总电流,同时预留 50% 的电流余量。

(2) 根据负载性质选择极型,单相负载选二极型,三相负载选三极型或四极型。

通过查表 7-1-6,选择办公室的漏电断路器为 DZ47LE 型二极 32A,如图 7-1-2 所示。

图 7-1-2 漏电断路器

2. 按钮开关的选择

按钮开关是一种用来控制灯具与电源通断的装置,也广泛用于小功率电器电路的接通和分断。根据按钮开关的安装方式不同,分为明装和暗装两种。明装开关即拉线开关,已逐渐被暗装开关所替代;暗装开关安全性较高,且美观,不易损坏。

暗装开关的选择应遵循以下两个原则。

(1) 普通电灯电路电流较小,一般用 10A 额定电流的开关即可。

（2）灯有单控、双控、单联、双联等类型。单控是指只能在一个地方控制，双控则可以在两个地方进行控制。单联指一个面板上只有一个按钮开关，双联指一个面板上有两个按钮开关。这些可根据用户的要求进行选择。

本例中，办公室用电线路的日光灯开关只有一个，并且只在一个地方控制即可，因此其控制开关可选用 86 型单联单控开关（技术参数：250V/10A），如图 7-1-3 所示。

图 7-1-3　按钮开关

7.1.6　插座选择

插座是供移动用电设备，如计算机、空调、打印机等连接电源线用的一种电气器件。插座插孔的形状和位置是统一的，并具有一定的互换性。按照我国的现行标准，插头和插座的形式是扁形的，极数有二极（一根相线 L、一根零线 N）和三极（一根相线 L、一根零线 N、一根地线 PE）之分。

插座的选择应遵循以下原则。

（1）对于单相用电设备，功率在 2kW 以下的，一般可选择额定电流为 10A 的二位多功能插座，即一个插座上有二极和三极两个插孔，如图 7-1-4 所示。

（2）对于单相用电设备，功率在 2～3kW 的，如空调，需要专用的额定电流为 16A 的一位三极插孔插座，如图 7-1-5 所示。

图 7-1-4　二位插座　　　　图 7-1-5　一位插座

本例中，办公室电路中有大功率的空调，因此需要安装 1 个专用的额定电流为 16A 的一位三极插孔插座。另外，考虑办公室有时需要用其他中小功率电器，因此需要安装 2 个或 3 个额定电流为 10A 的二位多功能插座。

7.1.7　电路检查

电路元件安装完成后，需要对配电线路进行必要的检查，主要检查线路的绝缘状态，线路电压是否正常，相线、零线接入是否正确。检查电路需要用到兆欧表、验电笔和万用表。

1. 用绝缘电阻表（兆欧表）检查线路的绝缘状况

办公室用电线路安装完成后，需用兆欧表检查线路的绝缘状态是否正常。可按照下面的操作步骤进行相线、零线、保护地线之间绝缘性能的检查。

（1）将兆欧表水平放置在平稳、牢固的地方。

（2）检查兆欧表的工作状态。兆欧表在短路时，轻轻摇动手柄，指针应指在"0"位置。兆欧表在开路时，摇动手柄，使电机达到额定转速时(120r/min)，指针应指在"∞"位置。

(3)断开电源与负载,正确连接线路。

① 相—零间绝缘的测量:将供电线路的相线"L"与兆欧表的"L"端连接,零线"N"与兆欧表的"E"端连接,如图 7-1-6(a)所示。

② 相—地间绝缘的测量:将供电线路的相线"L"与兆欧表的"L"端连接,地线"PE"与兆欧表的"E"端连接,如图 7-1-6(b)所示。

③ 零—地间绝缘的测量:将供电线路的地线"PE"与兆欧表的"L"端连接,零线"N"与兆欧表的"E"端连接,如图 7-1-6(c)所示。

(4)测量供电线路的绝缘状态。摇动手柄由慢渐快,转速控制在 120r/min 左右。摇动一分钟后,待指针稳定后,记录绝缘数值。

晴好天气下,若测量的绝缘值为∞,表示电路绝缘性能良好;否则,表示电路绝缘性能不正常。

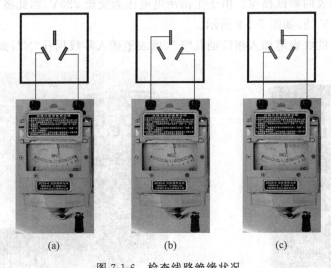

图 7-1-6 检查线路绝缘状况

2. 用试电笔检查相线、零线

试电笔也叫验电笔,简称电笔,如图 7-1-7 所示。试电笔是一种电工工具,用来测试电线中是否带电,其检测电压通常为 60~500V。笔体中有一个氖泡,测试时如果氖泡发光,说明导线有电,或者为电路的相线。试电笔中的笔尖、笔尾由金属材料制成,笔杆由绝缘材料制成。

使用试电笔时,一定要用手触及试电笔尾端的金属部分;否则,因带电体、试电笔、人体与大地没有形成回路,试电笔中的氖泡不会发光,造成误判。

测量办公室用电线路电压后,还需要检查电路的相线、零线是否正常。图 7-1-8 给出了具体的操作示例。

(1)对于二孔插座,将电笔前端的金属部位插入插座右边的相线孔"L"中。若接线正常,电笔中的氖泡会发光,反之则不发光。

(2)对于三孔插座,将电笔前端的金属部位插入插座右下角的相线孔"L"中。若接线正常,电笔中的氖泡会发光,反之则不发光。

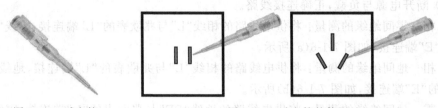

图 7-1-7 试电笔　　　　　图 7-1-8 试电笔的使用

3. 用万用表检查线路电压

检查线路的绝缘状况及验电之后，还需检查电路电压是否正常。本例以数字式万用表为例，说明电压测量的操作步骤。

（1）选择万用表的测试挡位。由于生活用电电压为交流 220V，因此将万用表转换开关拨到交流电压 250V 挡，如图 7-1-9 所示。

（2）将万用表的红表笔插入相线插孔"L"，黑表笔插入零线插孔"N"，如图 7-1-10 所示。

图 7-1-9　数字式万用表　　　　　图 7-1-10　用万用表检查线路电压

（3）单相交流电压为 220V(1±5%)，可通过万用表测量数据，判断电路电压是否正常。

7.1.8　交工资料

工程项目实施完成后，需要向用户提交一份较为详细的技术资料。技术资料的形式不一，但需要包含负荷统计数据，导线、开关、插座选择结果，电路设计图，绝缘测试数据等。表 7-1-7 是交工技术资料的示例。

表 7-1-7　交工技术资料表

	序号	设备名称	数量	额定功率/W	额定电压/V	功率因数	总电流/A
负荷统计	1	计算机	1	300	220	0.85	19
	2	空调	1	3000	220	0.85	
	3	日光灯	4	40	220	0.5	

续表

导线敷设	BV-500(1×4+1×4+1×4)VG20-QA			
开关选择	漏电断路器：DZ47LE 型 220V/32A			
	按钮开关：86 型单联单控开关 220V/10A			
插座选择	10A 二位多功能插座 2 个：计算机及其他使用			
	16A 一位三极插孔插座 1 个：空调专用			
电路设计图	见配电线路图 7-1-1			
绝缘检查结果	测量点	相线和零线之间	相线和保护地线之间	保护地线和零线之间
	绝缘值	∞	∞	∞
工作人员签名	年　月　日			

7.2　单台电动机供电线路的规划与实施

- 能读懂电动机的铭牌数据。
- 能根据电动机的额定功率、额定电压、接线方式选择合适的断路器和供电导线。

本节学习如何为单台电动机正确供电。前面介绍了办公室用电线路规划与实施的方法，本节将尝试为一台三相异步电动机提供合适的供电方案。

电动机要正常运行，需要合适的断路器和导线。选择断路器和导线的依据，是电动机的额定电压、额定功率和接线方式。因此，建议先从读懂电动机的铭牌数据开始，利用三相电路的基本知识，正确选择导线和器件。

7.2.1　工程问题

某机械加工车间计划安装一台金属冷加工机床，该机床使用的电动机铭牌数据如表 7-2-1 所示。供电线路计划采用 BV-500 型铜导线穿管塑料暗敷的方式接入。已知当地最热月平均气温为 30℃。假如你是该厂的电工，需要完成该机床供电线路的选择和接入，并提供工程资料，你该怎么做？

表 7-2-1　某型号三相异步电动机铭牌参数表

型号：Y180L-6	额定电流：31.4A	接线方式：Y
额定功率：15kW	额定频率：50Hz	绝缘等级：B
额定电压：380V	额定转速：970r/min	防护等级：IP44
重量：180kg	出厂编号：212025	出厂年月：2002.12

7.2.2　负荷统计

在供配电系统中,负荷统计有专门的计算方法(需要系数法/二项式法),如需详细了解,可参看工厂供电一类的书籍。本例中只有一台三相异步电动机,负荷统计数据可直接从电动机的铭牌中获取。

电动机的铭牌数据包含电动机运行、安装所必需的关键技术参数。各个生产厂家的电动机的铭牌数据形式不一,比较全面的铭牌数据如表 7-2-2 所示。对于一般应用场所使用的三相异步交流电动机,铭牌中必须包含的内容有型号、额定功率、额定电压、接线方式、额定电流、额定频率、额定转速等。

表 7-2-2　电动机的铭牌参数表

型号：	额定频率：	工作制：
额定功率：	额定转速：	相数：
额定电压：	额定功率因数：	绝缘等级：
额定电流：	接线方式：	防护等级：
重量：	出厂编号：	出厂年月：

本例中需要供配电的负荷:额定电压 380V,额定电流 31.4A,额定功率 15kW。另外,还可了解到该电动机接法为Y,其防护等级为 IP44。关于电动机防护等级的含义,可参看附录 F。

7.2.3　线路设计

大家知道,在低压配电系统中,通常采用三相四线制,即三根相线,俗称火线(Live Wire);一根 PEN 线,又称保护中性线,是地线(Earth Wire)和中性线(Neutral Wire)合二为一的方式。这种方式也适用于这里的单台电动机电路。图 7-2-1 给出了电源至电动机的接线方式。

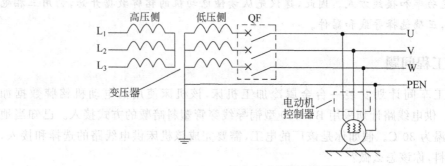

图 7-2-1　单台电动机配电线路图

7.2.4 导线选择

1．相线选择

相线截面的选择方法在 7.1.3 小节中已有详细说明。本例中，电动机的额定电流为 31.4A，选择塑料绝缘导线（BV），导线 4 根穿管，考虑环境温度为 30℃，通过查表 7-1-3 可知，3 根相线的截面积为

$$S_L = 10\text{mm}^2$$

2．保护中性线选择

在三相配电线路中，零线和地线对截面的要求不同，一般先选择相线截面，再选择零线和地线截面。而这里零线和地线合二为一，即只有一根保护中性线 PEN，因此在选择好相线后，先分别计算出零线和地线截面，再选取其中的较大值作为保护中性线截面。

在三相四线制线路中，零线的截面要求不小于相线截面 S_L 的一半，即 $S_N \geq 0.5 S_L$。本例中，零线截面积至少为 6mm^2。

在三相四线制线路中，地线的截面选择方法在 7.1.3 小节中已经说明，此处仅给出选择结果。地线截面积至少为 10mm^2。

因此，本例中，保护中性线 PEN 的截面积为

$$S_{PEN} = 10\text{mm}^2$$

3．导线颜色选择

供配电导线选用不同的颜色可方便施工。本例中，导线的颜色的选择如下：U 相用黄色，V 相用绿色，W 相用红色，地线用黄绿色，零线用蓝色。当为保护中性线时，PEN 可采用黄绿色。

4．穿管管径选择

4 根导线穿保护管的管径，可通过查表 7-1-6 得到。具体选择过程与 7.1.3 小节所述相同。本例中选择穿塑料管，管径 32mm。由于是为机床电动机配电，选择沿地暗敷（DA）的方式较为合适。

导线类型、截面、穿管管径、敷设方式可综合表示为

$$\text{BV-500}(3 \times 10 + 1 \times 10)\text{VG32-DA}$$

7.2.5 断路器选择

断路器是单台机床电动机电路中的保护或控制装置，这里采用的是三极断路器，其外形如图 7-2-2 所示。

表 7-2-3 所示为某型号 DZ47 型标准断路器选型参数简表。

图 7-2-2 三极断路器

表 7-2-3　DZ47 型标准断路器选型参数表

类型(级数)	额定电压/V	额定电流/A	订货号		
			B 型	C 型	D 型
3P 	440	1	DZ47N3B1	DZ47N3C1	DZ47L3D1
	440	3	DZ47N3B3	DZ47N3C3	DZ47L3D3
	440	6	DZ47N3B6	DZ47N3C6	DZ47L3D6
	440	10	DZ47N3B10	DZ47N3C10	DZ47L3D10
	440	16	DZ47N3B16	DZ47N3C16	DZ47L3D16
	440	20	DZ47N3B20	DZ47N3C20	DZ47L3D20
	440	25	DZ47N3B25	DZ47N3C25	DZ47L3D25
	440	32	DZ47N3B32	DZ47N3C32	DZ47L3D32
	440	40	DZ47N3B40	DZ47N3C40	DZ47L3D40
	440	50	DZ47N3B50	DZ47N3C50	DZ47L3D50
	440	63	DZ47N3B63	DZ47N3C63	DZ47L3D63

注：B 型用于保护短路电流较小的负载(如电源、长电缆)，C 型用于保护常规负载和配电线缆，D 型用于保护启动电流大的冲击性负荷。

本例中，根据电动机的供配电要求，借助该选型简表，选择 DZ47N3C32 型断路器。该断路器的主要技术数据如下所示。

(1) 断路器额定电压 440V，大于负荷额定电压 380V。

(2) 断路器额定电流 32A，大于负荷额定电流 31.4A。

(3) 断路器极数为三极。

(4) C 型断路器，保护常规性负载。

以上条件可满足负荷的配电需求。

7.2.6　插座选择

由于供电方式为三相四线制接线，对应的插座可选择三相四极插座，如图 7-2-3 所示。本例中，选择的插座规格为 440V/32A，满足电动机配电需求。

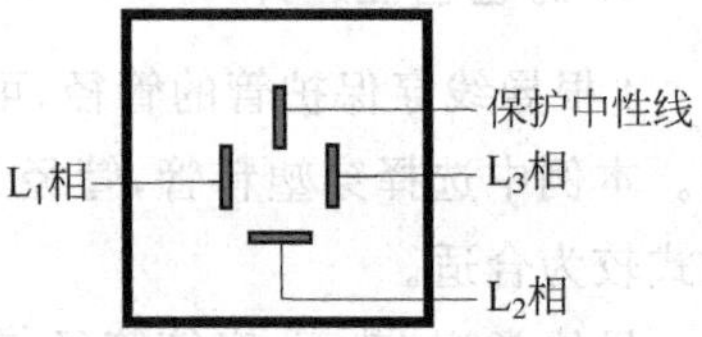

图 7-2-3　三相四极插座

7.2.7　电路检查

三相配电主要检查线路的绝缘状态，线路电压是否正常，相线、零线、地线接入是否正确。检查电路所用兆欧表、验电笔和万用表的使用方法在 7.1.7 小节中已描述，此处仅给出具体的操作示例。

1. 绝缘性能测试

绝缘性能测试需要测试相线—相线、相线—保护中性线之间的绝缘状况。图 7-2-4 给出了相线—相线绝缘测试方法，图 7-2-5 给出了相线—保护中性线绝缘测试方法。具体操作如下所述。

(1) 相线—相线绝缘测量：将供电线路的任一根相线"L"与兆欧表的"L"端连接，另一根相线"L"与兆欧表的"E"端连接，如图 7-2-4 所示。

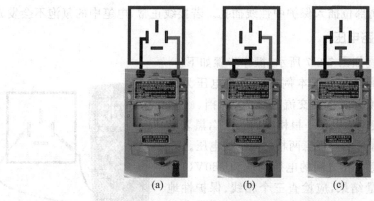

图 7-2-4　检查相线—相线绝缘状况

（2）相线—保护中性线绝缘测量：将供电线路的任一根相线"L"与兆欧表的"L"端连接，保护中性线"PEN"与兆欧表的"E"端连接，如图 7-2-5 所示。

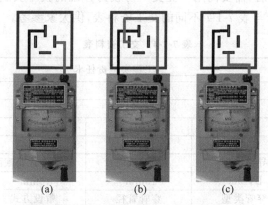

图 7-2-5　检查相线—保护中性线绝缘状况

对于新安装的 380V 或 220V 供电线路，兆欧表测量电阻应不小于 0.5MΩ。但作为新敷设的线路，应当要求较高。

2．用试电笔检查相线、保护中性线

用试电笔检查相线、保护中性线如图 7-2-6 所示。

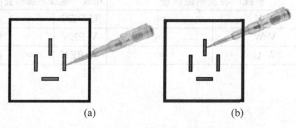

图 7-2-6　试电笔的使用

（1）将电笔前端金属部位依次插入插座 L_1、L_2 和 L_3 的相线孔。若接线正常，电笔中的氖泡会发光，反之则不发光。

（2）将电笔前端金属部位插入保护中性线插孔。若接线正常，电笔中的氖泡不会发光。

3. 用万用表检查线路电压

三相线路电压的检查如图 7-2-7 所示，操作步骤如下。

（1）选择万用表的测试挡位。本例中的交流电压为交流 380V，可将万用表转换开关拨到交流电压 750V 挡。

（2）将万用表的红表笔插入任一根相线插孔"L"，黑表笔插入另一相线插孔"L"，即可测量任意两相之间的线电压。

（3）三相交流电任意两相之间的电压均应为 380V(1±5%)。如果出现其他测量结果，应检查三个相线、保护性地线是否接错。

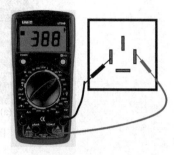

图 7-2-7 用万用表检查线路电压

7.2.8 交工资料

工程项目实施完成后，需要向用户提交一份较为详细的技术资料。技术资料的形式不一，表 7-2-4 给出了一个与表 7-1-7 不同的交工资料表，供大家参考。

表 7-2-4 交工资料表

	工程实施责任卡			
工程名称				
操作项目	结 果 记 录			完成时间
负荷统计	电压	电流	功率	
	380V	31.4A	15kW	
导线选择	导线类型	相线截面	保护中性线截面	
	BV-500	10mm^2	10mm^2	
	穿管类型	穿管管径	敷设方式	
	穿塑料管	32mm	沿地暗敷(DA)	
开关选择	插座型号	插座额定电流	生产厂家	
	GN-Z32	32A	××××××	
	断路器型号	断路器额定电流	生产厂家	
	DZ47N3C32	32A	××××××	
线路设计图	见配电线路图 7-2-1			
操作项目	结 果 记 录			完成时间
电路检查	相线—相线绝缘检查		相线—地线绝缘检查	
	U-V	∞	U-PEN	∞
	V-W	∞	V-PEN	∞
	W-U	∞	W-PEN	∞
责任人			签名：	
			时间： 年 月 日	

防护等级指的是电器防尘、防湿的程度。防护等级通常用 IP(Ingress Protection)表示，它由国际电工委员会 IEC(International Electrotechnical Commission)起草。IP 防护等级由两个数字组成，第 1 个数字表示电器离尘、防止外物侵入的等级，最高级别是 6；第 2 个数字表示电器防湿气、防水侵入的密闭程度，数字越大，表示其防护等级越高，最高级别是 8。对于这台机床铭牌上 IP44 的含义，可以根据附录 F 的两张防护等级表查阅其所代表的含义。

细语润心田：学以致用，顾家报国

"办公室电路的规划与实施""单台电动机供电线路的规划与实施"是两个小型工程项目，每个项目包含工程问题、负荷统计、线路设计、导线选择、断路器与开关的选择、插座选择、电路检查、交工资料等内容。

麻雀虽小，五脏俱全，通过这两个实际工程项目的规划与实施，能够把所学知识和方法应用于工程实践，提高解决实际工程问题的能力。

知识改变命运，技能改善生活。电路课程如此，其他课程也是如此。要把研究和解决实际问题作为学习的根本出发点，在学习的过程中，时时刻刻提醒自己理论联系实际，做到学以致用，解决实际问题，才能提高学习的有效性。

在社会主义核心价值观基本内容中，富强、民主、文明、和谐是国家层面的价值目标，自由、平等、公正、法治是社会层面的价值取向，爱国、敬业、诚信、友善是公民个人层面的价值准则。

人是家庭的一分子，家庭是社会的细胞。家庭的幸福和谐需要坚实的经济基础。每个人在遵纪守法的大前提下，坚守诚信，与人友善，把拳拳爱国之心融入兢兢业业的工作中，通过自己的辛勤劳动在为社会做贡献中获取合理的报酬，在改善个人生活条件小目标的同时，实现报效国家的大目标，就是这个时代核心价值观的最佳体现。

学以致用，顾家报国

附录A

测量仪表的使用

A-1 指针式万用表

万用表又称为多用表,是一种多功能、多量程的测量仪表。一般万用表可测量交直流电压、交直流电流、电阻等参数,有的还可以测量电容量、电感量及半导体的一些参数。

指针式万用表主要由磁电式测量机构(俗称表头)、测量线路和转换开关3个部分组成。下面以常用的 MF47 型万用表(图 A-1-1)为例,说明指针式万用表的使用方法。

 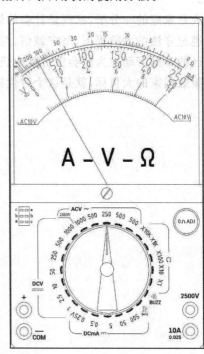

图 A-1-1　MF47 型万用表的实物及示意图

1. 测量前的准备工作

测量电流前的准备工作如表 A-1-1 所示。

表 A-1-1　测量前的准备工作

步骤	内　容	图　示
（1）放置	根据表盘符号，将仪表放在合适位置。"∏"或"Ц"表示水平放置，"⊥"表示垂直放置	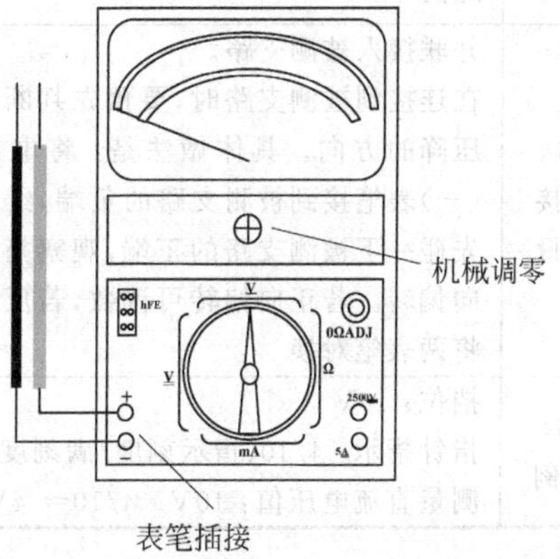 机械调零
（2）机械调零	使用前应检查指针是否在机械零位。如不在零位，可通过"机械调零"使指针指示在零位	
（3）表笔插接	红表笔插"＋"孔，黑表笔插"－（COM）"孔。若用 5A 挡时，红表笔应插在"5A"插孔内。用 2500V 挡时，红表笔应插在"2500V"插孔内	表笔插接

2. 测量直流电流

测量直流电流的步骤如表 A-1-2 所示。

表 A-1-2　测量直流电流

步骤	内　容	图　示
（1）选择量程	根据估测值选择合适的挡位。将功能开关旋至直流电流"mA"中合适的电流量程处，让指针指向表盘的 1/3～2/3 之间。用 5A 挡时，量程开关可放在电流量程的任意位置上	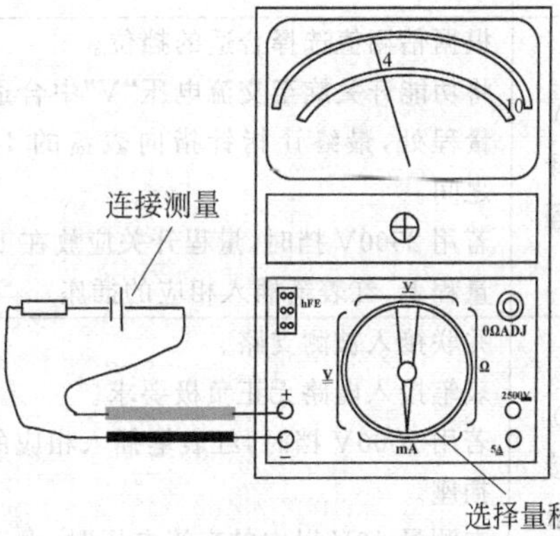 连接测量
（2）连接测量	将万用表串联在被测电路中，使电流从红（＋）表笔进，黑（－）表笔出。连接时，应先接黑表笔，然后用红表笔碰另一端，观察指针的偏转方向是否正确，若正确，则可读数，若不正确则将两表笔对换。若用 5A 挡时，红表笔插入相应的 5A 插座	选择量程
（3）示例	挡位：5mA 指针指示：4/10（指示刻度/满刻度） 测量直流电流值：5mA×4/10＝2mA	

3. 测量直流电压

测量直流电压的步骤如表 A-1-3 所示。

表 A-1-3　测量直流电压

步骤	内　　容	图　示
（1）选择量程	根据估测值选择合适的挡位。将功能开关旋至直流电压"V"中合适的电压量程处，最终让指针指向表盘的 1/3～2/3 之间	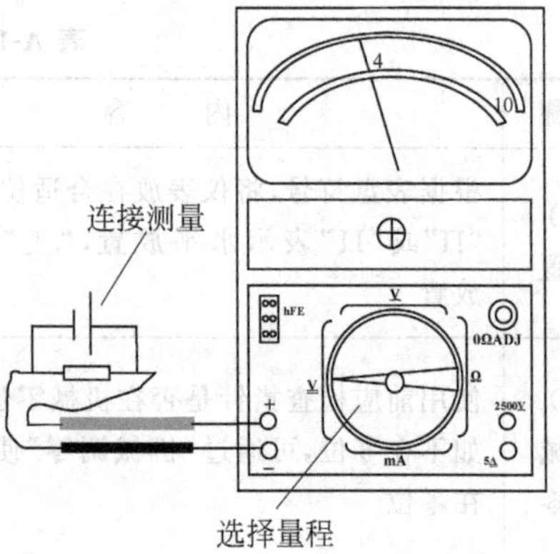
（2）连接测量	并联接入被测支路。在连接到被测支路时，要预先判断该支路电压降的方向。具体做法是：将电压表的黑（一）表笔接到被测支路的负端，红（＋）表笔先碰一下被测支路的正端，观察指针是否正向偏转。若正向偏转可读数，若反向偏转则将两表笔对换	
（3）示例	挡位：10V 指针指示：4/10（指示刻度/满刻度） 测量直流电压值：10V×4/10＝ 4V	

4. 测量交流电压

万用表交流电压挡可用于测量正弦波电压的有效值，频率范围为 45～1000Hz，如果超出这个频率范围，误差会增大。

测量交流电压的步骤如表 A-1-4 所示。

表 A-1-4　测量交流电压

步骤	内　　容	图　示
（1）选择量程	根据估测值选择合适的挡位。将功能开关旋至交流电压"V"中合适的电压量程处，最终让指针指向表盘的 1/3～2/3 之间。若用 2500V 挡时，量程开关应放在 1000V 的量程上，红表笔插入相应的插座	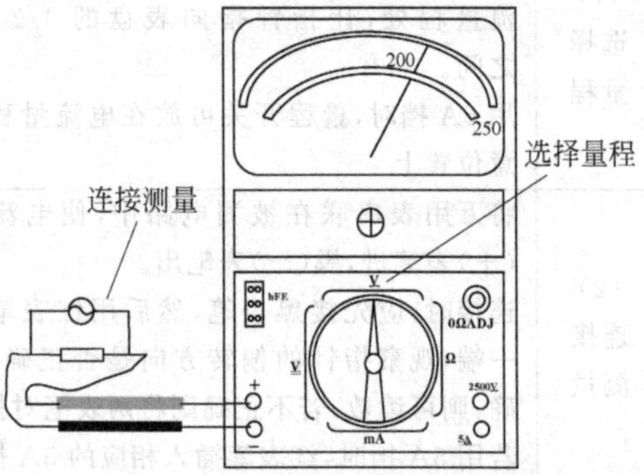
（2）连接测量	并联接入被测支路。表笔接入电路无正负极要求。若用 2500V 挡时，红表笔插入相应的 2500V 插座。在测量 10V 以内的交流电压时，由于电压值偏小时刻度不均匀，应按 10VAC 标尺读数	
（3）示例	挡位：250V 指针指示：200/250（指示刻度/满刻度） 测量交流电压值：250V×200/250＝ 200V	

5. 测量电阻阻值

测量电阻阻值的步骤如表 A-1-5 所示。

表 A-1-5　测量电阻阻值

步骤	内　容	图　示
(1) 选择 量程	根据估测值选择合适的挡位。 将功能开关旋至欧姆挡"Ω"中合适的量程处,最终让指针指向表盘的 1/3～2/3 之间	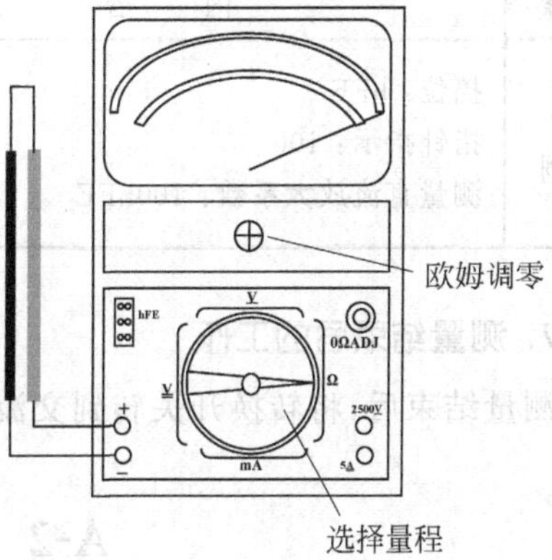
(2) 欧姆 调零	将功能开关旋至"Ω"范围内。 欧姆调零：将红黑表笔短接,调节"欧姆调零"旋钮,使指针指示在零欧姆位置上。 每一次更换挡位,都应先进行欧姆调零	
(3) 测量 电阻	用两表笔分别与被测电阻（与电路断开）两端相连,则指针指示的读数乘以所选量程的倍率数即为所测电阻的阻值	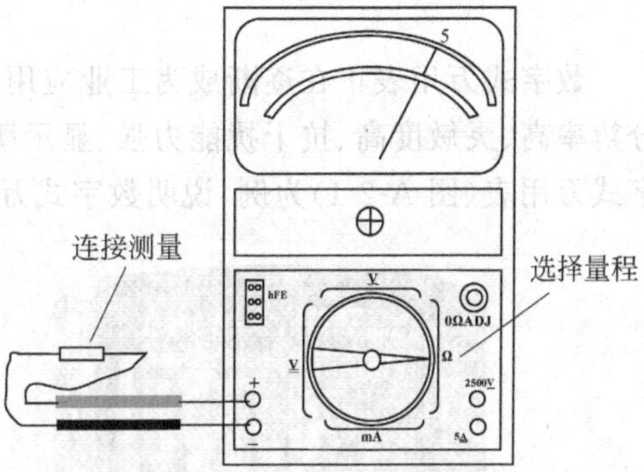
(4) 示例	挡位：R×100 指针指示：5（指示刻度） 测量电阻值：5Ω×100＝500Ω	

6. 测量三极管直流放大系数 hFE

测量三极管直流放大系数 hFE 的步骤如表 A-1-6 所示。

表 A-1-6　测量三极管直流放大系数 hFE

步骤	内　容	图　示
(1) 测量 hFE	将功能开关转到"hFE"位置。 将待测三极管引脚分别插入三极管测试座的 ebc 管座内,即可根据指针位置读取该三极管的直流放大系数。 NPN 型三极管插入 NPN 型管孔,PNP 型插入 PNP 型管孔	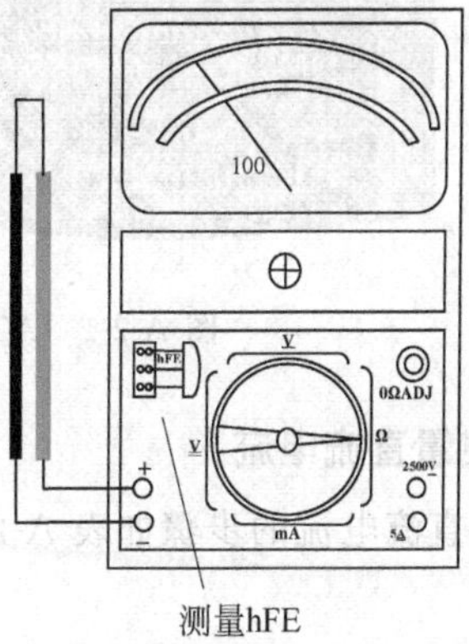

续表

步骤	内 容	图 示
(2)示例	挡位：hFE 指针指示：100 测量直流放大系数：100hFE	

7. 测量结束后的工作

测量结束后，将转换开关转到交流电压最高挡（或 OFF 挡）。

A-2　数字式万用表

数字式万用表正在逐渐成为工业应用的主流仪表。数字式万用表具有测量准确度高、分辨率高、灵敏度高、抗干扰能力强、显示明了、便于携带等优点。下面以 ATW9205L 型数字式万用表（图 A-2-1）为例，说明数字式万用表的使用方法。

 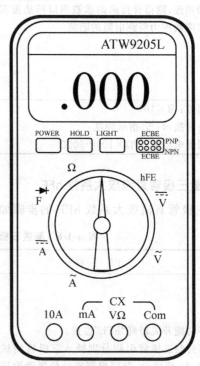

图 A-2-1　ATW9205L 型数字式万用表实物及示意图

1. 测量直流电流

测量直流电流的步骤如表 A-2-1 所示。

表 A-2-1　测量直流电流

步骤	内　　容	图　示
(1) 表笔插接	黑表笔插入 Com 端口,若预测电流小于 10A,红表笔插入 mA 端口;若预测电流大于 10A,红表笔插入 10A 端口	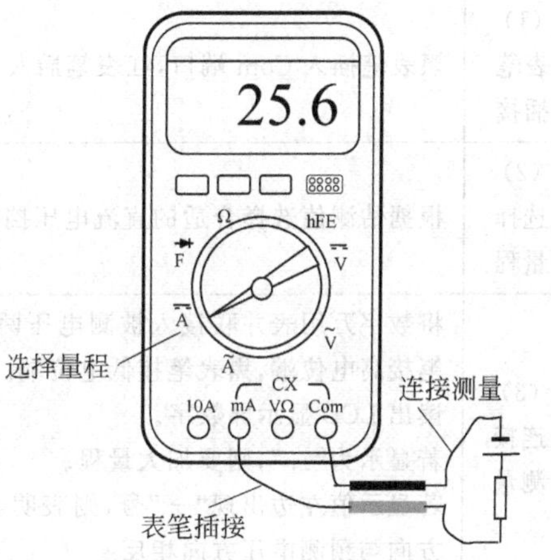
(2) 选择量程	根据估测值选择合适的直流电流挡位	
(3) 连接测量	将数字万用表串联接入被测线路中。 读出 LCD 显示屏数字。 若显示值为"1.",则表明超出量程,需要加大量程再次测量。 若显示值左边出现"−"号,则表明实际电流方向与预测电流方向相反	
(4) 示例	挡位:200mA LCD 显示:25.6 测量直流电流值:25.6mA	

2. 测量交流电流

测量交流电流的步骤如表 A-2-2 所示。

表 A-2-2　测量交流电流

步骤	内　　容	图　示
(1) 表笔插接	黑表笔插入 Com 端口,若预测交流电流有效值小于 10A,红表笔插入 mA 端口;若预测交流电流有效值大于 10A,红表笔插入 10A 端口	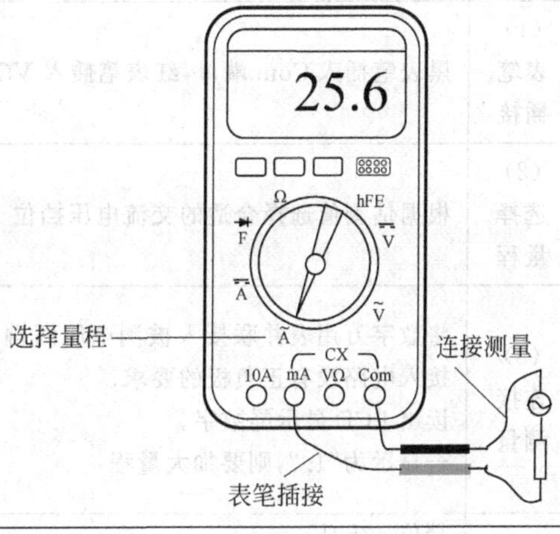
(2) 选择量程	根据估测值选择合适的交流电流挡位	
(3) 连接测量	将数字万用表串联接入被测线路中,表笔接入电路没有正负极的要求。 读出 LCD 显示屏数字。 若显示为"1.",则要加大量程	
(4) 示例	挡位:200mA LCD 显示:25.6 测量交流电流值:25.6mA	

3. 测量直流电压

测量直流电压的步骤如表 A-2-3 所示。

表 A-2-3　测量直流电压

步骤	内　容	图　示
（1）表笔插接	黑表笔插入 Com 端口,红表笔插入 VΩ 端口	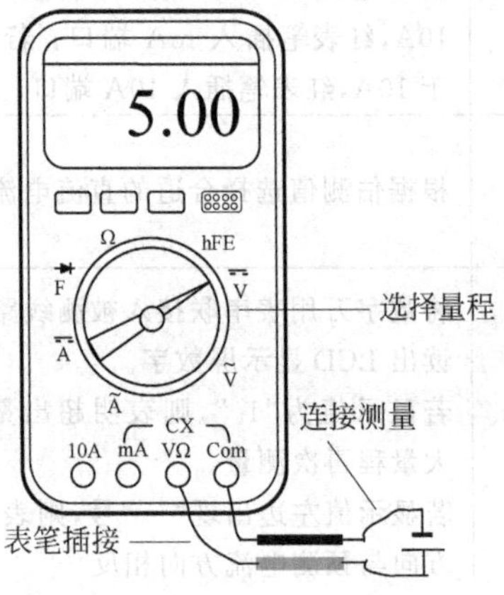
（2）选择量程	根据估测值选择合适的直流电压挡位	
（3）连接测量	将数字万用表并联接入被测电压两端,红表笔接高电位端,黑表笔接低电位端。 读出 LCD 显示屏数字。 若显示为"1.",则要加大量程。 若显示值左边出现"—"号,则表明实际电压方向与预测电压方向相反	
（4）示例	挡位:20V LCD 显示:5.00 测量直流电压值:5V	

4. 测量交流电压

测量交流电压的步骤如表 A-2-4 所示。

表 A-2-4　测量交流电压

步骤	内　容	图　示
（1）表笔插接	黑表笔插入 Com 端口,红表笔插入 VΩ 端口	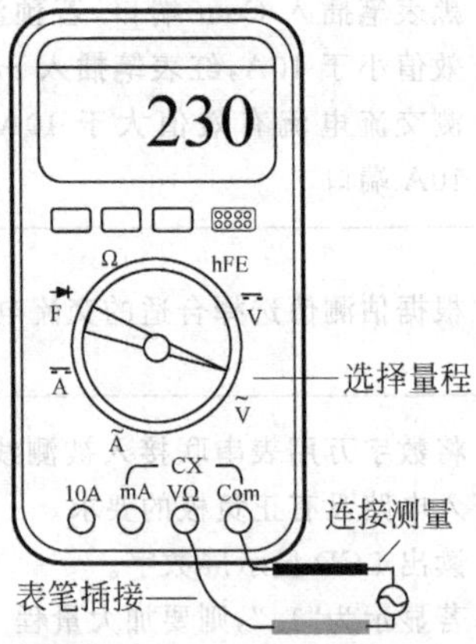
（2）选择量程	根据估测值选择合适的交流电压挡位	
（3）连接测量	将数字万用表并联接入被测电压两端,表笔接入电路没有正负极的要求。 读出 LCD 显示屏数字。 若显示为"1.",则要加大量程	
（4）示例	挡位:750V LCD 显示:230 测量交流电压值:230V	

5. 测量电阻阻值

测量电阻阻值的步骤如表 A-2-5 所示。

表 A-2-5 测量电阻阻值

步骤	内 容	图 示
（1）表笔插接	黑表笔插入 Com 端口，红表笔插入 VΩ 端口	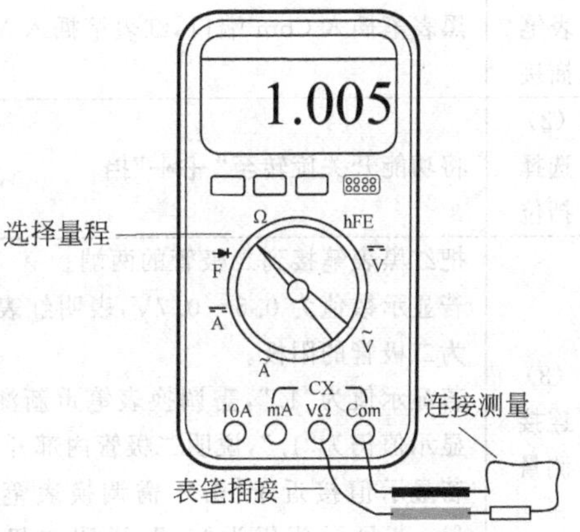
（2）选择量程	根据估测值选择合适的电阻测量挡位	
（3）连接测量	把红黑表笔接到电阻两端的金属部分。 显示屏上的数值加上所选挡位的单位就是被测电阻值。 "200"挡单位是"Ω"，"2k～200k"挡单位是"kΩ"，"2M～2000M"挡单位是"MΩ"。 若显示屏上显示"1."则要加大量程；若显示一个接近于"0"的数，则要减小量程	
（4）示例	挡位：2k LCD 显示：1.005 测量电阻值：1kΩ	

6. 测量电容值

测量电容值的步骤如表 A-2-6 所示。

表 A-2-6 测量电容值

步骤	内 容	图 示
（1）电容放电	将电容两端短接，对电容进行放电，确保数字万用表安全	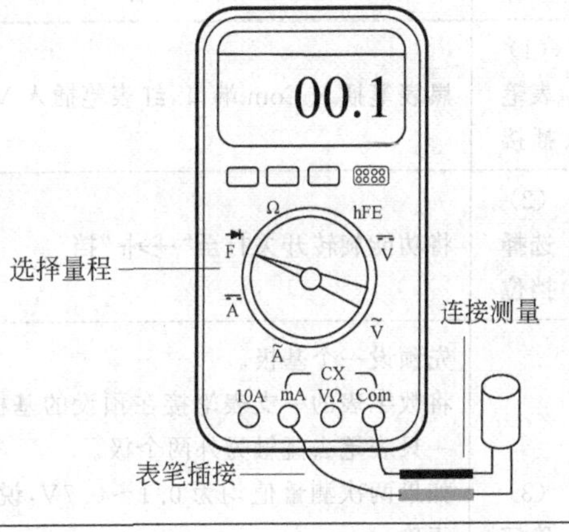
（2）选择量程	将功能开关转至电容"F"测量挡，并选择合适的量程	
（3）连接测量	将电容插入万用表的 CX 插孔（即 mA 和 Com 端口）。 LCD 显示屏上的数字即为电容量。 测量大电容时，稳定读数需要一定的时间。 测量后电容也要放电，消除安全隐患	
（4）示例	挡位：F(200μF) LCD 显示：00.1 测量电容值：0.1μF	

7. 测量二极管正偏电压值或判断二极管的阴阳极（以硅二极管为例）

测量二极管正偏电压值或判断二极管的阴阳极（以硅二极管为例）的步骤如表 A-2-7 所示。

表 A-2-7 测量二极管正偏电压值或判断二极管的阴阳极（以硅二极管为例）

步骤	内 容	图 示
（1）表笔插接	黑表笔插入 Com 端口，红表笔插入 VΩ 端口	
（2）选择挡位	将功能开关旋转至"⤙⊳⊢"挡	
（3）连接测量	把红黑表笔接到二极管的两端。 若显示数值为 0.5～0.7V，表明红表笔一端为二极管的阳极。 若显示值为"1."，需调换表笔重新测量；若显示值仍为"1."，说明二极管内部开路。 若显示值接近于"0."，需调换表笔重新测量；若显示值仍为"0."，说明二极管内部短路。	
（4）示例	挡位：⤙⊳⊢ LCD 显示：.507 测量二极管正偏电压：0.507V	

8. 判断三极管的引脚、管型，测量放大倍数

判断三极管的引脚、管型，测量放大倍数的步骤如表 A-2-8 所示。

表 A-2-8 判断三极管的引脚、管型，测量放大倍数

步骤	内 容	图 示
（1）表笔插接	黑表笔插入 Com 端口，红表笔插入 VΩ 端口	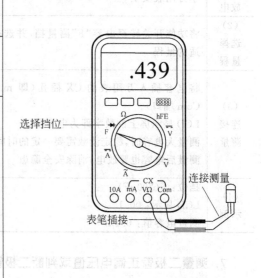
（2）选择挡位	将功能旋转开关打至"⤙⊳⊢"挡	
（3）确定基极及管型	先预设一个基极。 将数字表的一支表笔接在预设的基极上，另一只表笔去碰触另外两个极。 如果两次测量值均为 0.1～0.7V，说明预设正确。 确定基极后，此时与基极所接表笔为红色，则三极管为 NPN 型；如果为黑色，则三极管为 PNP 型。 如果分别显示"0.1～0.7V"和"1."，或者两次都显示"1."，则需重新预设基极	

步骤	内　容	图　示
（4）选择挡位	将功能开关旋转至"hFE"挡	
（5）确定集电极与发射极	在前述判定的基础上,根据管型将三极管基极插入位置"B",集电极和发射极插入相邻的"C、E"。 若测得 hFE 为几十至几百,说明三极管的引脚与相应插孔标识相同。由此可确定 c、e 极。 若测得 hFE 为几至十几,则表明 c 极和 e 极插反了。 对调 c、e 极再次测量,以最大的 hFE 读数来确定 c、e 极	

A-3　直流单臂电桥

直流单臂电桥又称惠斯通电桥,是一种利用比较法进行电阻精确测量的仪器。图 A-3-1 是 QJ23 型直流单臂电桥的外部面板图及内部电路原理图。

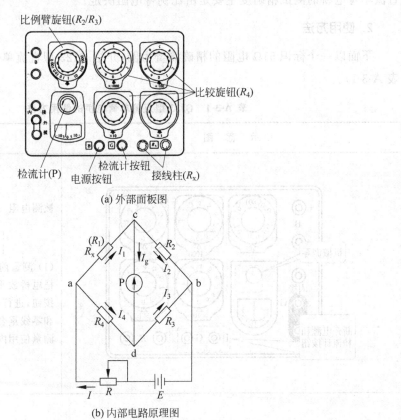

图 A-3-1　QJ23 型直流单臂电桥

1. 原理说明

QJ23 型直流单臂电桥由四个桥臂 $R_x(R_1)$、R_2、R_3、R_4 及检流计 P 组成。其中,R_x(R_1)为被测电阻,R_2、R_3、R_4 为可调的已知电阻。

调整 R_2、R_3、R_4 这些可调的桥臂电阻的阻值,可使电桥平衡。

电桥平衡后 $I_g=0$,即 $I_x R_x = I_4 R_4$,$I_2 R_2 = I_3 R_3$,其中 $I_x = I_2$,$I_3 = I_4$,因此,$R_x R_3 = R_2 R_4$,则有:

$$R_x = \frac{R_2}{R_3} R_4 \qquad (A\text{-}3\text{-}1)$$

式(A-3-1)中的 R_2、R_3 称为电桥的比例臂电阻。QJ23 型直流单臂电桥用一个旋钮(比臂倍率)直接调节 R_2/R_3 的比值,有 0.001、0.01、0.1、1、10、100 及 1000 七个挡位。

式(A-3-1)中的 R_4 称为电桥的比较臂电阻,QJ23 型直流单臂电桥用四位电阻箱调节旋钮获得 R_4 阻值,其电阻值介于 1~9999000Ω 之间的任意整数值,使被测电阻能精确到 4 位有效数字。

由式(A-3-1)可得:

被测电阻 = 比例臂的倍率 × 比较臂电阻

当比例臂被确定后,被测电阻 R_x 可与已知的可调比较臂电阻进行比较来确定阻值。直流单臂电桥的测试精度主要是由比例臂电阻决定。

2. 使用方法

下面以一个标识 51Ω 电阻的精确测量为例,介绍 QJ23 型直流单臂电桥的使用方法(见表 A-3-1)。

表 A-3-1 QJ23 型直流单臂电桥的使用方法

示意图	步骤
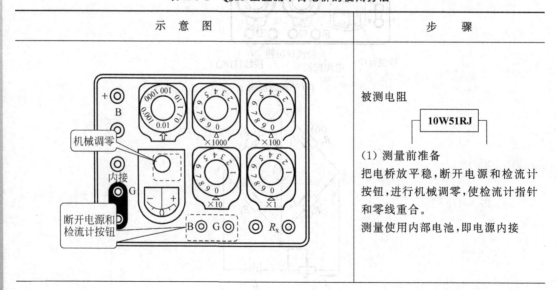	被测电阻 `10W51RJ` (1) 测量前准备 把电桥放平稳,断开电源和检流计按钮,进行机械调零,使检流计指针和零线重合。 测量使用内部电池,即电源内接

续表

示　意　图						步　骤
倍率	测量范围/Ω	检流计	准确度	电压/V		
×0.001	1~9.999	内附	±2%	4.5		
×0.01	10~99.99		±0.2%			
×0.1	100~999.9					
×1	1000~9999					
×10	10^4~99990	外附	±0.5%	6		
×100	10^5~999900			15		
×1000	10^6~9999000		±2%			

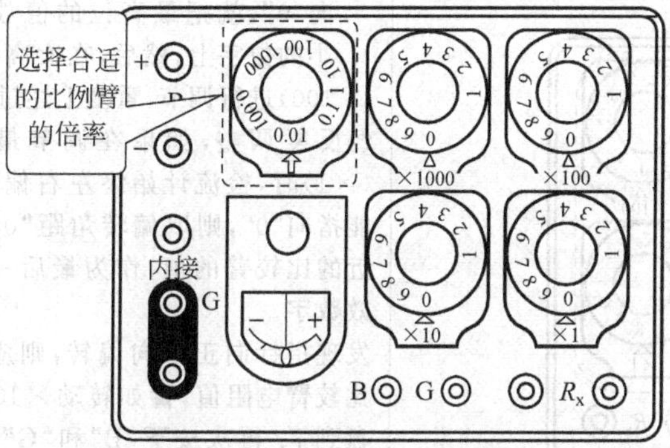

(2) 预估电阻值

可使用万用表初步测量电阻值。

(3) 选择合适的倍率

根据该被测电阻的阻值,利用直流单臂电桥盖板上的测量范围与比例臂的倍率关系,选择适当的倍率。

选择合适倍率的目的是使电桥比较臂 4 个转盘均用上,使测量值达到 4 位有效数值,保证测量精度。

本例中,测量电阻是 51Ω,为使电桥比较臂 4 个转盘均用上,需要选择的倍率是 ×0.01

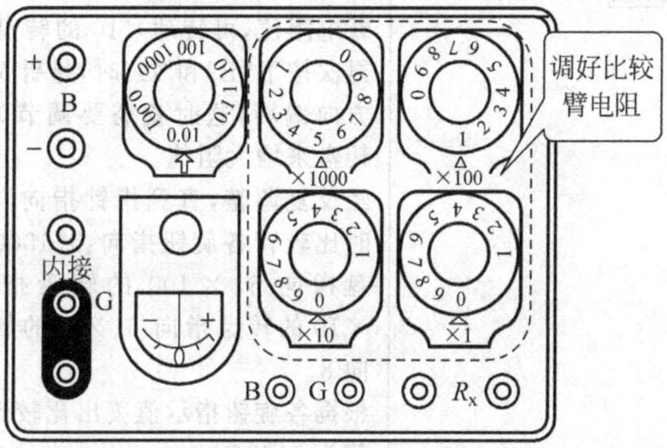

(4) 调节比较臂电阻

按选取的比例臂倍率,调好比较臂电阻,×1000 的转盘转到 5,×100 的转盘转到 1,×10、×1 的转盘都转到 0,满足"被测电阻 = 比例臂的倍率 × 比较臂电阻",即 51Ω = 0.01×5100Ω

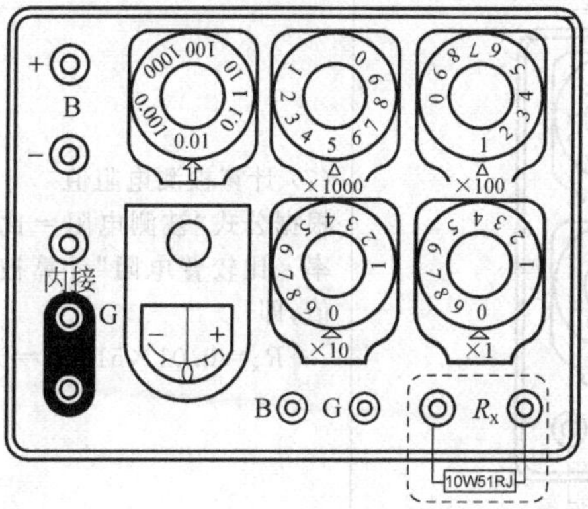

(5) 把被测电阻 R_x 接入接线柱

续表

示 意 图	步 骤
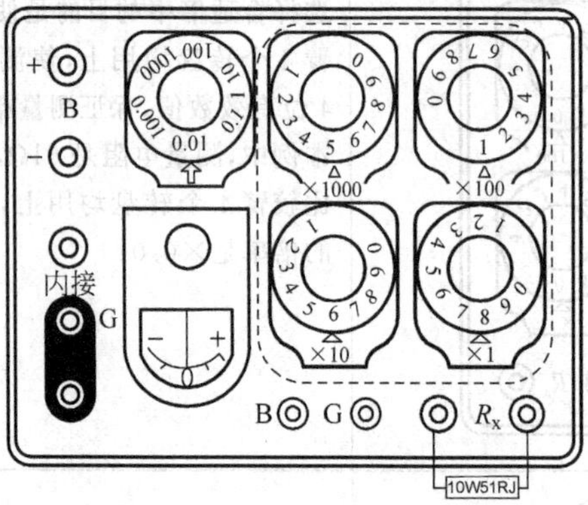	(6) 调节电桥平衡 按下电源按钮"B",再按下检流计按钮"G",观察检流计指针偏向。 调节比较臂电阻值的原则: ① 从最高位(×1000)顺序往下调节。 ② 若指针正向偏转,应增大比较臂电阻值;若指针负向偏转,应减小比较臂电阻值。 ③ 如果调节最高位无法使指针指向"0",就把最高位的值放在较小的数字上,然后,在次高位(×100)进行调节,重复上述过程。 经反复调整,如果在调节最低位(×1)时,检流计始终左右偏转,不能指向"0",则取偏转角距"0"位较近的比较臂的值,作为最后一位有效数字。 发现指针向正方向偏转,则应增大比较臂电阻值,譬如转动×10的转盘到7;再次按下"B"和"G",发现指针向负方向偏转,则应减小比较臂电阻值,可转动×10的转盘到6;再次按下"B"和"G"时,指针又向正方向偏转,这时就需要调节×1的转盘来增大阻值。 经反复调整,直到指针指向"0",这时比较臂各旋钮指向:×1000的转盘指向5,×100的转盘指向1、×10的转盘指向6、×1的转盘指向8。 根据各旋钮指示值读出比较臂电阻值为5168Ω
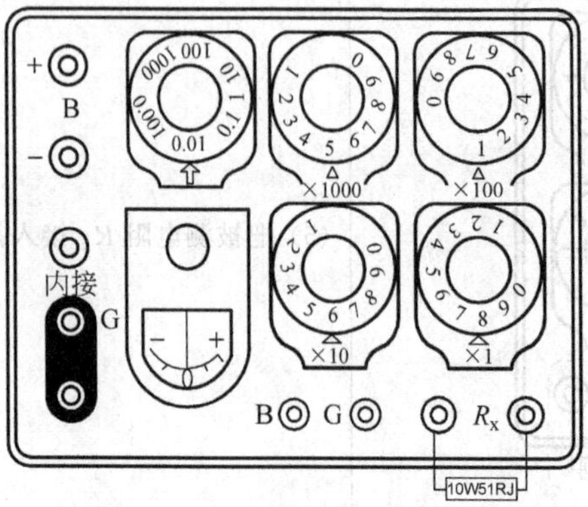	(7) 计算被测电阻值 根据公式"被测电阻=比例臂的倍率×比较臂电阻"计算被测电阻阻值,即 $R_x = 0.01 \times 5168\Omega = 51.68\Omega$

续表

示意图	步骤
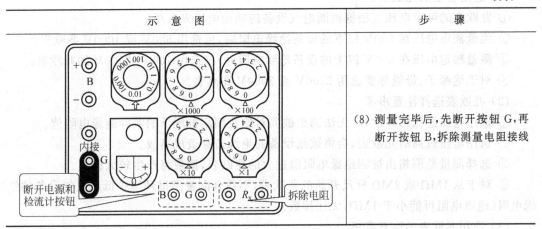	(8) 测量完毕后，先断开按钮 G，再断开按钮 B，拆除测量电阻接线

使用 QJ23 型直流单臂电桥测量电阻精密阻值时，需要注意以下问题。

(1) 正确选择比例臂，使比较臂的 ×1000 的盘上读数不为 0，才能保证测量的准确度。

(2) 为减小引线电阻带来的误差，被测电阻与测量端的连接导线要短且粗，还应注意端钮需要拧紧，以避免接触不良引起电桥的不稳定。

(3) 当电池电压不足时应立即更换，采用外接电源时应注意极性与电压额定值。

(4) 被测物不能带电。对含有电容的元件应先放电 1min 后再进行测量。

A-4 兆 欧 表

兆欧表俗称摇表，是一种专门用于测量各种电气设备绝缘电阻的仪表。

兆欧表主要由手摇高压直流发电机（100～5000V）、磁电式流比计、接线柱（L：接线路、E：接地、G：屏蔽）组成，如图 A-4-1 所示。

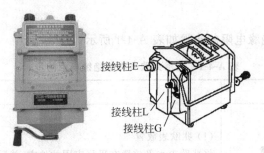

图 A-4-1 兆欧表实物及外形

绝缘电阻是电气设备和电气线路最基本的绝缘指标。当受热和受潮时，绝缘材料老化，其绝缘电阻便降低，从而造成电器设备漏电或短路事故的发生。为了避免事故发生，就要求绝缘电阻达到一定数值，才能保证电气设备的用电安全，如常温下电动机、配电设备和配电线路的绝缘电阻不应低于 0.5MΩ。

1. 兆欧表的选择

兆欧表的选择与使用需要注意以下问题。

(1) 选用合适的兆欧表

① 兆欧表的额定电压应根据被测电气设备的额定电压来选择。
② 测量额定电压在 500V 以下的设备绝缘电阻时,可选用 500V 或 1000V 兆欧表。
③ 测量额定电压在 500V 以上的设备绝缘电阻时,应选用 1000~2500V 的兆欧表。
④ 对于绝缘子、母线等要选用 2500V 或 3000V 兆欧表。

(2) 兆欧表选择注意事项

① 选用电压过低的兆欧表,无法测出被测对象在额定电压下的实际绝缘电阻值。
② 选用电压过高的兆欧表,会将被测设备的绝缘击穿造成事故。
③ 选择测量范围超出被测绝缘电阻值过大的兆欧表,读数将产生较大误差。
④ 对于从 1MΩ 或 2MΩ 标尺开始的兆欧表,不适合测量潮湿环境中低压电气设备的绝缘电阻(绝缘电阻可能小于 1MΩ,无法读数)。

(3) 使用兆欧表的注意事项

兆欧表工作时产生高压电,为避免人身及设备事故需注意以下几点。
① 不能在设备带电的情况下测量其绝缘电阻。
② 在兆欧表停止转动前,不可用手去触及被测物的测量部分。
③ 测量过程中,如果指针指向"0"位,表示被测设备短路,应立即停止转动手柄。
④ 测量电容性设备的绝缘电阻时,测量完毕,应对设备进行放电。
⑤ 禁止在雷电时或附近有高压导体的设备上测量绝缘,防止高压电浸入兆欧表,危及人身安全。

(4) 提高兆欧表精度的注意事项

为提高兆欧表测量精度,应注意以下两点。
① 应定期校验,检查其测量误差是否在允许范围以内。
② 与被测设备的连接导线,应用兆欧表专用测量线或选用绝缘强度高的两根单芯多股软线,两根导线切忌绞在一起。

2. 兆欧表的使用

使用兆欧表测量绝缘电阻的步骤如表 A-4-1 所示。

表 A-4-1 使用兆欧表测量绝缘电阻的步骤

示意图	步骤
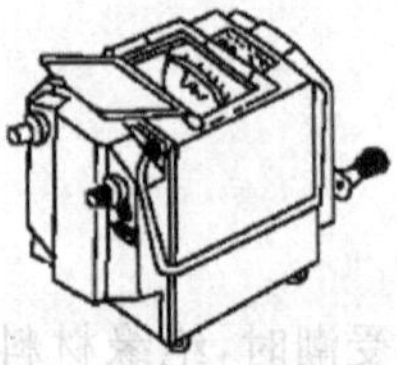	(1) 兆欧表放置 将兆欧表水平放置在平稳牢固的地方,并远离带电导体和磁场,以免影响测量的准确度
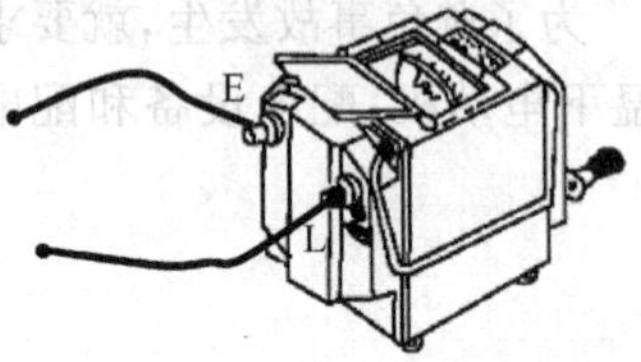	(2) 对兆欧表进行一次开路试验 将兆欧表水平放稳,L、E 两个接线端钮开路,均匀摇动手柄达到 120r/min,指针应指到 ∞

续表

示意图	步骤
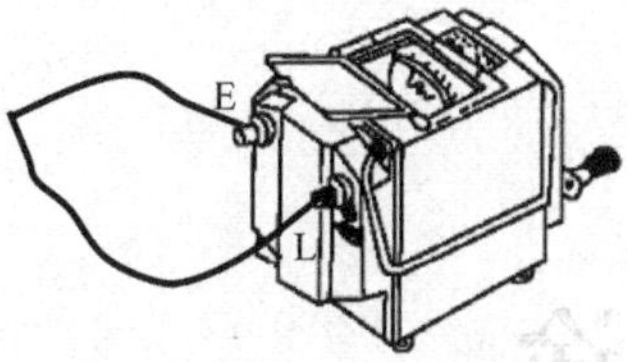	(3) 对兆欧表进行一次短路试验 将兆欧表水平放稳,短接 L、E 两接线柱,缓慢摇动手柄(以免电流过大烧坏线圈),指针应迅速指零
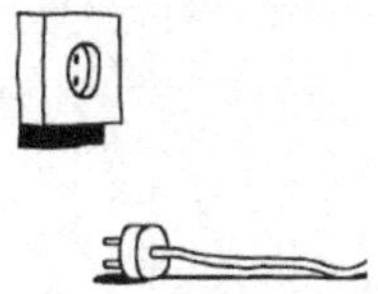	(4) 将被测设备脱离电源 如果被测电气设备内部有电容设备,则首先需要对其进行放电
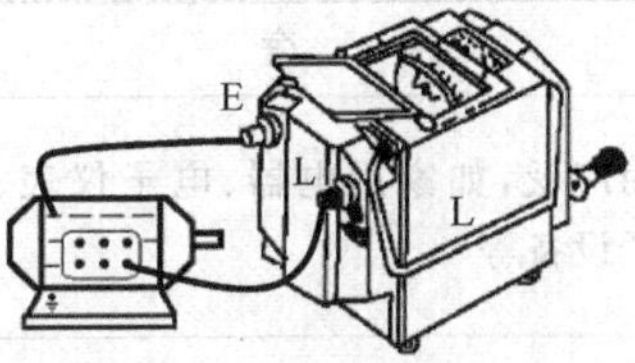	(5) 测量电动机或变压器的绕组与外壳之间的绝缘电阻 把兆欧表的"E"端接电动机设备的外壳(注意不要接触到涂漆之处,以免测量数据不准),"L"端接被测绕组的一端。 摇动手柄(由慢渐快),转速控制在 120r/min 左右。摇动 1min 后,待指针稳定后读数
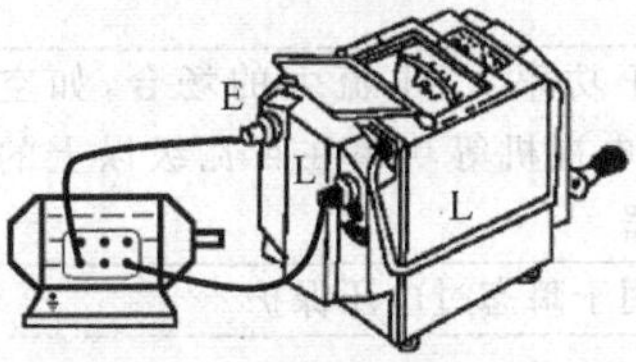	(6) 测量电动机或变压器绕组之间的绝缘电阻 先拆除绕组间的连接线,将"E""L"端分别接于被测电动机的两相绕组上。 摇动手柄(由慢渐快),转速控制在 120r/min 左右。摇动 1min 后,待指针稳定后读数
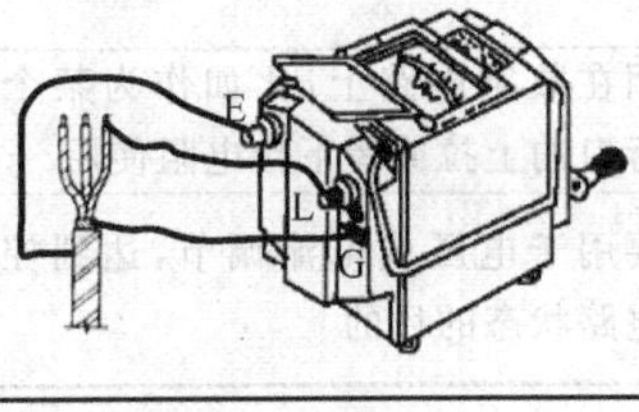	(7) 测量电缆设备的绝缘电阻 把"L"端与芯线相接,"E"端接电缆外表皮(铅套),"G"端接芯线外层绝缘层上。 摇动手柄(由慢渐快),转速控制在 120r/min 左右。摇动 1min 后,待指针稳定后读数

说明:
① 测量完毕,待兆欧表停止转动后,对其放电,拆除表上的连接导线。
② 其他设备的绝缘电阻测量,可参考上述(4)~(7)的方式进行。

附录B

常见电阻特点及用途

名称		符号表示	特点	用途
色环电阻	碳膜电阻		在电阻表面涂上一定颜色的色环，代表阻值	应用广泛，如家用电器、电子仪表、电子设备等
	金属膜电阻			
绕线电阻			用特殊的电阻丝缠绕在绝缘棒上制成，阻值稳定，功率大	用于高电压、高功率电路中
水泥电阻			将电阻线绕在无碱性耐热瓷件上，放入方形瓷器框内，用特殊不燃性耐热水泥充填密封而成	用于功率大、电流大的场合，如空调、电视机等功率在百瓦级以上的电器
压敏电阻			阻值随压力的改变发生显著变化	应用于瞬态过电压保护
贴片电阻			表面贴片元件的一种，其大小只有米粒的一半，精度非常高	用于大规模集成电路板
排阻			把若干个阻值相同且有一个公共端的电阻封装在一起	应用在数字电路上，比如作为某个并行口的上拉或者下拉电阻使用
电位器			可变电阻又称电位器，其阻值在一定范围内是可以调节的	主要用于电压或电流调节，达到控制电路状态的目的

附录C

色环的含义

色环颜色	色环所处的排列位			色环颜色	色环所处的排列位		
	有效数字	倍乘数	允许偏差		有效数字	倍乘数	允许偏差
黑	0	$\times 10^0$	—	紫	7	$\times 10^7$	±0.1%
棕	1	$\times 10^1$	±1%	灰	8	$\times 10^8$	—
红	2	$\times 10^2$	±2%	白	9	$\times 10^9$	—
橙	3	$\times 10^3$	—	金	—	$\times 10^{-1}$	±5%
黄	4	$\times 10^4$	—	银	—	$\times 10^{-2}$	±10%
绿	5	$\times 10^5$	±0.5%	无色	—	—	±20%
蓝	6	$\times 10^6$	±0.25%				

附录 D

常见电容

名　称		符号表示	用　途
电解电容	铝电解电容	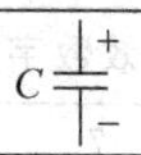 $C\ \dashv\vdash^+_-$	适用于电源滤波或低频电路
	钽电解电容		一般用于要求较高的设备中
无极性电容	纸介电容	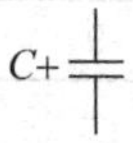 $C\dashv\vdash$	用于低频电路
	瓷介电容		容量小,适用于高频电路
	云母电容		适用于高频电路
	贴片电容		应用于电信、汽车的引擎控制系统、安全系统、照明、DC/DC交换器中
可变电容		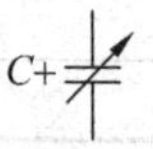 $C\dashv\not\vdash$	可变电容的容量比较小,稳定性差

附录E

常见电感

名 称	符号表示	元件介绍
无芯电感	 L	无芯电感结构简单,可用于信号的共振、接收和发射设备中
带铁芯电感	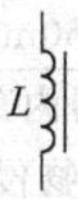 L	在无芯电感中插入铁芯的电感,通常应用在工作频率较低的电路中
带磁芯电感	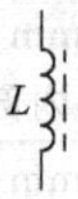 L	在无芯电感中插入磁芯的电感。与铁芯电感相反,带磁芯电感通常应用在工作频率较高的电路中
贴片电感	L	贴片电感应用在想要节省空间的电路板中
色码电感	 L	色码电感以铁氧体磁芯为基体,在其外表涂覆制成,主要用于信号处理

附录F

防 护 等 级

电器离尘、防止外物侵入的等级

数字	防护范围	说 明
0	无防护	对外界的人或物无特殊的防护
1	防止大于50mm 的固体外物侵入	防止人体(如手掌)因意外而接触到电器内部的零件,防止较大尺寸(直径大于50mm)的外物侵入
2	防止大于 12.5mm 的固体外物侵入	防止人的手指接触到电器内部的零件,防止中等尺寸(直径大于12.5mm)的外物侵入
3	防止大于 2.5mm 的固体外物侵入	防止直径或厚度大于 2.5mm 的工具、电线及类似的小型外物侵入而接触到电器内部的零件
4	防止大于 1.0mm 的固体外物侵入	防止直径或厚度大于 1.0mm 的工具、电线及类似的小型外物侵入而接触到电器内部的零件
5	防止外物及灰尘	完全防止外物侵入。虽不能完全防止灰尘侵入,但灰尘的侵入量不会影响电器的正常运作
6	防止外物及灰尘	完全防止外物及灰尘侵入

电器防湿气、防水侵入的密闭程度

数字	防护范围	说 明
0	无防护	对水或湿气无特殊的防护
1	防止水滴侵入	垂直落下的水滴(如凝结水)不会对电器造成损坏
2	倾斜15°时,仍可防止水滴侵入	当电器由垂直倾斜至15°时,水滴不会对电器造成损坏
3	防止喷洒的水侵入	防雨或防止与垂直的夹角小于60°的方向所喷洒的水侵入电器而造成损坏
4	防止飞溅的水侵入	防止各个方向飞溅而来的水侵入电器而造成损坏
5	防止喷射的水侵入	防止来自各个方向由喷嘴射出的水侵入电器而造成损坏
6	防止大浪侵入	装设于甲板上的电器,可防止因大浪的侵袭而造成的损坏
7	防止浸水时水的侵入	电器浸在水中一定时间或水压在一定的标准以下,可确保不因浸水而造成损坏

习题答案

习题1

1-1 b 点

1-2 648 度

1-3 b 到 a, a 到 b

1-4 b 为参考点：$U_{ab}=5V, U_{bc}=2V, U_{ca}=-7V$；c 为参考点：$V_a=7V, V_b=2V$, $U_{ab}=5V, U_{bc}=2V, U_{ca}=-7V$；电位是相对的，它的大小与参考点的选择有关；电压是不变的，它的大小与参考点的选择无关，参考点的选择是任意的，但一个电路只能选择一个参考点

1-5 元件 c、b 为吸收功率，元件 a、d 为输出功率，因为元件 a、d 功率值小于 0，元件 c、b 功率值大于 0

1-6 (1) 元件 A, $P_1=U_1I=-2W$, 元件 A 发出功率

(2) 元件 B, $P_2=U_2I=12W, U_2=-12V$

元件 C, $P_3=-U_3I=-10W, U_3=-10V$

1-7 (1) $22\Omega\pm5\%$ (2) $4.7k\Omega\pm5\%$ (3) $0.33\Omega\pm5\%$ (4) $5.1\Omega\pm2\%$

1-8 $U=-4V, I=3A$

1-9 碳膜电阻吸收功率为 $P=U^2/R=48400/1000=48.4(W)>1W$, 烧坏

1-10 (1) $33pF$ (2) $0.22\mu F$ (3) $0.68\mu F\pm5\%$ (4) $3.3nF$

1-11 $3\mu F, 16\mu F$

1-12 (1) $22\mu H\pm20\%$ (2) $2.4mH\pm10\%$ (3) $6.8\mu H\pm20\%$ (4) $6.8nH$

1-13 $38mH, 180/19 mH$

1-14 否

1-15 $I_1=-4A, I_2=-1A$

1-16 (a) $U=2I+10$ (b) $U=-2I+10$ (c) $U=2I-10$ (d) $U=-2I-10$

1-17 $I_1=0.3A, I_2=-0.9A$

1-18 $U_{ab}=12V$

习题2

2-1 总电阻 $R=1.2+1.2+5.6+1.5=9.5(k\Omega)$

电压源 $U_s = IR = 1 \times 10^{-3} \times 9.5 \times 10^3 = 9.5(V)$

1.5kΩ 电阻上消耗的功率为

$$P_{1.5\Omega} = I^2 R = (1 \times 10^{-3})^2 \times 1.5 \times 10^3 = 1.5 \times 10^{-3}(W) = 1.5(mW)$$

2-2 $R_2 = 150\Omega, R_3 = 360\Omega$

2-3 读数 3V,理论电压 4.8V,37.5%

2-4 $R_a = 2\Omega, R_b = 4\Omega, R_c = \dfrac{10}{3}\Omega$

2-5 按习题 2-5 图中箭头所示顺序逐步化简,得到最简等效电路:

2-6 $I = 0.5A$

2-7 实际电流源模型为

2-8 $I_1 = 3A, I_2 = -2A, I_3 = 1A$

2-9 $I_1 = -1A, I_2 = 2A, I_3 = -1A$

2-10 (1) 等效电路

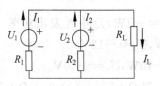

(2) $I_1 = 20A, I_2 = 20A, I_L = 40A$

2-11 $U_a = 5V, U_b = 10V, U_c = 10V, I_1 = 5A, I_2 = -10A$

2-12 $I_1 = 4A, I_2 = 1A, I_3 = 1A$

2-13 (1) 等效电路

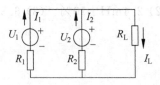

(2) $I_1 = 20A, I_2 = 20A, I_L = 40A$

2-14 $I_1 = 2A, I_2 = 5A, U = 45V, P = 150W$

2-15 $I = 4A$

2-16 $U_{ab} = 7V$

2-17

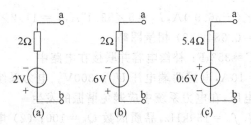

2-18　$U_{OC}=12.6V, R_O=0.05\Omega$

2-19　$I=\dfrac{30}{100}=0.3(A)$

习题3

3-1　幅值：311V；初相位：45°；角速度：628rad/s；频率：100Hz，波形图略

3-2　初相位：30°、150°；瞬时值表达式：$i=14.14\sin(\omega t+30°)(A)$，$i=14.14\sin(\omega t+150°)(A)$

3-3　电压初相位为 φ_u，电流初相位为 $-\varphi_i$，相位差为 $\varphi_u+\varphi_i$，电压超前电流

3-4　串联：$Z=16.66+j11\approx 19.96\angle 33.4°(\Omega)$；并联：$Z\approx 5\angle 33.5°\Omega$

3-5　写出下列各正弦量对应的有效值相量表达式，并在同一复平面画出对应的相量图

　　(1) $\dot{I}=10\angle 0°A$　　　　　　　　(2) $\dot{I}=6\angle 60°A$

　　(3) $\dot{U}=220\angle(-45°)V$　　　(4) $\dot{U}=100\angle 120°V$

　　相量图略。

3-6　(1) $u=220\sqrt{2}\sin 314t(V)$　　　　(2) $u=110\sqrt{2}\sin(314t+30°)(V)$

　　(3) $i=10\sin(314t-45°)(A)$　　　(4) $i=8\sqrt{2}\sin(314t-90°)(A)$

3-7　(1) 二者正交，相位相差90°　　　(2) 二者反向，相位相差180°

　　(3) 二者同相，0°

3-8　(1) $i=10\sqrt{2}\sin(314t+30°)(A)$　(2) 10A

　　(3) 2200W　　　　　　　　　　　(4) 相量图略

3-9　(1) $i=10\sqrt{2}\sin(314t-45°)(A)$　(2) 10A

　　(3) 1000var　　　　　　　　　　 (4) 相量图略

3-10　(1) $u=35.35\sin(314t-150°)(V)$　(2) 25V

　　(3) 125var　　　　　　　　　　　(4) 相量图略

3-11　设 $\dot{U}=220\angle 0°V$。(1) 电流 $\dot{I}=11\angle(-36.9°)A$；(2) $\dot{U}_R=176\angle(-36.9°)V$，$\dot{U}_L=242\angle 53.1°V$，$\dot{U}_C=110\angle(-126.9°)V$；(3) $P_R=1936W$，$Q_L=2662var$，$Q_C=1210var$；(4) $S=2420V\cdot A$，$\cos\varphi=0.8$；(5) 相量图略

3-12　设 $\dot{U}=220\angle 0°V$。(1) $\dot{I}_1=22\angle(-36.9°)A$，$\dot{I}_2=22\angle 90°A$，$\dot{I}=19.7\angle 26.56°A$；(2) $P_R=3872W$，$Q_L=2904var$，$Q_C=4840var$；(3) $S=4334V\cdot A$，$\cos\varphi=0.89$

3-13　设 $\dot{U}=220\angle 0°V$。(1) $R_L=8\Omega$，$L=38.2mH$；(2) 电阻电压 $\dot{U}_1=88\angle(-36.9°)V$，电感线圈电压 $\dot{U}_1=159\angle 19.4°V$

3-14 电阻 $R=30\Omega$；电感 $L=127\text{mH}$

3-15 (1) $\dot{I}_1=10\angle(-36.9°)\text{A}, \dot{I}_2=5\angle53.1°\text{A}, \dot{I}=11.2\angle(-10.3°)\text{A}$；(2) $P=550\text{W}, Q=100\text{var}, \cos\varphi=0.984$；(3) 相量图略

3-16 补偿电容量 $C=353\mu\text{F}$；补偿电容并联在电路中

3-17 电路电流 $I=10\text{A}$，电感两端电压 $U_L=300\text{V}$。电力系统发生谐振时，电感和电容两端会出现危险的高电压，在电力系统中应避免谐振的发生

3-18 (1) 谐振频率 $f_0=159\text{kHz}$，品质因数 $Q_0=100$；(2) 电流 $I=1\text{mA}$，电感电压 $U_L=1\text{V}$

3-19 (1) $Q_0=100$；(2) $R=10\Omega, L=1\text{mH}, C=1000\text{pF}$

3-20 $i=5+2\sin(1000t-45°)(\text{A})$；$I=\sqrt{27}\text{A}$；$P=270\text{W}$

习题 4

4-1 设 $\dot{U}_U=220\angle0°\text{V}$，则 $\dot{I}_U=10\angle0°\text{A}, \dot{I}_V=10\angle150°\text{A}, \dot{I}_W=10\angle(-150°)\text{A}$，中线电流为 $\dot{I}_N=7.32\angle180°\text{A}$；去掉中线后，三相负载不平衡，无法正常工作

4-2 (1) 三相负载应接为星形，每相中的负载均应并联；(2) $I_U=I_V=I_W=36.4\text{A}$，中线电流 $I_N=0\text{A}$；(3) $I_U=0\text{A}, I_V=18.2\text{A}, I_W=36.4\text{A}$，中线电流 $I_N=31.5\text{A}$；(4) 中线断开，V—W 相的负载（二、三楼照明灯）变为串联关系，V 相负载电压为 253V，W 相负载电压为 127V，其后果为二楼负载会烧毁，之后全部断电

4-3 (1) 负载三角形联结线电流 $I_L=66\text{A}$；(2) 负载星形联结线电流 $I_L=22\text{A}$

4-4 (1) 相电流之比 $I_{YP}/I_{\triangle P}=1/\sqrt{3}$；(2) 线电流之比 $I_{YL}/I_{\triangle L}=1/3$

4-5 功率因数 $\cos\varphi=0.6, R=6\Omega$，电抗 $X=8\Omega$

4-6 (1) 负载的额定电压与电源线电压相等，负载应作三角形联结；(2) 电路的线电流 $I_L=66\text{A}, P=34.656\text{kW}, \cos\varphi=0.8$；(3) 负载接为星形，则 $I_L=22\text{A}, P=11.552\text{kW}, \cos\varphi=0.8$；(4) 比较(2)、(3)的计算结果得出，三角形联结的线电流和功率均为星形联结的 3 倍

4-7 星形组负载线电流 $I_Y=22\text{A}$；三角形组负载线电流 $I_\triangle=66\text{A}$；线路总电流 $I_L=88\text{A}$

*4-8 公共相取 W 相，两个功率表的读数分别为 $P_1=5382\text{W}, P_2=-1970\text{W}$，电流的总功率为 $P=3412\text{W}$

习题 5

5-1 $i_L(0_+)=2\text{A}, u_L(0_+)=-10\text{V}, u_C(0_+)=40\text{V}, i_C(0_+)=-2\text{A}, u_{R2}(0_+)=-10\text{V}, u_{R3}(0_+)=40\text{V}$

5-2 $i_L(0_+)=0\text{A}, u_L(0_+)=10\text{V}, u_C(0_+)=0\text{V}, i_C(0_+)=2\text{A}, u_{R2}(0_+)=10\text{V}, u_{R3}(0_+)=0\text{V}$

5-3 $\tau=(R_1//R_2+R_3)(C_1+C_2)=20(\text{ms})$

5-4 $\tau=40\text{ms}, u_C(0_+)=45\text{V}, u_C(\infty)=30\text{V}, u_C=30+15e^{-25t}(\text{V})$；$i_C=-7.5e^{-25t}(\text{mA})$

5-5 $\tau=50\text{ms}, u_C(0_+)=30\text{V}, u_C(\infty)=10\text{V}, u_C=10+20e^{-20t}(\text{V})$；$i_C=-4e^{-20t}(\text{mA})$

5-6 $\tau=L/(R_1+R_2+R_3)=1.8(\text{ms})$；$i(t)=1-e^{-\frac{t}{0.0018}}(\text{A})$

5-7 $\tau=10\text{ms}, i_L(0_+)=3\text{A}, i_L(\infty)=2\text{A}, i_L=2+e^{-100t}(\text{A})$；$u_L=-15e^{-100t}(\text{V})$

5-8 (1) $R_1=12.5\Omega, \tau=100\text{ms}, i_L=20e^{-10t}(\text{A})$；(2) $3\tau=300(\text{ms})$

参 考 文 献

[1] 邱关源.电路[M].北京:高等教育出版社,2006.
[2] 燕庆明.电路分析教程[M].北京:高等教育出版社,2007.
[3] 刘建清.从零开始学电路基础[M].北京:国防工业出版社,2007.
[4] 张才华.电路分析与应用[M].上海:华东师范大学出版社,2007.
[5] 王慧玲.电路基础[M].北京:高等教育出版社,2007.
[6] 王兰君,等.看图学电工技能[M].北京:人民邮电出版社,2004.
[7] 陆国和.电路与电工技术[M].北京:高等教育出版社,2005.
[8] James W Nilsson,Susan A Riedel. Electric Circuits[M]. 9th ed. 周玉坤,等,译.北京:电子工业出版社,2008.
[9] Thomas L Floyd. 电路基础[M].夏琳,等,译.北京:清华大学出版社,2006.
[10] 张才华,等.电路分析与应用[M].上海:华东师范大学出版社,2007.
[11] 秦曾煌.电工学(上册)[M].北京:高等教育出版社,1999.
[12] 韩承江,等.电工基本技能[M].北京:中国劳动社会保障出版社,2006.
[13] 阎伟.电工技术轻松入门[M].北京:人民邮电出版社,2008.
[14] 孙余凯,等.企业电工使用技术300问[M].北京:电子工业出版社,2005.
[15] 赵春云,等.常用电子元器件及应用电路手册[M].北京:电子工业出版社,2007.

参考文献

[1] 邱关源. 电路[M]. 北京：高等教育出版社，2006.
[2] 范世贵. 电路基础要解[M]. 北京：西安电子科技大学出版社，2007.
[3] 刘耀年. 从零开始学电路基础知识. 北京：国防工业出版社，2007.
[4] 黄冬梅. 电路分析基础[M]. 上海：华东师范大学出版社，2007.
[5] 李翰荪. 电路基础[M]. 北京：高等教育出版社，2002.
[6] 吕玉琴. 实用简明电路达疑[M]. 北京：人民邮电出版社，2004.
[7] 胡翼虹. 电路易学上教本[M]. 北京：高等教育出版社，2005.
[8] James W Nilsson, Susan A Riedel. Electric Circuits[M]. 9th ed. 影印版. 北京：电子工业出版社，2008.
[9] Thomas L Floyd. 电路基础[M]. 第6版. 李中华等译. 北京：科学出版社，2008.
[10] 陈永本. 等. 电路分析解题指导[M]. 上海：华东师范大学出版社，2007.
[11] 李翰荪. 电工基础学习指导[M]. 北京：高等教育出版社，1990.
[12] 曹国清. 等. 电工技术基础题[M]. 北京：中国铁道出版社，2008.
[13] 周旋高. 工程电路分析[M]. 北京：人民邮电出版社，2008.
[14] 李中发. 等. 电工电子技术基础问答[M]. 武汉：华中工业出版社，2005.
[15] 赵春生. 等. 电路与电子技术基础学习指导[M]. 北京：电子工业出版社，2007.